特种禽类饲养技术培训教材

沈富林　主编

U0349750

中国农业科学技术出版社

图书在版编目（CIP）数据

特种禽类饲养技术培训教材／沈富林主编．—北京：
中国农业科学技术出版社，2013.11
ISBN 978-7-5116-1398-1

Ⅰ.①特…　Ⅱ.①沈…　Ⅲ.①养禽学 - 技术培训 -
教材　Ⅳ.①S83

中国版本图书馆 CIP 数据核字（2013）第 239925 号

责任编辑	白姗姗
责任校对	贾晓红

出 版 者	中国农业科学技术出版社
	北京市中关村南大街 12 号　邮编：100081
电　　话	（010）82106638（编辑室）　（010）82109704（发行部）
	（010）82109709（读者服务部）
传　　真	（010）82106650
网　　址	http://www.castp.cn
经 销 者	各地新华书店
印 刷 者	北京富泰印刷有限责任公司
开　　本	787 mm ×1 092 mm　1/16
印　　张	13.75
字　　数	352 千字
版　　次	2013 年 11 月第 1 版　2013 年 11 月第 1 次印刷
定　　价	32.00 元

《特种禽类饲养技术培训教材》
编 委 会

主　　编：沈富林

副 主 编：卫龙兴　陆雪林　王荣谈

编写人员：丁卫星　丁鼎立　卫龙兴

　　　　　王荣谈　陈庆汉　沈富林

　　　　　陆雪林　周　瑾　薛　霞

前　言

　　近年来，党和国家大力提倡将农业发展的重点转移到依靠科技进步和提高农业劳动者素质上来，而开展新型职业农民培训，就是提高农业劳动者素质和技能的一项根本性的措施。

　　本教材是根据上海市农业委员会的要求，为配合特种禽类饲养工的培训而编写的，主要内容涉及肉鸽、绿头野鸭及山鸡的养殖技术和疾病防治，以及职业道德和畜牧兽医相关法规。在编写中力求做到通俗易懂，实用性强，为农民讲授各生产环节的专业知识，解决在养殖过程中遇到的实际问题，从而提高农民的养殖技术水平。

　　本教材的编写得到了上海市动物疫病预防控制中心、上海市奉贤区动物疫病预防控制中心、上海市农业科学院、上海市特种养殖行业协会和上海市肉鸽行业协会的大力支持，在此表示感谢。由于编写时间仓促，不足之处在所难免，敬请读者提出宝贵意见。

编　者

2013 年 8 月

目　　录

第三篇 肉鸽饲养与繁育技术

第四篇 野鸭饲养与繁育技术

第五篇　特禽常见疾病综合防控措施

第一篇

职业道德和相关法规

第一章 职业道德

第一节 职业道德的含义

道德与职业道德都是人的行为准则和规范，职业道德是道德的重要组成部分。

一、道德

1. 道德的定义

道德是社会生活中人们相处的行为准则和规范，是社会意识形态之一。道德是一种社会意识形态，是一个社会用善恶评价并依靠信念、习俗和社会舆论的力量来维持的调整人们之间以及个人与社会之间的行为规范的总和。它既是一种善恶评价，表现为心理和意识现象，又是一种行为规范，表现为行为和活动现象。

道德的产生源远流长。历史上出现过原始社会的道德、奴隶社会的道德、封建社会的道德、资本主义社会的道德、社会主义社会的道德。各个时代的道德既具有共同的东西，也有其特定的内容。

中国是具有几千年历史的文明古国，从古至今，具有优良的道德传统。中国传统道德是中华民族思想文化传统的重要组成部分，也是中华民族在长期社会实践中逐渐凝聚起来的民族精神的重要组成部分。因此，要大力弘扬中华民族的优良道德传统。

2. 道德的作用

人无德不立，国无德不兴。道德的功用是多方面的，其对社会的主要功能是：认识功能、调节功能、教育功能。借助道德，人们区分好与坏、善与恶、利与害、是与非，区分应当和不应当、正义和非正义。"勿以恶小而为之，勿以善小而不为"，就是在道德作用下的避恶扬善，弃恶从善。

道德对社会经济基础的形成、巩固和发展具有巨大的推动作用，对规范人的行为、调节人与人之间和个人与社会之间的关系、维护社会生活秩序具有保证作用，对推动物质文明、精神文明建设和科技发展、社会生产力发展具有促进作用。

二、职业道德

1. 职业道德的内涵

职业道德是道德的重要组成部分。职业道德是适应人类社会分工发展、社会物质生产与精神生产需要而形成的，是同人们的职业活动直接联系的，具有职业特点的道德准则和规范的总和。所谓职业道德是人们在从事各种特定的职业活动过程中应遵循的道德规范和行为准则的总和。

职业道德是随着社会分工的出现而形成和发展起来的，是同职业联系在一起的。它既是对从业人员在职业活动中的行为要求，又是本行业对社会所承担的道德责任和义务。尊老爱幼是中华民族的传统美德，乘车的时候，主动将座位让给老、幼、病、残、孕，是讲道德的公民都能够做到的。但是对于公交车上的售票员、火车上的乘务员来说，扶老携幼，为他们提供细致周到的服务，则是从职业道德规范要求出发的具体行动。

在职业生涯中，从业者必须具备良好的职业道德。教师要教书育人、为人师表；医生要救死扶伤、治病救人；商人要诚实守信、童叟无欺；法官要秉公执法、不徇私情；会计要遵纪守法、勤俭理财；服务员要一视同仁、优质服务……

我国古代的包拯、范仲淹、文天祥、于谦、海瑞、林则徐等清官，就是凭一身正气、两袖清风、为民谋利的"官德"，赢得万民敬仰，口碑载道。

职业道德的内容是很丰富的，主要包括职业理想、职业态度、职业义务、职业技能、职业纪律、职业良心、职业荣誉、职业作风等。

2. 职业道德的作用

职业活动是人类社会最基本的实践活动，与之相应的职业道德就成为社会道德中的主体部分。职业道德作为社会道德建设的一个组成部分，是完善社会道德体系的重要方面，是先进文化的重要内容，也是在新世纪全面加快改革开放和现代化建设步伐、建设小康社会、构建和谐社会的重要前提。

道德是调整人与人之间、个人与集体之间、个人与社会之间相互关系的思想和行为规范。职业道德是所有从业人员在职业活动中应该遵循的行为准则，是一定职业范围内的特殊道德要求。对于社会来说，人的职业生活是最基本的实践活动之一。从一定意义上说，一个社会就是各种职业和各种职业活动的统一体。人们的职业活动场所，既是人们的道德实践活动表现得最经常、最丰富、最具体的地方，也是一定的道德理论运用得最经常、最丰富、最具体的地方。良好的职业道德，能够协调社会活动中的各种关系，维持良好的社会风气，而且有助于维护党的形象，提高政府的威信。

第二节　职业道德修养

一、职业道德修养的内涵和意义

1. 职业道德修养的内涵

修养是一个合成词，"修"，原意是指学习、锻炼、陶冶和提高；"养"，原意是指培养、养育和熏陶。所谓修养是指一个人为了在理论、知识、思想、道德品质等方面达到一定的水平，所进行自我教育、自我改善、自我提高的活动过程。修养是人们提高科学文化水平和道德品质必不可少的手段。

人的一生是一个不断学习和不断提高的过程，因而也是一个不断修养的过程。所谓职业道德修养，是指从事各种职业活动的人员，按照职业道德基本原则和规范，在职业活动中所进行的自我教育、自我改造、自我完善，使自己形成良好的职业道德品质和达到一定的职业道德境界。

2. 职业道德修养的实质

职业道德修养是一种自律行为，关键在于"自我锻炼"和"自我改造"。任何一个从业人员，职业道德素质的提高，一方面靠他律，即社会的培养和组织的教育；另一方面就取决于自己的主观努力，即自我修养。两个方面是缺一不可的，而后者更加重要。

职业道德修养实质上就是两种对立的道德意识之间的斗争，是善和恶、正和邪、是和非之间的斗争，对于从业者来说，要取得职业道德品质上的进步，就必须自觉地进行两种道德观的斗争。职业道德修养上的两种道德观的斗争，有其自身的特点。它是一个从业者头脑中进行的两种不同思想的斗争。尽管这两种不同思想反映着复杂的道德关系，但它却是在一个人的头脑中进行的。对于职业道德修养，用形象一点的话来说，就是自己同自己"打官司"，即"内省"。

正是由于这种特点，必须随时随地认真培养自己的道德情操，充分发挥思想道德上正确方面的主导作用，促使"为他"的职业道德观念战胜"为己"的职业道德观念；认真检查自己的一切言论和行动，改正一切不符合社会主义职业道德的东西，才能达到不断提高自己职业道德的水平。

3. 加强职业道德修养的意义

在社会生活中，职业道德具有其特殊的社会作用，是一般社会道德所不能代替的。因此，加强社会主义职业道德修养，具有以下特殊重要的意义。

（1）促进行业兴旺发达的需要

一个行业或部门的职业道德状况，将直接影响本行业本部门的社会信誉和经济效益，关系到事业的兴衰成败。而一个行业或部门的职业道德状况，往往通过每个从业人员的职业道德修养程度表现出来。从这个意义上说，每个从业人员都是本行业的代表，因此，每个从业人员加强职业道德修养是形成职业群体美好形象的基本要求，是维护本行业在社会中的道德信誉，促进本行业兴旺发达的必不可少的重要前提条件。

（2）调整和建立新型人际关系的需要

社会主义道德建设的基本任务，是在全社会形成团结互助、平等友爱、共同前进的人际关系。在社会主义社会，人人都是服务对象，人人都为他人服务。社会对人的关心、人际关系的和谐是与各个岗位上从业人员的服务态度、服务质量密切相关的。由于职业活动都是在一定组织与一定社会集体中进行的，因此，各行各业的职业道德状况将对整个社会道德水平产生很大影响。

（3）做好本职工作的需要

职业道德修养的高低，直接决定着从业人员本职工作完成的好坏。从业人员能否出色完成本职工作固然与从业人员文化知识、能力等因素有关，也同职业道德修养密切相关，只有职业道德水平高的从业人员才能产生强烈的事业心和崇高的使命感，出色地完成工作。

（4）实现人的全面发展的需要

胡锦涛总书记提出的"八荣八耻"社会主义荣辱观，八个方面相辅相成，有立有破，集中反映了社会主义思想道德规范和社会风尚的本质要求，对全面推动社会主义思想道德建设，提高全民族的思想道德水平，都具有极其重大而深远的意义。各行各业的从业人员要想实现自己的全面发展，成为社会主义"四有"劳动者，就必须加强社会主义职业道德修养，"多才少德"或"有才无德"早晚都会自食恶果。

4. 职业道德修养的境界

职业道德修养要经历由外在要求到理性内化，再到情感意志需要，这样一个由低级到高级的过程。形成职业道德境界发展的三个阶段：他律的境界、自律的境界和自由的境界。

（1）他律的境界层次

从业人员的行为标准，取决于外部的规定和期望，处于通过服从规定的规范而履行职业道德义务的水平线上，即"要我做"。个人履行职业道德责任，主要是靠舆论的监督、评价或奖惩。当失去外界舆论监督的情况下，就会放弃责任，甚至有违反职业道德的行为。

（2）自律的境界层次

真正的道德并非迫于外力的控制和惩罚而顺从社会规范，而是在内心形成了深刻的职业道德责任感，并已经具备了较强的自我评价能力，职业良心已成为职业道德规范自律性的集中表现。职业行为是听从自己，以自己的名义进行抉择，即"我要做"。以职业道德内化为心中的道德法则，将承担职业道德义务的需要上升为"实现职业良心的需要"。

（3）自由的境界层次

把职业道德价值的实现看作是自己的需要和乐趣，即"我喜欢做"。这时，履行职业道德不再是义务和良心的要求，而是上升为自由的境界层次，成为自己心灵的内在呼唤。

二、职业道德修养的内容

职业道德修养是从业人员为锤炼职业道德品质，提高职业道德境界所进行的一种自我教育、自我改造和自我完善的过程，也是提高职业道德认识、陶冶职业道德情感、磨炼职业道德意志、树立职业道德信念、养成职业道德行为习惯的过程。

1. 提高职业道德认识

提高职业道德认识是增强道德责任感，形成优秀道德品质的第一步。从业人员对职业道德认识越深刻、越全面，就越能处理好各种职业关系，越能选择良好的职业道德行为。培养良好的职业道德品质，要从提高自己的职业道德认识做起。

2. 陶冶职业道德情感

职业道德情感是指从业人员心理上对职业道德要求、职业道德义务所产生的各种体验、态度和情绪。职业道德情感包括对从事本职业的荣誉感、尊严感，对自身职务劳动的责任感、义务感，对服务对象的同情感、尊重感和热爱感等。

3. 磨炼职业道德意志

职业道德意志是从业人员在履行职业道德义务过程中，自觉克服困难，排除障碍的毅力和能力，是职业道德品质形成的关键。要做一个职业道德意志坚强的人，能抑制或排除来自外部或内部的障碍和干扰，顽强地履行自己的职业道德义务，实现自己的职业道德理想。

4. 树立职业道德信念

职业道德信念是从业人员对职业义务发自内心的强烈责任感。职业道德信念使人们把职业道德的认识转化为职业道德行为。道德信念是精神支柱，能够自我调动、自我命令，自觉地、长期地根据自己的信念选择行为，能够坚定不移地自觉履行各种职业道德义务，完成职业道德使命。

5. 养成职业道德行为习惯

职业道德行为习惯是指从业人员把应尽的道德责任变成自己的内心需要，从而形成一贯的稳定的道德行为。从业人员只有形成良好的职业道德行为习惯，持之以恒，职业道德才能成熟，才会成为具有高尚职业道德的人。在职业道德修养中，对自己的职业行为进行严格的要求，反复锻炼，养成良好的职业生活习惯，逐步形成优秀的职业道德品质。

第三节 特种禽类饲养工职业守则

一、特种禽类饲养工职业守则的含义

特种禽类饲养工职业守则是指与从事特种禽类饲养工作行为相适应的特殊的道德要求。

二、特种禽类饲养工职业守则的内容

概括起来包括：尊重科学，努力学习；爱岗敬业，保护生态；服务群众，讲究质量；遵纪守法，廉洁奉公；诚实守信，奉献社会。

1. 尊重科学

科学技术是推动社会生产力发展的决定性因素，是促进社会进步的强大力量，特种禽类饲养工工作同样需要尊重科学、依靠科学，不断推进科技进步和创新，坚持依靠科学技术解决各种难题和挑战，推动特种禽类养殖业更快更好地向前发展。

2. 努力学习

知识就是力量，只有努力学习，钻研业务知识，才能掌握各种特禽的生产规律和饲养技术，才能成为一个合格的有技术的职工。

3. 爱岗敬业

爱岗敬业是对特种禽类饲养工的一个最基本要求。爱岗就是热爱自己的工作岗位，热爱特种禽类饲养工作。敬业就是用一种严肃的态度对待自己的工作，勤勤恳恳、兢兢业业、忠于职守、尽职尽责，有为发展我国畜牧业奉献一切的精神。

4. 保护生态

环境保护是我国一项基本国策，各行各业只有树立正确的保护生态、保护环境的态度和价值观，才能促进人类和环境的和谐发展。

5. 服务群众

服务群众就是为人民群众服务。服务群众指出了我们的职业与人民群众的关系，指出了我们工作的主要服务对象是人民群众，指出了我们应当依靠人民群众，时时刻刻为群众着想，急群众所急、忧群众所忧、想群众所想。

6. 讲究质量

讲究质量不仅是保护合法消费者的需要，也是行业生存发展的需要。特种禽类饲养工必须努力学习、钻研业务，掌握特种禽类饲养的基本知识和技能，才能保证服务质量，才能为现代畜牧业发展作出贡献。

7. 遵纪守法

遵纪守法是每一个公民的基本准则，大力弘扬法治精神，增强公民的法律意识，对于稳定社会秩序、维护国家利益、实现长治久安，具有至关重要的意义。特种禽类饲养工不仅要知法、学法，而且要积极宣传有关畜牧业的法律法规。

8. 廉洁奉公

廉洁奉公就是要求特种禽类饲养工清正廉明，不谋私利，一心为公。

9. 诚实守信

诚实守信是忠诚老实、信守诺言，是为人处世的一种美德。诚实就是忠诚老实、不讲假话；守信就是信守诺言、说话算数、讲信誉、重信用，履行自己应承担的义务，这也是对特种禽类饲养工作的一个基本要求。

　　10. 奉献社会

　　奉献社会就是不期望等价的回报和酬劳，而愿意为他人、为社会或为真理、为正义献出自己的力量，包括宝贵的生命。就是全心全意为社会作贡献，是为人民服务精神的最高体现。有这种精神境界的人，他们把一切都奉献给国家、人民和社会。

第二章　畜牧兽医相关法规

第一节　畜牧法有关知识

一、总则

1. 立法目的

为了规范畜牧业生产经营行为，保障畜禽产品质量安全，保护和合理利用畜禽遗传资源，维护畜牧业生产经营者的合法权益，促进畜牧业持续健康发展，制定本法。

2. 适用范围

在中华人民共和国境内从事畜禽的遗传资源保护利用、繁育、饲养、经营、运输等活动，适用本法。本法所称畜禽，是指列入依照本法第十一条规定公布的畜禽遗传资源目录的畜禽。

蜂、蚕的资源保护利用和生产经营，适用本法有关规定。

二、种畜禽生产经营

1. 从事种畜禽生产经营或者生产商品代仔畜、雏禽的单位、个人，应当取得种畜禽生产经营许可证

申请人持种畜禽生产经营许可证依法办理工商登记，取得营业执照后，方可从事生产经营活动。

申请取得种畜禽生产经营许可证，应当具备下列条件。

①生产经营的种畜禽必须是通过国家畜禽遗传资源委员会审定或者鉴定的品种、配套系，或者是经批准引进的境外品种、配套系；②有与生产经营规模相适应的畜牧兽医技术人员；③有与生产经营规模相适应的繁育设施设备；④具备法律、行政法规和国务院畜牧兽医行政主管部门规定的种畜禽防疫条件；⑤有完善的质量管理和育种记录制度；⑥具备法律、行政法规规定的其他条件。

种畜禽生产经营许可证样式由国务院畜牧兽医行政主管部门制定，许可证有效期为3年。发放种畜禽生产经营许可证可以收取工本费，具体收费管理办法由国务院财政、价格部门制定。

2. 种畜禽生产经营许可证应当注明生产经营者名称、场（厂）址、生产经营范围及许可证有效期的起止日期等

禁止任何单位、个人无种畜禽生产经营许可证或者违反种畜禽生产经营许可证的规定生产经营种畜禽。禁止伪造、变造、转让、租借种畜禽生产经营许可证。

3. 农户饲养的种畜禽用于自繁自养和有少量剩余仔畜、雏禽出售的，农户饲养种公畜进行互助配种的，不需要办理种畜禽生产经营许可证

4. 专门从事家畜人工授精、胚胎移植等繁殖工作的人员，应当取得相应的国家职业资

格证书

5. 销售的种畜禽和家畜配种站（点）使用的种公畜，必须符合种用标准。销售种畜禽时，应当附具种畜禽场出具的种畜禽合格证明、动物防疫监督机构出具的检疫合格证明，销售的种畜还应当附具种畜禽场出具的家畜系谱

生产家畜卵子、冷冻精液、胚胎等遗传材料，应当有完整的采集、销售、移植等记录，记录应当保存2年。

6. 种畜禽场和孵化场（厂）销售商品代仔畜、雏禽的，应当向购买者提供其销售的商品代仔畜、雏禽的主要生产性能指标、免疫情况、饲养技术要求和有关咨询服务，并附具动物防疫监督机构出具的检疫合格证明

销售种畜禽和商品代仔畜、雏禽，因质量问题给畜禽养殖者造成损失的，应当依法赔偿损失。

三、畜禽养殖

1. 国务院和省级人民政府应当在其财政预算内安排支持畜牧业发展的良种补贴、贴息补助等资金，并鼓励有关金融机构通过提供贷款、保险服务等形式，支持畜禽养殖者购买优良畜禽、繁育良种、改善生产设施、扩大养殖规模，提高养殖效益

2. 国家支持农村集体经济组织、农民和畜牧业合作经济组织建立畜禽养殖场、养殖小区，发展规模化、标准化养殖

乡（镇）土地利用总体规划应当根据本地实际情况安排畜禽养殖用地。农村集体经济组织、农民、畜牧业合作经济组织按照乡（镇）土地利用总体规划建立的畜禽养殖场、养殖小区用地按农业用地管理。畜禽养殖场、养殖小区用地使用权期限届满，需要恢复为原用途的，由畜禽养殖场、养殖小区土地使用权人负责恢复。在畜禽养殖场、养殖小区用地范围内需要兴建永久性建（构）筑物，涉及农用地转用的，依照《中华人民共和国土地管理法》的规定办理。

3. 畜禽养殖场、养殖小区应当具备下列条件

①有与其饲养规模相适应的生产场所和配套的生产设施；②有为其服务的畜牧兽医技术人员；③具备法律、行政法规和国务院畜牧兽医行政主管部门规定的防疫条件；④有对畜禽粪便、废水和其他固体废弃物进行综合利用的沼气池等设施或者其他无害化处理设施；⑤具备法律、行政法规规定的其他条件。养殖场、养殖小区兴办者应当将养殖场、养殖小区的名称、养殖地址、畜禽品种和养殖规模，向养殖场、养殖小区所在地县级人民政府畜牧兽医行政主管部门备案，取得畜禽标识代码。

省级人民政府根据本行政区域畜牧业发展状况制定畜禽养殖场、养殖小区的规模标准和备案程序。

4. 禁止在下列区域内建设畜禽养殖场、养殖小区

①生活饮用水的水源保护区，风景名胜区，以及自然保护区的核心区和缓冲区；②城镇居民区、文化教育科学研究区等人口集中区域；③法律、法规规定的其他禁养区域。

5. 畜禽养殖场应当建立养殖档案，载明以下内容

①畜禽的品种、数量、繁殖记录、标识情况、来源和进出场日期；②饲料、饲料添加剂、兽药等投入品的来源、名称、使用对象、时间和用量；③检疫、免疫、消毒情况；④畜禽发病、死亡和无害化处理情况；⑤国务院畜牧兽医行政主管部门规定的其他内容。

6. 畜禽养殖场应当为其饲养的畜禽提供适当的繁殖条件和生存、生长环境

7. 从事畜禽养殖，不得有下列行为

①违反法律、行政法规的规定和国家技术规范的强制性要求使用饲料、饲料添加剂、兽药；②使用未经高温处理的餐馆、食堂的泔水饲喂家畜；③在垃圾场或者使用垃圾场中的物质饲养畜禽；④法律、行政法规和国务院畜牧兽医行政主管部门规定的危害人和畜禽健康的其他行为。

8. 从事畜禽养殖，应当依照《中华人民共和国动物防疫法》的规定，做好畜禽疫病的防治工作

9. 畜禽养殖者应当按照国家关于畜禽标识管理的规定，在应当加施标识的畜禽的指定部位加施标识

畜牧兽医行政主管部门提供标识不得收费，所需费用列入省级人民政府财政预算。畜禽标识不得重复使用。

10. 畜禽养殖场、养殖小区应当保证畜禽粪便、废水及其他固体废弃物综合利用或者无害化处理设施的正常运转，保证污染物达标排放，防止污染环境

畜禽养殖场、养殖小区违法排放畜禽粪便、废水及其他固体废弃物，造成环境污染危害的，应当排除危害，依法赔偿损失。

国家支持畜禽养殖场、养殖小区建设畜禽粪便、废水及其他固体废弃物的综合利用设施。

四、违反畜牧法的法律追究

1. 违反本法有关规定，无种畜禽生产经营许可证或者违反种畜禽生产经营许可证的规定生产经营种畜禽的，转让、租借种畜禽生产经营许可证的

由县级以上人民政府畜牧兽医行政主管部门责令停止违法行为，没收违法所得；违法所得在3万元以上的，并处违法所得1倍以上3倍以下罚款；没有违法所得或者违法所得不足3万元的，并处3 000元以上3万元以下罚款。违反种畜禽生产经营许可证的规定生产经营种畜禽或者转让、租借种畜禽生产经营许可证，情节严重的，并处吊销种畜禽生产经营许可证。

2. 违反本法有关规定，使用的种畜禽不符合种用标准的

由县级以上地方人民政府畜牧兽医行政主管部门责令停止违法行为，没收违法所得；违法所得在5 000元以上的，并处违法所得1倍以上2倍以下罚款；没有违法所得或者违法所得不足5 000元的，并处1 000元以上5 000元以下罚款。

3. 销售种畜禽有以下违法行为之一的

由县级以上人民政府畜牧兽医行政主管部门或者工商行政管理部门责令停止销售，没收违法销售的畜禽和违法所得；违法所得在5万元以上的，并处违法所得1倍以上5倍以下罚款；没有违法所得或者违法所得不足5万元的，并处5 000元以上5万元以下罚款；情节严重的，并处吊销种畜禽生产经营许可证或者营业执照。

①以其他畜禽品种、配套系冒充所销售的种畜禽品种、配套系；②以低代别种畜禽冒充高代别种畜禽；③以不符合种用标准的畜禽冒充种畜禽；④销售未经批准进口的种畜禽；⑤销售未附具本法规定的种畜禽合格证明、检疫合格证明的种畜禽或者未附具家畜系谱的种畜；⑥销售未经审定或者鉴定的种畜禽品种、配套系。

4. 违反本法规定，畜禽养殖场未建立养殖档案的，或者未按照规定保存养殖档案的由县级以上人民政府畜牧兽医行政主管部门责令限期改正，可以处 1 万元以下罚款。

第二节　动物防疫相关法律知识

一、动物防疫法相关知识

（一）总则

1. 立法目的

为了加强对动物防疫活动的管理，预防、控制和扑灭动物疫病，促进养殖业发展，保护人体健康，维护公共卫生安全，制定本法。

2. 适用范围

本法适用于在中华人民共和国领域内的动物防疫及其监督管理活动。

进出境动物、动物产品的检疫，适用《中华人民共和国进出境动植物检疫法》。

3. 动物疫病分类

根据动物疫病对养殖业生产和人体健康的危害程度，本法规定管理的动物疫病分为下列三类。

①一类疫病，是指对人与动物危害严重，需要采取紧急、严厉的强制预防、控制、扑灭等措施的；②二类疫病，是指可能造成重大经济损失，需要采取严格控制、扑灭等措施，防止扩散的；③三类疫病，是指常见多发、可能造成重大经济损失，需要控制和净化的。

（二）动物疫病预防

（1）县级以上地方人民政府兽医主管部门组织实施动物疫病强制免疫计划。乡级人民政府、城市街道办事处应当组织本管辖区域内饲养动物的单位和个人做好强制免疫工作

饲养动物的单位和个人应当依法履行动物疫病强制免疫义务，按照兽医主管部门的要求做好强制免疫工作。

经强制免疫的动物，应当按照国务院兽医主管部门的规定建立免疫档案，加施畜禽标识，实施可追溯管理。

（2）县级以上人民政府应当建立健全动物疫情监测网络，加强动物疫情监测

国务院兽医主管部门应当制定国家动物疫病监测计划。省、自治区、直辖市人民政府兽医主管部门应当根据国家动物疫病监测计划，制定本行政区域的动物疫病监测计划。

动物疫病预防控制机构应当按照国务院兽医主管部门的规定，对动物疫病的发生、流行等情况进行监测；从事动物饲养、屠宰、经营、隔离、运输以及动物产品生产、经营、加工、贮藏等活动的单位和个人不得拒绝或者阻碍。

（3）从事动物饲养、屠宰、经营、隔离、运输以及动物产品生产、经营、加工、贮藏等活动的单位和个人，应当依照本法和国务院兽医主管部门的规定，做好免疫、消毒等动物疫病预防工作

（4）种用、乳用动物和宠物应当符合国务院兽医主管部门规定的健康标准

种用、乳用动物应当接受动物疫病预防控制机构的定期检测；检测不合格的，应当按照国务院兽医主管部门的规定予以处理。

（5）动物饲养场（养殖小区）和隔离场所，动物屠宰加工场所，以及动物和动物产品无害化处理场所，应当符合下列动物防疫条件

①场所的位置与居民生活区、生活饮用水源地、学校、医院等公共场所的距离符合国务院兽医主管部门规定的标准；②生产区封闭隔离，工程设计和工艺流程符合动物防疫要求；③有相应的污水、污物、病死动物、染疫动物产品的无害化处理设施设备和清洗消毒设施设备；④有为其服务的动物防疫技术人员；⑤有完善的动物防疫制度；⑥具备国务院兽医主管部门规定的其他动物防疫条件。

（6）兴办动物饲养场（养殖小区）和隔离场所，动物屠宰加工场所，以及动物和动物产品无害化处理场所，应当向县级以上地方人民政府兽医主管部门提出申请，并附具相关材料

受理申请的兽医主管部门应当依照本法和《中华人民共和国行政许可法》的规定进行审查。经审查合格的，发给动物防疫条件合格证；不合格的，应当通知申请人并说明理由。需要办理工商登记的，申请人凭动物防疫条件合格证向工商行政管理部门申请办理登记注册手续。

动物防疫条件合格证应当载明申请人的名称、场（厂）址等事项。

经营动物、动物产品的集贸市场应当具备国务院兽医主管部门规定的动物防疫条件，并接受动物卫生监督机构的监督检查。

（7）动物、动物产品的运载工具、垫料、包装物、容器等应当符合国务院兽医主管部门规定的动物防疫要求

染疫动物及其排泄物、染疫动物产品，病死或者死因不明的动物尸体，运载工具中的动物排泄物以及垫料、包装物、容器等污染物，应当按照国务院兽医主管部门的规定处理，不得随意处置。

（8）患有人畜共患传染病的人员不得直接从事动物诊疗以及易感染动物的饲养、屠宰、经营、隔离、运输等活动

人畜共患传染病名录由国务院兽医主管部门会同国务院卫生主管部门制定并公布。

（9）从事动物疫情监测、检验检疫、疫病研究与诊疗以及动物饲养、屠宰、经营、隔离、运输等活动的单位和个人，发现动物染疫或者疑似染疫的，应当立即向当地兽医主管部门、动物卫生监督机构或者动物疫病预防控制机构报告，并采取隔离等控制措施，防止动物疫情扩散。其他单位和个人发现动物染疫或者疑似染疫的，应当及时报告

接到动物疫情报告的单位，应当及时采取必要的控制处理措施，并按照国家规定的程序上报。

（三）违反动物防疫法的法律追究

（1）违反本法规定，有下列行为之一的，由动物卫生监督机构责令改正，给予警告；拒不改正的，由动物卫生监督机构代作处理，所需处理费用由违法行为人承担，可以处1 000元以下罚款

①对饲养的动物不按照动物疫病强制免疫计划进行免疫接种的；②种用、乳用动物未经检测或者经检测不合格而不按照规定处理的；③动物、动物产品的运载工具在装载前和卸载后没有及时清洗、消毒的。

（2）违反本法规定，不按照国务院兽医主管部门规定处置染疫动物及其排泄物，染疫动物产品，病死或者死因不明的动物尸体，运载工具中的动物排泄物以及垫料、包装物、容

器等污染物以及其他经检疫不合格的动物、动物产品的，由动物卫生监督机构责令无害化处理，所需处理费用由违法行为人承担，可以处 3 000 元以下罚款

（3）违反本法规定，有下列行为之一的，由动物卫生监督机构责令改正，处 1 000 元以上 1 万元以下罚款；情节严重的，处 1 万元以上 10 万元以下罚款

①兴办动物饲养场（养殖小区）和隔离场所，动物屠宰加工场所，以及动物和动物产品无害化处理场所，未取得动物防疫条件合格证的；②未办理审批手续，跨省、自治区、直辖市引进乳用动物、种用动物及其精液、胚胎、种蛋的；③未经检疫，向无规定动物疫病区输入动物、动物产品的。

二、饲养场、养殖小区动物防疫条件

（1）动物饲养场、养殖小区选址应当符合下列条件

①距离生活饮用水源地、动物屠宰加工场所、动物和动物产品集贸市场 500 米以上；距离种畜禽场 1 000 米以上；距离动物诊疗场所 200 米以上；动物饲养场（养殖小区）之间距离不少于 500 米；②距离动物隔离场所、无害化处理场所 3 000 米以上；③距离城镇居民区、文化教育科研等人口集中区域及公路、铁路等主要交通干线 500 米以上。

（2）动物饲养场、养殖小区布局应当符合下列条件

①场区周围建有围墙；②场区出入口处设置与门同宽，长 4 米、深 0.3 米以上的消毒池；③生产区与生活办公区分开，并有隔离设施；④生产区入口处设置更衣消毒室，各养殖栋舍出入口设置消毒池或者消毒垫；⑤生产区内清洁道、污染道分设；⑥生产区内各养殖栋舍之间距离在 5 米以上或者有隔离设施。

禽类饲养场、养殖小区内的孵化间与养殖区之间应当设置隔离设施，并配备种蛋熏蒸消毒设施，孵化间的流程应当单向，不得交叉或者回流。

（3）动物饲养场、养殖小区应当具有下列设施设备

①场区入口处配置消毒设备；②生产区有良好的采光、通风设施设备；③圈舍地面和墙壁选用适宜材料，以便清洗消毒；④配备疫苗冷冻（冷藏）设备、消毒和诊疗等防疫设备的兽医室，或者有兽医机构为其提供相应服务；⑤有与生产规模相适应的无害化处理、污水污物处理设施设备；⑥有相对独立的引入动物隔离舍和患病动物隔离舍。

（4）动物饲养场、养殖小区应当有与其养殖规模相适应的执业兽医或者乡村兽医

患有相关人畜共患传染病的人员不得从事动物饲养工作。

（5）动物饲养场、养殖小区应当按规定建立免疫、用药、检疫申报、疫情报告、消毒、无害化处理、畜禽标识等制度及养殖档案

（6）种畜禽场除以上规定外，还应当符合下列条件

①距离生活饮用水源地、动物饲养场、养殖小区和城镇居民区、文化教育科研等人口集中区域及公路、铁路等主要交通干线 1 000 米以上；②距离动物隔离场所、无害化处理场所、动物屠宰加工场所、动物和动物产品集贸市场、动物诊疗场所 3 000 米以上；③有必要的防鼠、防鸟、防虫设施或者措施；④有国家规定的动物疫病的净化制度；⑤根据需要，种畜场还应当设置单独的动物精液、卵、胚胎采集等区域。

第三节 兽药管理相关法律知识

一、兽药管理条例相关知识

（一）兽药使用

①兽药使用单位，应当遵守国务院兽医行政管理部门制定的兽药安全使用规定，并建立用药记录。

②禁止使用假、劣兽药以及国务院兽医行政管理部门规定禁止使用的药品和其他化合物。禁止使用的药品和其他化合物目录由国务院兽医行政管理部门制定公布。

③有休药期规定的兽药用于食用动物时，饲养者应当向购买者或者屠宰者提供准确、真实的用药记录；购买者或者屠宰者应当确保动物及其产品在用药期、休药期内不被用于食品消费。

④国务院兽医行政管理部门，负责制定公布在饲料中允许添加的药物饲料添加剂品种目录。

禁止在饲料和动物饮用水中添加激素类药品和国务院兽医行政管理部门规定的其他禁用药品。

经批准可以在饲料中添加的兽药，应当由兽药生产企业制成药物饲料添加剂后方可添加。禁止将原料药直接添加到饲料及动物饮用水中或者直接饲喂动物。

禁止将人用药品用于动物。

⑤禁止销售含有违禁药物或者兽药残留量超过标准的食用动物产品。

（二）违反本条例的法律追究

①违反本条例规定，未按照国家有关兽药安全使用规定使用兽药的、未建立用药记录或者记录不完整真实的，或者使用禁止使用的药品和其他化合物的，或者将人用药品用于动物的，责令其立即改正，并对饲喂了违禁药物和其他化合物的动物及其产品进行无害化处理；对违法单位处1万元以上5万元以下罚款；给他人造成损失的，依法承担赔偿责任。

②违反本条例规定，在饲料和动物饮用水中添加激素类药品和国务院兽医行政管理部门规定的其他禁用药品，依照《饲料和饲料添加剂管理条例》的有关规定处罚；直接将原料药添加到饲料及动物饮用水中，或者饲喂动物的，责令其立即改正，并处1万元以上3万元以下罚款；给他人造成损失的，依法承担赔偿责任。

二、食品动物禁用的兽药及其他化合物清单（表1）

表1 食品动物禁用的兽药及其他化合物清单

序号	兽药及其他化合物名称	禁止用途	禁用动物
1	β-兴奋剂类：克仑特罗 Clenbuterol、沙丁胺醇 Salbutamol、西马特罗 Cimaterol 及其盐、酯及制剂	所有用途	所有食品动物
2	性激素类：己烯雌酚 Diethylstilbestrol 及其盐、酯及制剂	所有用途	所有食品动物
3	具有雌激素样作用的物质：玉米赤霉醇 Zeranol、去甲雄三烯醇酮 Trenbolone、醋酸甲孕酮 Mengestrol Acetate 及制剂	所有用途	所有食品动物

（续表）

序号	兽药及其他化合物名称	禁止用途	禁用动物
4	氯霉素 Chloramphenicol 及其盐、酯（包括：琥珀氯霉素 Chloramphenicol Succinate）及制剂	所有用途	所有食品动物
5	氨苯砜 Dapsone 及制剂	所有用途	所有食品动物
6	硝基呋喃类：呋喃唑酮 Furazolidone、呋喃它酮 Furaltadone、呋喃苯烯酸钠 Nifurstyrenate sodium 及制剂	所有用途	所有食品动物
7	硝基化合物：硝基酚钠 Sodium nitrophenolate、硝呋烯腙 Nitrovin 及制剂	所有用途	所有食品动物
8	催眠、镇静类：安眠酮 Methaqualone 及制剂	所有用途	所有食品动物
9	林丹（丙体六六六）Lindane	杀虫剂	水生食品动物
10	毒杀芬（氯化烯）Camahechlor	杀虫剂、清塘剂	水生食品动物
11	呋喃丹（克百威）Carbofuran	杀虫剂	水生食品动物
12	杀虫脒（克死螨）Chlordimeform	杀虫剂	水生食品动物
13	双甲脒 Amitraz	杀虫剂	水生食品动物
14	酒石酸锑钾 Antimony potassium tartrate	杀虫剂	水生食品动物
15	锥虫胂胺 Tryparsamide	杀虫剂	水生食品动物
16	孔雀石绿 Malachite green	抗菌、杀虫剂	水生食品动物
17	五氯酚酸钠 Pentachlorophenol sodium	杀螺剂	水生食品动物
18	各种汞制剂包括：氯化亚汞（甘汞）Calomel、硝酸亚汞 Mercurous nitrate、醋酸汞 Mercurous acetate、吡啶基醋酸汞 Pyridyl mercurous acetate	杀虫剂	动物
19	性激素类：甲基睾丸酮 Methyltestosterone、丙酸睾酮 Testosterone Propionate、苯丙酸诺龙 Nandrolone Phenylpropionate、苯甲酸雌二醇 Estradiol Benzoate 及其盐、酯及制剂	促生长	所有食品动物
20	催眠、镇静类：氯丙嗪 Chlorpromazine、地西泮（安定）Diazepam 及其盐、酯及制剂	促生长	所有食品动物
21	硝基咪唑类：甲硝唑 Metronidazole、地美硝唑 Dimetronidazole 及其盐、酯及制剂	促生长	所有食品动物

注：食品动物是指各种供人食用或其产品供人食用的动物

第四节 饲料及饲料添加剂使用的有关规定

禁止在饲料和动物饮用水中使用的药物品种目录（农业部、卫生部、国家药品监督管理局 2001 年 176 号公告）

（一）肾上腺素受体激动剂

①盐酸克仑特罗（Clenbuterol Hydrochloride）：中华人民共和国药典（以下简称药典）2000 年二部 P605。β2 肾上腺素受体激动药。

②沙丁胺醇（Salbutamol）：药典 2000 年二部 P316。β2 肾上腺素受体激动药。

③硫酸沙丁胺醇（Salbutamol Sulfate）：药典 2000 年二部 P870。β2 肾上腺素受体激动药。

④莱克多巴胺（Ractopamine）：一种 β 兴奋剂，美国食品和药物管理局（FDA）已批准，中国未批准。

⑤盐酸多巴胺（Dopamine Hydrochloride）：药典 2000 年二部 P591。多巴胺受体激动药。

⑥西巴特罗（Cimaterol）：美国氰胺公司开发的产品，一种 β 兴奋剂，FDA 未批准。

⑦硫酸特布他林（Terbutalinc Sulfate）：药典 2000 年二部 P890。β2 肾上腺受体激动药。

（二）性激素

⑧己烯雌酚（Diethylstibestrol）：药典 2000 年二部 P42。雌激素类药。

⑨雌二醇（Estradiol）：药典 2000 年二部 P1005。雌激素类药。

⑩戊酸雌二醇（Estradiol Valerate）：药典 2000 年二部 P124。雌激素类药。

⑪苯甲酸雌二醇（Estradiol Benzoate）：药典 2000 年二部 P369。雌激素类药。中华人民共和国兽药典（以下简称兽药典）2000 年版一部 P109。雌激素类药。用于发情不明显动物的催情及胎衣滞留、死胎的排除。

⑫氯烯雌醚（Chlorotrianisene）：药典 2000 年二部 P919。

⑬炔诺醇（Ethinylestadiol）：药典 2000 年二部 P422。

⑭炔诺醚（Quinestrol）：药典 2000 年二部 P424。

⑮醋酸氯地孕酮（Chlormadinone acetate）：药典 2000 年二部 P1037。

⑯左炔诺孕酮（Levonorgestrel）：药典 2000 年二部 P107。

⑰炔诺酮（Norethisterone）：药典 2000 年二部 P420。

⑱绒毛膜促性腺激素（绒促性素）（Chorionic Gonadotrophin）：药典 2000 年二部 P534。促性腺激素药。兽药典 2000 年版一部 P146。激素类药。用于性功能障碍、习惯性流产及卵巢囊肿等。

⑲促卵泡生长激素（尿促性素主要含卵泡刺激 FSHT 和黄体生成素 LH）（Menotropins）：药典 2000 年二部 P321。促性腺激素类药。

（三）蛋白同化激素

⑳碘化酪蛋白（Iodinated Casein）：蛋白同化激素类，为甲状腺素的前驱物质，只有类似甲状腺素的生理作用。

㉑苯丙酸诺龙及苯丙酸诺龙注射液（Nandrolone Phenylpropionate）：药典 2000 年二部 P365。

（四）精神药品

㉒（盐酸）氯丙嗪（Chlorpromazine Hydrochloride）：药典 2000 年二部 P676。抗精神病药。兽药典 2000 年版一部 P177。镇静药。用于强化麻醉以及使动物安静等。

㉓盐酸异丙嗪（Promethazine Hydrochloride）：药典 2000 年二部 P602。抗组胺药。兽药典 2000 年版一部 P164。抗组胺药。用于变态反应性疾病，如荨麻疹、血清病等。

㉔安定（地西泮）（Diazepam）：药典 2000 年二部 P214。抗焦虑药、抗惊厥药。兽药典 2000 年版一部 P61。镇静药、抗惊厥药。

㉕苯巴比妥（Phenobarbital）：药典 2000 年二部 P362。镇静催眠药、抗惊厥药。

兽药典 2000 年版一部 P103。巴比妥类药。缓解脑炎，破伤风、士的宁中毒所致的惊厥。

㉖苯巴比妥钠（Phenobarbital Sodium）：兽药典 2000 年版一部 P105。巴比妥类药。缓解脑炎、破伤风、士的宁中毒所致的惊厥。

㉗巴比妥（Barbital）：兽药典 2000 年版一部 P27。中枢抑制和增强解热镇痛。

㉘异戊巴比妥（Amobarbital）：药典 2000 年二部 P252。催眠药、抗惊厥药。

㉙异戊巴比妥钠（Amobarbital Sodium）：兽药典 2000 年版一部 P82。巴比妥类药。用于小动物的镇静、抗惊厥和麻醉。

㉚利血平（Reserpine）：药典 2000 年二部 P304。抗高血压药。

㉛艾司唑仑（Estazolam）。

㉜甲丙氨脂（Meprobamate）。

㉝咪达唑仑（Midazolam）。

㉞硝西泮（Nitrazepam）。

㉟奥沙西泮（Oxazepam）。

㊱匹莫林（Pemoline）。

㊲唑仑（Triazolam）。

㊳唑吡旦（Zolpidem）。

㊴其他国家管制的精神药品。

（五）各种抗生素滤渣

㊵抗生素滤渣：该类物质是抗生素类产品生产过程中产生的工业三废，因含有微量抗生素成分，在饲料和饲养过程中使用后对动物有一定的促生长作用。但对养殖业的危害很大，一是容易引起耐药性；二是由于未做安全性试验，存在各种安全隐患。

第二篇

山鸡饲养与繁育技术

第一章　山鸡简介

第一节　山鸡的分布与外貌特征

山鸡俗称野鸡，是雉鸡的商品名称，在动物学分类中属鸟纲、鸡形目，是雉科、雉属的一个重要的种。

国内外专家的研究结果表明，野生状态下，山鸡这一个种在全世界共有 30 个亚种，其中，分布在我国境内的共有 19 个亚种，约占全世界山鸡亚种数量的 2/3。这些山鸡亚种在国内的分布区域很广，目前，除了西藏自治区的羌塘高原和海南岛以外，在全国各地基本上都能见到山鸡的身影；在国外，山鸡主要分布于欧洲东南部和中亚、西亚地区以及蒙古、朝鲜、俄罗斯的西伯利亚东南部与越南北部和缅甸东北部等地区。

一百多年来，我国的山鸡资源被大量引入欧洲、美国和澳大利亚等国家，为世界山鸡新品种的培育作出了巨大贡献。

山鸡的体形较家鸡略小，但尾羽较长，成年公山鸡体长可达 90～100 厘米（含尾羽），但其尾羽长度可占一半以上；山鸡成年体重公鸡一般为 1～1.5 千克、母鸡 0.7～0.9 千克；与其他动物相同，我国拥有的 19 个山鸡亚种，也呈现了由南方云、贵、川等多个较小体型的亚种，到华东、河北等多个中等体型的亚种，再到东北、青海等北方地区多个较大体型的亚种这一由南向北体形逐步增大的现象。

山鸡的羽毛颜色比较鲜艳，但公母山鸡的羽毛颜色有明显的区别，一般公山鸡的羽毛颜色明显地较母山鸡艳丽、体型也较大，而且公山鸡的颈部多具有白色的环带，故称环颈雉。但山鸡的不同亚种之间，其外貌特征也不尽相同。与山鸡不同亚种的体重呈现由南向北逐渐增大的特点相同，国内山鸡亚种的体色也呈现从南向北由浓艳到浅淡的变化规律，其中，表现最明显的就是公山鸡这个白色环带的变化，南方地区的山鸡亚种普遍无环带，而北方地区的大部分亚种则带有完整的环带，且以东北亚种的环带最宽，而华东等亚种的白色环带则大多不完整。

第二节　品种类型与经济价值

一、品种类型

目前，全世界（包括育成品种）有许多山鸡品种，按照这些山鸡品种所具有的特点，一般将它们分为肉用型、狩猎型和观赏型 3 种类型。

1. 肉用型山鸡

（1）七彩山鸡

又称中国环颈雉，由于目前国内所饲养的七彩山鸡主要是 1990 年前后从美国威斯康星州引进的育成山鸡品种，故中国人习惯称之为"美国七彩山鸡"。这一品种是 1881 年由美国驻上海总领事将从中国引入的华东亚种山鸡在美国俄勒冈州放养成功后，与其他亚种（也有人认为是蒙古亚种）进行杂交，经过100多年的精心选育而成的，故美国人习惯称之为"中国环颈雉"。

美国七彩山鸡的外貌特征与我国的环颈雉基本相似，但其羽色稍浅，且颈部的白色环带也稍细。由于经过了长期的精心选育，其体重与生产性能都比原种有了较大提高。公开资料显示：美国七彩山鸡18周龄育成公鸡体重可达1.8～2.2千克，性成熟后降至1.5～1.8千克；母鸡约1.25千克，开产前体重1.3～1.6千克。国内引种后的18周龄饲养成绩为公鸡1.8～2千克；母鸡1.1～1.3千克。年产蛋量80～100枚（国内成绩为70～100枚），产蛋期21周左右。

美国七彩山鸡的驯化程度高、野性小、繁殖力强、产肉率高、生产性能优异，在商品山鸡市场深受欢迎，是目前国内普遍养殖的山鸡品种，但它的缺点是肉质较粗糙、野味稍淡些，风味不及河北亚种山鸡。

（2）黑化山鸡

又称孔雀蓝山鸡，关于这种山鸡的起源至今仍有争论，一种观点认为，是美国七彩山鸡的隐性纯合体；另一种观点认为是野生状态下的基因突变形成的（因为在其他国家也有发现）；还有一种观点认为是日本绿山鸡的突变种或者是日本绿山鸡与其他亚种的杂交品种。

黑化山鸡的公鸡全身羽毛呈黑色，头颈、背部、体侧和肩羽、腹翼羽均带有金属绿的光泽，颈部羽毛带有紫蓝色光泽；母山鸡全身羽毛黑褐色。

黑化山鸡生产性能及肉质风味与美国七彩山鸡相似。

（3）特大型山鸡

特大型山鸡是由蒙古环颈雉经长期选育而成的品种，故又称蒙古山鸡。该品种公山鸡眼睑无白眉，白色颈环窄、特细而且不完全，部分山鸡甚至没有颈环；胸部羽毛为深红色，母山鸡腹部羽毛颜色浅，呈灰白色。我国于1994年由中国农业科学院特产研究所从美国威斯康星州的麦克法伦雉鸡公司引进，该山鸡品种的最大特点是体形大，成年山鸡的公鸡、母鸡体重分别可达1.9～2.2千克和1.5～1.8千克，但其产蛋量较低，年平均产蛋仅为50枚左右。

2. 狩猎型山鸡

（1）河北亚种山鸡

又称地产山鸡，是一种由我国培育的基因型比较单一而纯正的山鸡品种。1978年，由中国农业科学院特产研究所利用原产于我国吉林省长白山一带的河北亚种山鸡原鸡，经过4年的人工繁育培育而成的一个山鸡品种，并于1982年开始在全国推广。

河北亚种山鸡在目前人工饲养的山鸡品种中属于体重轻小型山鸡，一般成年公鸡体重1.2～1.5千克；成年母鸡体重0.9～1.1千克。公鸡头部眼眶上有明显的白眉，颈环完全或前侧稍宽，胸部羽毛红颜色，体形细长，善活动，易惊飞。

河北亚种山鸡的生产性能较低，一般年产蛋量只有20～30枚/羽，但其肉质白嫩、肌纤维细、野味足，一般6周龄开始放飞，15周龄时即可供狩猎用。

（2）左家山鸡

左家山鸡是七彩山鸡与河北亚种山鸡的杂交品种，是由中国农业科学院特产研究所于1991—1996年利用美国七彩山鸡和河北亚种山鸡进行二代级进杂交，再经四代横交固定选育而成的新品种。

该培育品种山鸡的毛色介于美国七彩山鸡与河北亚种山鸡之间，体型与美国七彩山鸡相似，但生产性能明显优于河北亚种山鸡，其成年公山鸡体重1.5～1.7千克；母山鸡1.1～1.3千克，年产蛋量60枚/羽以上。其特色是既有较高的生产性能，又有良好的肉质风味，肉质白嫩，肌纤维细，香味浓而持久、口感好。

3. 观赏型山鸡

（1）黄化山鸡

又称浅金黄色山鸡，该品种山鸡最早发现于美国的加利福尼亚州，但其确切的起源还不太清楚，一种观点认为是中国环颈雉与蒙古环颈雉的杂交产物，也有观点认为是欧洲南部与中亚西亚地区某些山鸡亚种的突变种。

该品种山鸡体型较小，成年公山鸡体重1.2～1.4千克，母山鸡体重1.0～1.1千克，年产蛋量约50～70枚/羽。从观赏的角度来看，黄化山鸡的羽色与其他的山鸡明显不同，其通体呈浅金黄色，如不注意观赏其尾部，其外形与黄羽家鸡无异，因其数量稀少，是一种宝贵的山鸡基因。当然，黄化山鸡也具有一定的肉用价值，其肉质与美国七彩山鸡相当。

（2）白化山鸡

又称美国白化山鸡，是1994年由中国农业科学院特产研究所从美国威斯康星州麦克法伦雉鸡公司引进的一个山鸡品种。该品种山鸡的起源不详，有人认为是一种美国七彩山鸡的突变种，但当这个品种的山鸡之间交配时，其后代则全部为白色。

该品种山鸡体型较大且饱满，生产性能与美国七彩山鸡相似，成年公山鸡体重一般在1.5～1.8千克；母山鸡体重1.1～1.4千克，年产蛋量一般在70～100枚/羽，繁殖能力强、肉质好，而且生长速度快，一般14～15周龄即可达到上市体重，是一种适宜于集约化饲养的山鸡品种，而且还是一种具有很高观赏价值的山鸡基因类型。

二、经济价值

1. 营养价值

山鸡肉质细嫩，味道鲜美，具有一种独特的野味。山鸡营养丰富，其蛋白质和氨基酸含量均比家鸡高，但脂肪和胆固醇含量则比家鸡低。据分析，一般家鸡肉的脂肪含量为7.0%～8.0%，而山鸡肉的脂肪含量仅为0.95%～1.00%，由此可见，山鸡是一种高蛋白、低脂肪的美味佳肴。

2. 药用价值

据明代李时珍《本草纲目》记载，山鸡肉具有平喘益气、祛痰化淤、清肺止咳等功效，而且山鸡的脑可治"冻疮"、嘴可治"蚁瘘"、肌胃角质（俗称鸡内金）有消食、开胃的作用等。在我国传统的中医食疗中，山鸡肉作为一种动物性的保健药物，具有特殊的价值。

3. 其他价值

（1）观赏

山鸡羽毛光彩艳丽，尤其公鸡尾羽漂亮，具有很强的观赏性。

（2）用作礼品

我国人民自古就有把山鸡作为珍贵礼品赠送的传统，具有祝愿健康长寿、吉祥美满之意。

（3）制作工艺品

用山鸡羽毛制成的扇、画、玩具等工艺品，深受消费者的欢迎。

（4）制作生物标本

用山鸡制作的生物标本，作为高雅贵重的装饰品，现已进入了许多城市居民的家庭。

第三节　山鸡养殖的历史与现状

长期以来，由于人类活动的不断加剧和自然环境的不断变化，山鸡的野生资源日渐稀少，但由于山鸡具有其特有的经济价值，近年来，人工养殖山鸡逐步成为了世界养禽业中具有很大发展潜力的一项新兴产业。

一、国外山鸡养殖的进程

近代关于山鸡人工养殖的起源，目前，世界上有两种观点，一种观点认为是美国最早于1881年从中国引进了华东环颈雉进行驯养，并通过与蒙古环颈雉杂交，培育成了现在的家养山鸡品种；另一种观点认为最先是由英国引进中国环颈雉与蒙古环颈雉或高加索原产的黑颈雉杂交培育成英国环颈雉，再引入美国培育而成。但无论这两种观点谁对谁错，均一致认为山鸡大规模养殖是近20～30年从美国开始的，而且国外山鸡养殖的最大特点是同他们国家发达的狩猎运动紧密结合的，其所饲养的品种绝大部分是不同亚种间的杂交品种。因此，这些国家的山鸡习惯上被称为"狩猎山鸡"。

目前，世界上养殖山鸡的国家很多，美国是山鸡养殖量最大的国家，共有各类山鸡狩猎场2 000余家，每年光用于狩猎的山鸡就达3千万羽，而威斯康星州麦克法伦雉鸡公司是目前美国也是全世界最大的商品化山鸡养殖场，其每年生产的商品山鸡达50万羽以上；加拿大在1892年从美国引入山鸡并驯养成功后，曾于1910年宣布其山鸡的拥有量居世界之首；捷克、匈牙利、俄罗斯等欧洲国家以及日本、新西兰、澳大利亚等亚太国家也均养殖数量较多且主要用于狩猎的山鸡，而且许多国家还培育出了一些性能优异的山鸡新品种。

二、国内山鸡驯养的历史与发展趋势

据考证，我国劳动人民很早就对山鸡有所认识，远在4 000年前殷商时期的甲骨文中就对山鸡有记载，以后的历史文字中均有关于山鸡的记载，尤其是对山鸡的食用方法，在一些宫廷的食谱上有详细的记载；清朝李时珍的《本草纲目》则将山鸡列为"原禽类"，对山鸡的药用价值作了详尽的记述；另外，早在汉末至六朝时期，雉鸡的羽毛就被织成罗、缎、锦等作为妇女衣裙之用，并成为当时贵族夸耀奢华的风气，但当时的雉鸡来源并非靠人工繁殖和规模饲养，而是从大自然中猎取野生山鸡所得。

近代我国山鸡的人工驯养始于20世纪60年代，但当时由于某些特殊的原因而未获成功。1978年，中国农业科学院特产研究所又开始了山鸡人工驯养与繁育的研究，并于1982年获得成功，以后逐步在全国范围内进行了大规模的普及和推广。从20世纪80年代末开始，中国农业科学院特产研究所先后从美国引进了"美国七彩山鸡"等一系列优秀的山鸡品种，进一步推动了国内山鸡养殖产业的发展。

经过二十多年的发展演变，目前，国内的山鸡养殖逐步形成了以广东、上海和北京为中心的三大板块，种鸡存栏总量超过30万羽，年产商品山鸡达2 000余万羽，并培育产生了"申鸿珍禽"等一大批知名的山鸡养殖企业。

虽然我国的山鸡养殖业起步较晚，但发展速度很快，目前，已呈现出工厂化、集约化快速发展的势头，并逐步与旅游业相结合，通过开办山鸡生态园、观光农业及狩猎场等，显著增加了山鸡养殖的经济效益。但从发展的角度来看，目前，国内的山鸡养殖主要存在着规模小而分散、产品加工和销售缺乏深度、山鸡育种和饲养管理技术有待进一步深化以及总量偏低等问题，应在今后的养殖过程中予以关注和重视。

第二章　山鸡生理特点

为更加科学地养殖山鸡，目前，国内把山鸡的一生划分为生长期（18 周龄前）和成年期（19 周龄后）两个饲养阶段，并且根据山鸡的生物学特性和对营养、环境以及饲养管理的不同要求对这两个饲养阶段作了进一步的细分。

一、生长期

生长期可分为幼雏期、中雏期和大雏期 3 个时期。

幼雏期又称为育雏期，一般为 0~4 周龄的雏山鸡。

中雏期又称为育成期，一般为 5~10 周龄的山鸡

大雏期又称为育成后期，一般为 11~18 周龄的山鸡。

习惯上又常将中雏期和大雏期合称为育成期。

二、成年期

成年期又可分为繁殖准备期、繁殖期和繁殖静止期。

繁殖准备期又称产蛋前期，是指 19 周龄至开产这一时期。

繁殖期又称产蛋期，是指山鸡交配、产蛋、孵化雏鸡的时期。

繁殖静止期又称休产期，是指山鸡结束一个繁殖周期后的休息、调养时期，也是为下一个繁殖周期的到来作准备的时期。

在我国的北方寒冷地区，种山鸡的繁殖仍呈现明显的季节性，一般美国七彩山鸡的繁殖准备期为 3~4 月，繁殖期为 4~8 月，而 9 月至翌年 2 月则为繁殖静止期。其中，9~10 月又称为换羽期，10 月至翌年 2 月为越冬期。

第一节　山鸡生物学特性

野生山鸡比家鸡体型小、矫健善走、翅膀短小、不善远飞，是人类的主要狩猎对象。而且山鸡在自然界的食物链中属于最底层，一般食肉类的哺乳动物及猛禽等都是它的天敌，甚至蛇类有时也会吃掉它的种蛋。为应对这些天敌，在长期的进化过程中，山鸡逐步形成了一套特有的生理习性。

一、适应性和抗病力强，耐高温和严寒

野生山鸡的适应性很强，一般常栖息在海拔 300~3 000 米、各类地形的灌木丛和高山阔叶混交林中。夏季栖息地的海拔较高且能耐 32℃ 以上高温，秋季后则迁徙到低山的向阳避风处活动，并在 -35℃ 的环境中不畏寒，能在极其恶劣的环境下栖居过夜，而且同一季节的环境相对固定。

二、集群性强，叫声特殊

秋冬季节，野生山鸡常不分公母、年龄，成群集结活动。而在繁殖季节，则以公山鸡为中心组成相对稳定的"婚配群"，在相对固定的区域内活动，此时如有其他公鸡侵入其活动区域，该"群"的公鸡就会与之剧烈争斗，直至把对方赶走为止。公鸡鸣叫是一种强烈的护区行为，警示其他公鸡不得入内；而且在繁殖季节，天刚亮时公鸡"咯、咯"十分清脆的鸣叫，则是一种发情姿态的表现；当公鸡突然受惊时，则会暴发出一个或一系列尖锐的"咯咯"声。

三、性情活跃，善于奔走，但胆怯而机警

山鸡的高飞能力差，只能作短距离低飞，且不能持久。但山鸡的脚非常强健，善于到处游走，而且行走时常左顾右盼、不时跳跃。平时山鸡即使在觅食过程中也不时地抬头张望，观察四周动静，如遇敌害侵袭，则迅速逃避；而当敌害迫近时则立即起飞，并于不久后滑翔降落。人工饲养的山鸡，往往易受惊而乱飞乱撞，碰得头破血流甚至死亡，因此，山鸡养殖场应保持环境安静，防止动作粗暴和产生异声，以免惊恐鸡群。

第二节　山鸡食性特点

一、消化特点

山鸡的胃有腺胃和肌胃两部分，肠道分为十二指肠、空肠、回肠、盲肠和直肠 5 个部分，整个消化道较短，全长约为体长的 2 倍，因而饲料通过消化道的时间较短。据测定，粉料通过消化道的时间，雏山鸡和产蛋期山鸡约为 4 小时，休产期的山鸡约为 8 小时；但饲料通过消化道的时间常因生理状态和饲料性质不同而有所不同，一般整粒料比破碎料时间长，而破碎料则比粉料时间长。

在山鸡的肠道内，饲料中的蛋白质在蛋白酶的作用下最终分解成氨基酸被机体吸收，碳水化合物则在体内被分解成单糖，脂肪被分解成脂肪酸和甘油而被吸收，而纤维的消化则主要靠肠道内微生物的发酵分解来完成吸收利用。

一般来说，山鸡对草类饲料的消化率较低，对谷物饲料的消化率与家禽无大的差别，但对谷物中纤维的消化率显著低于家禽。

二、食性特点

山鸡是一种杂食性鸟类，其饲料一般以植物性饲料为主。野生状态下，其采食的食物种类会随着季节的不同而有所变化。一般在早春时节，由于冰雪融化，草木发芽，山鸡可以采食到一些树的芽孢、野草、野菜的嫩芽和含淀粉较多的植物根茎以及落在地上的籽实等；春播后还能到林边的耕地里刨食谷物类作物的种子或嫩芽；夏季是山鸡饲料最丰富的季节，不但能采食到各种植物的根、茎、叶、花和浆果，还能捕食到各种昆虫、幼虫和虫卵，而期间刚孵出的幼雏则以蚂蚁、蚯蚓和昆虫等为食。据观察，这一阶段成年山鸡的胃内有 70% 的植物性食物和 30% 的昆虫类食物，而雏山鸡的胃内有 90% 以上是昆虫类食物；到了秋季，山鸡除在山上采食一些野果、籽实外，还成群结队地到秋收后的农田里采食丰富的作物籽

实，增加体内营养储备，为安全越冬打好基础，此时，山鸡胃内 95% 是植物性食物，动物性食物仅有 5% 左右；而到了冬季，特别是下雪以后，山鸡的食物来源就比较困难，此时，除了采食挂在树枝上的籽实、浆果等食物外，它们还经常成群地到地里寻找谷物类食物，甚至到村庄附近觅食。

山鸡的觅食活动很有规律性，一般每天从天刚亮开始觅食，时间约为 4~6 小时；而在繁殖季节，母鸡开始孵蛋时，其觅食活动的时间就会逐渐减少，一般刚开始时每天离窝觅食 2 次，然后是 1 天 1 次，最后是隔天 1 次，而且觅食的时间很短，1~2 个小时就回到窝内继续孵蛋，而当遇到刮风下雨等恶劣气候时，为确保蛋窝安全，采食时间就明显减少，直到孵蛋结束。

第三节 山鸡繁殖特点

一、性成熟晚，季节性产蛋

山鸡性成熟的标志为公山鸡的第一次成功交尾和母山鸡产第一枚种蛋。

虽然山鸡是早成鸟，刚出壳的雏鸡待绒毛干后就能随母山鸡成群活动觅食，但山鸡在野生状态下的性成熟较晚，一般在出壳后 10~11 个月才能达到性成熟，且公山鸡的性成熟要比母山鸡晚 1 个月左右。在自然环境中，当年 6 月孵出的山鸡一般要在次年的 4 月左右达到性成熟，才能进行交尾和产蛋。

野生状态下，山鸡的产蛋具有很强的季节性，一般从每年的 2 月持续到 6、7 月，这一阶段的产蛋量可达到山鸡全年产蛋量的 95% 以上；山鸡每天的产蛋时间集中在 9 时到 15 时，产程持续约 10~60 分钟。而在人工饲养环境中，山鸡的产蛋期可延长到 9 月，且产蛋量也较野生山鸡高，特别是人工驯化后的山鸡，其性成熟时间可显著提前，如美国七彩山鸡饲养至 4~5 月龄时即可达到性成熟。

二、"婚配群" 配种

野生状态下，山鸡在繁殖季节常以 1 公配 2~4 母组成相对稳定的"婚配群"，共同生活在同一个"占区"；而在繁殖期的公山鸡常会发生剧烈的争偶现象，在几只公山鸡相互的争斗中，通常最终的获胜者成为"王子鸡"；如果一旦确定了"王子鸡"，往往在一段时间内便不再发生相互争斗现象，但在间隔一段时间后，有时仍会在山鸡群中发生"争王"现象，直至重新产生"王子鸡"，鸡群才又会相对稳定。

野生状态下，山鸡每年 3~4 月开始交配、繁殖；5~6 月达到高峰期；7~8 月逐渐减少，直至停止。一天之中，山鸡交配的活跃时间是每天的清晨和傍晚，而每次交尾的时间约为 10 秒钟。

三、产蛋

野生状态下的山鸡，母山鸡每年可产 2 窝蛋，个别山鸡可产 3 窝蛋，每窝产蛋 12~20 枚，蛋壳颜色为橄榄黄色，呈椭圆形；如在产蛋时第一窝蛋被破坏，母山鸡可快速补产第二窝蛋；产蛋时，母山鸡一般连产 2 天，休息 1 天，个别母山鸡可连产 3 天休息 1 天。但初产母山鸡以隔天产蛋者居多。

人工饲养条件下，山鸡的年产蛋量可有较大的提高，特别是美国七彩山鸡，通过采用灯光控制的方法饲养，母山鸡每年可获得 2 个较高的产蛋期，每期产蛋量可达 30～40 枚，年产蛋量可达 100 枚以上。

四、孵化

野生山鸡具有很强的就巢性，但母鸡产蛋的巢很简陋，通常是在树丛、草丛等隐蔽处扒一浅窝，垫上杂草、枯枝、树叶及少量羽毛，母山鸡就在巢穴内开始产蛋。一般母山鸡只有在产完最后一枚蛋时才开始孵化，为的是使同窝蛋的胚胎同步发育。由于公山鸡具有很强的破坏性，因此，母山鸡在孵蛋时，总是极力躲避公山鸡，一旦公山鸡发现巢穴，常会毁巢啄蛋，破坏母山鸡的孵化行为。

人工饲养条件下，山鸡的饲养密度要比野生状态高得多，山鸡在圈舍内的相互干扰使得母山鸡的产蛋很难固定，此时应在舍内设置隐蔽的产蛋箱或蛋巢，以供母山鸡产蛋，避免公山鸡的毁巢行为。

野生状态下，母山鸡每年孵 2 窝蛋，一般从母山鸡筑巢开始至孵化结束用时在 45 天左右，其中，孵化期约 23 天。孵化期间，母山鸡非常专一，每天除短暂的觅食时间，几乎都在巢内保护自己的巢窝和蛋，从不轻易出窝，特别是到了孵化后期就更加恋窝，只有在人或其他动物靠近巢窝时，才不得已而离开。雏鸡的出壳时间一般多在夜间，这样可使母鸡在次日带着雏雉鸡到处觅食。

第四节　雏山鸡生理特征

刚出壳的雏山鸡具有一些特有的生理特征和行为特点。

①刚出壳雏山鸡个体小、绒毛稀而短，体温调节机能不完善、体温较低，难以适应外界温度变化，必须进行保温。

②雏山鸡消化系统容积很小、食物贮存少、消化机能差，但生长极为迅速，每周体重可成倍增长。因此，管理上不但应供给优质、充足的高蛋白易消化饲料，而且还应少量多次饲喂和不断供水。

③雏山鸡非常胆怯，对外界环境的变化极其敏感，任何外界刺激都会导致情绪紧张、四处乱窜，甚至造成死亡。

④雏山鸡的抗病能力较强，但对各种禽病都易感，应注意不得与其他禽类混养。

⑤雏山鸡自卫能力弱、易受野兽等侵害。

第三章 山鸡养殖的环境、设施与设备

第一节 场址的选择

一、养殖场对环境的基本要求

山鸡由于被人工驯化的时间较短，其体内还保留着较强的野性，对周围环境的变化非常敏感，因此，山鸡的人工饲养对周围环境有较高的要求。

1. 对自然环境的要求

山鸡人工养殖时，养殖场对周围自然环境的总体要求是尽可能满足山鸡生活习性的需求。

（1）具备安静的地理环境

山鸡喜欢安静的环境条件，如在嘈杂的环境中时山鸡会因惊吓而骚动不安，因此，山鸡养殖场选址时应远离居民点、学校、交通主干道等环境嘈杂的地方，以减少外界环境的干扰。

（2）具备冬暖夏凉的小气候条件

创造冬暖夏凉的气候条件对山鸡的成功养殖非常重要，一般适宜于山鸡生活、生长的温度为5~27℃。夏季气温超过30℃时就会产生很大的反应，表现为张口喘气，产蛋率和受精率均会明显下降，超过35℃时还可能会引起中暑死亡。

（3）具有清洁干燥的生活环境

污秽潮湿的环境，常常会造成山鸡白痢病、球虫病等多种疾病的传播，从而对山鸡的生长、生产等各种性能的发挥产生不良影响，而选择或创造适宜于山鸡生活习性的清洁干燥的生活环境，是成功养殖山鸡的重要因素。

2. 对社会环境的要求

在进行山鸡养殖场场址选择时，首先要考虑到长远发展的需要，并对各种非生产性成本进行认真的分析评估。

（1）企业长远发展的要求

养殖场应根据企业发展的长远目标，制定相应的发展规划，尽可能一次性选择足够的占地面积，并按照发展规划对养殖场的各个功能区域进行合理布局。

（2）满足防疫条件的要求

按照国家法律法规及各类规章制度的要求，选择具备防疫条件的地方，同时，还应考虑到便于与外界开展交流和便于防疫工作的实施。

（3）降低生产成本的要求

山鸡养殖的生产成本主要是饲料，因此，山鸡养殖场与饲料来源地越近，则其饲料的成本就越低。而饲料中当地资源的利用量越多，对降低山鸡养殖生产成本的作用就越大。

（4）减少非生产性成本的要求

人工养殖山鸡的最终目的是为了追求效益的最大化，在生产成本基本稳定的前提下，提高效益主要是通过增加产品销售数量和降低非生产成本两种途径，因此，场址的选择应充分考虑到当地人口的多少、离周边城市的远近、当地的生活消费水平和习惯等因素。

二、养殖场场址选择的必备条件

山鸡养殖场的场址选择应考虑以下几个方面的条件。

1. 地形地势

山鸡养殖场宜选择避风向阳、光线充足、通风排水良好，并可避开冬季西北风侵袭的地方建场，对鸡舍朝向以南向或东南向为宜。地形应开阔整齐，地面以稍有 3°~4°坡度为宜，以利于排水。地势宜高燥，场址应高于当地历史最高水位线，地下水位应低于地面 1 米以下。

2. 土壤水源

土质应选择透气性强的沙壤土为宜，以利于排水，而且场址所在地土壤未曾被传染病或寄生虫等病原体所污染。

水源必须充足，水质要求无菌无毒、无异臭异味，以确保山鸡饮用以及生产、生活等用水。如无自来水时可选用深井水，但应在建场前对该井水进行理化和污染分析，确认符合相应标准，才能使用；如利用水塘积水时，则必须先消毒再使用。

3. 交通电力

山鸡人工饲养所需各类物资的运输量很大，因此，场址的选择应尽量靠近产品的消费地和饲料来源地，而且交通要便利，以降低运输成本。但又不能紧靠公路，应离主要公路（干线）500 米以上、一般公路（支线）150~200 米，并且需另有引路入场，路基和路面应坚固、平坦，这样既利于运输，又利于防疫。

电源是当今山鸡人工养殖的主要能源，除了正常的照明外，饲喂、孵化、育雏、饲料加工等都离不开电源，因此，山鸡养殖场应配备充足的变压器容量，且电源应紧靠养殖场。孵化、冷库、泵房等重要设施还应配有发电机，以备不时之需。

4. 防疫条件

山鸡养殖场应远离居民点 500 米以上，且远离化工厂、屠宰场及其他的家禽养殖场；小型养殖场或专业养殖户应建在村庄的边缘，并与农户有一定的距离，以利防疫。除此之外，养殖场对土壤和饮水还另有专门的防疫要求。

三、养殖场对建筑的布局要求

山鸡养殖场内的建筑布局以便于生产、管理和防疫为原则。按照不同的功能，一般将山鸡养殖场分为生产区和非生产区。

1. 生产区

生产区是山鸡养殖场的主体，布局时应予以重点考虑。一般依据当地常年主导风向，将孵化室、育雏室安置在最前面，育成鸡舍在中间，成年鸡舍放在最后面，这样既可使孵化室、育雏室等获得新鲜空气，减少发病概率，又可减少成年鸡舍对其他鸡舍的疫病传播。

例如，某地区的常年主导风向是南风，则该养殖场生产区应设在南向的坡地上，各类建筑由南向北依次按孵化室、育雏室、中雏舍、大雏舍、成年鸡舍的顺序排列。

从通风和防疫角度出发，生产区的各类建筑之间应保持一定的距离，一般要求孵化室与育雏室应相距 150 米以上，各鸡舍之间也应相距 30 米以上。生产区入口处应有消毒间和消毒池，每幢鸡舍还应设有操作间及相应的消毒设施。

2. 非生产区

非生产区主要包括行政区、生活区及其他服务设施。非生产区内严禁饲养任何动物。

（1）行政区和生活区

依常年主导风向，行政区一般建在生产区的左边、与生产区相距 250 米距离的最前面，并在入口处设有消毒设备。生活区则设在行政区的后面，相距 500 米以上，这样既有利于防疫，又有利于人员居住环境的卫生。

（2）其他服务设施

①饲料加工车间：成品仓库应靠近鸡舍，但车间与鸡舍需有 200 米以上距离，也可将车间和仓库建在生产区中部，但同样应与鸡舍有一定距离。

②病鸡隔离区和堆粪场：应设在生产区下风口最后面的地势低洼处，距鸡舍 300 米以上，并尽量远离鸡舍。

③场内道路：应分为净道和污道。净道主要用于运输饲料及鸡、蛋等产品；污道主要用于运输粪便和病死鸡等废弃物，二者互不交叉，以利防疫。

④其他设施：按照山鸡的生活习性和营养需要，场内应在生产区和生活区之间设立相应的青绿饲料种植区，也可在生产区的另一边单独设立青绿饲料种植区。

此外，场址周围应设立坚固的围墙，场内应积极植树造林、防暑降温、美化环境，同时，还应为将来的发展留有余地，统一规划、合理布局、逐步扩展。

第二节　养殖场棚舍的设计与建造

目前，国内习惯把山鸡按生长发育过程分为幼雏、青年山鸡（又可分为中雏和大雏）和成年山鸡等几个饲养阶段。按照这一分期方式，习惯上把饲养山鸡的棚舍分为育雏舍、育成舍和成年舍等。

一、山鸡舍的设计要求

人工饲养山鸡，鸡舍是其生活、栖息、生长和繁殖的重要场所，也是养好山鸡的必备条件。因此，在进行山鸡的人工养殖时，养殖场无论是利用原有旧房改造，还是新建鸡舍，必须满足下列要求。

1. 具有良好的保温隔热性能

保温性能是指对鸡舍保持内部热量不向外散发的能力；隔热性能是指鸡舍防止外部高热辐射到鸡舍内的能力。具有较高保温隔热性能的鸡舍，可有效保持冬季鸡舍的室温，在夏季又能使山鸡感到凉快，从而提高山鸡的生产性能。一般山鸡舍温度宜保持在 20~25℃，育雏舍温度以 30~35℃为宜。

2. 具备良好的采光通风性能

光照能促进山鸡的生长发育和性成熟，具有充足光照的鸡舍是养好山鸡的一个重要条件。因此，鸡舍设计时应采用坐北朝南或坐西北朝东南方向，以利自然采光，同时，在确保鸡舍保温的前提下，应尽可能增强通风能力，也可通过安装通风换气设备保持鸡舍内空气的新鲜流通。

3. 有利于防疫消毒

鸡舍内地面应以具有一定坡度的水泥地为好，并应设有充足的下水道，四周围墙和顶棚的门窗应严密无缝且保持光滑，以利于清扫、冲洗和消毒，同时，还可防止鼠、猫等敌害的侵袭。

4. 经济实用

在确保鸡舍坚固耐用并满足山鸡生长繁育所需温度、光照和防疫等条件的前提下，对鸡舍的设计应本着经济实用的原则，因地制宜，尽可能降低造价，减少非生产性成本。

二、各类鸡舍的建造要求

1. 孵化室

孵化室是一个与外部联系较多的建筑，因此，宜建在离养殖场入口较近的位置，并且与其他鸡舍间隔一定距离，以利防疫。孵化室的大小应依据生产任务而定，但总体布局应依次设有种蛋接收间、种蛋消毒间、贮蛋间、孵化间、出雏间和幼雏间等。房舍椽高一般为3.1~3.5米。

孵化室的建造必须满足下列要求。

①应与外界隔离，即使是工作人员和生产用品的进入也必须经过彻底消毒，以杜绝外来传染源。②建筑结构应具有良好的隔热性能，建筑材料应有良好的保温性能，以确保室内小气候的稳定。③应配备良好的通风设备，保持室内新鲜空气流通。④从种蛋接收到幼雏发出的整个过程只能有一个入口和一个出口，并且只能循序渐进，不能交叉和逆道，以防相互感染。同时，应在入口和出口的外面设立更衣室和消毒池。

2. 育雏舍

是指主要用于饲养0~4周龄雏山鸡的专门鸡舍。由于刚出壳山鸡几乎没有体温调节能力，为了保证育雏舍的各项条件能满足雏山鸡的要求，育雏舍在建造时应具备以下特点。

①鸡舍不宜过高，但墙壁要厚且顶棚应设保温层。②地面干燥、保温性强。③通风良好，但风速适宜且无贼风。④多层笼育雏时，最上层应与天花板有1.5米的空间。

育雏舍的建筑有两种，即开放式育雏舍和密闭式育雏舍，使用时应根据当地气候条件、育雏季节和育雏任务等予以选用。

密闭式育雏舍的建造可参照家禽育雏舍的设计，一般采用多层立体笼育雏，虽然造价高、投资大，但能通过人工调节育雏环境，提高育雏密度，并可长年利用，经济效益显著。

开放式育雏舍大多采用平面育雏，一般在育雏舍内的北部设立一条1~1.2米宽的作业通道，南部则分隔成多个育雏间，每个育雏间外侧设有一个小型运动场，面积约为育雏间面积的2倍，中间以一扇门调节通风。

3. 育成舍

分为中雏舍和大雏舍两种类型。中雏舍主要是饲养5~10周龄青年山鸡的棚舍；大雏舍主要是饲养11~18周龄育成山鸡的棚舍。

中雏舍的建造与开放式育雏舍基本相同，主要是由有保温作用的房舍和运动场（网室）二部分组成，二者的面积比约为1∶2，且在二者之间设一相连的出入门。中雏舍房舍对保温的要求比育雏舍要低得多，一般采用单墙单列式石棉瓦屋顶即可，但要求前窗应宽大明亮，而后窗可适当小一些，以使室内有良好的通风和采光。

网室应设在房舍的阳面，宽度与房舍长度相同，高度不宜太高，一般以1.7~1.8米为宜，网眼以 2 厘米 ×2 厘米为佳，网室材料应因地制宜，支架可采用钢筋、金属管、木材、竹竿等，支持线则可选用铁丝、粗尼龙绳等，网则多选用金属网或尼龙网。

进入大雏以后的山鸡可以不需要使用房舍进行保温，因此，大雏舍一般只有用支架和网做成的大型网室，其高度和网眼要求与中雏舍相同，但应在网室的北侧设置一宽度约为 1.5 米、长度与网宽相同，能避风雨的简易棚，棚内设栖架等供山鸡避风、防雨、防晒和夜间休息，但必须注意网室的四壁必须深入地下 25 厘米以上，以防止鼠类钻进网室内。

4. 种山鸡舍

根据不同的饲养方式，种山鸡舍主要有种鸡网室和种鸡舍两种。

种鸡网室又可分为大群配种网室和小间配种网室两种。种鸡网室的基本构成与育雏舍基本相似，其中，大群配种网室与大雏网室完全相同；小间配种网室则可参考中雏舍的结构，所不同的是在山鸡进入繁殖期时应在光线适宜、通风良好且相对安静的地方放置产蛋箱。

种鸡舍是指采用种山鸡笼养技术的专用房舍。这类房舍建造时应充分考虑通风、光照、防暑、降温等人工控制环境的要求，一般要求顶棚加装保温层，加大窗户面积，加装防鸟网及风机、湿帘等设备以及自动喂料、刮粪和光照控制等设施。

5. 终生制鸡舍

由于现行的分段式饲养方式在山鸡生产过程中需将山鸡进行多次转群，这不但增加山鸡养殖的劳动强度，影响山鸡的生长发育，而且还会诱发一些疾病，严重时还会对山鸡造成机体损伤甚至死亡。因此，目前国内外一些先进的山鸡养殖场都已开始尝试或已经使用山鸡终生制鸡舍，以尽量减少转群次数。

终生制鸡舍的基本构造与中雏舍相似，也是由房舍和网舍两部分组成，但房舍的要求稍高，应尽量接近育雏舍的房舍标准；网舍的面积则显著大于中雏舍网舍，其房舍与网舍的面积之比可达 1：（10~20），内设多道悬网，可根据山鸡不同的生长阶段，调整所需的活动面积；房舍一般成单列式，内部阴面设一供工作人员出入的通道，阳面部分则间隔成多个小室，供山鸡育雏和休息使用，小室靠近运动场一侧开一高 1 米的门，供山鸡出入运动场；山鸡育雏时此门封闭，离温后则开放；为防止山鸡逃跑，运动场可设双重门。

第三节　山鸡人工养殖的设备与用具

山鸡养殖场所需的各种设备和用具应根据鸡场规模、投资等情况确定，但对现代化大型饲养场来说，应力求设备完善，努力实现机械化和自动化；而对小型的山鸡养殖单位来说，则应充分考虑资金的投入与周转，因地制宜配备设备，以降低成本，提高效益。

按照山鸡养殖的整个流程，可将所需设备分为孵化设备、育雏设备、饲养设备、运输设备以及饲料加工等其他辅助设备。

一、孵化设备

1. 孵化器和出雏器

目前，市场上使用的人工孵化设备很多，但使用最多的是工厂化生产的电子孵化设备，一般由 2~3 台孵化器和 1 台出雏器组成一套；也有只用一台机器兼作孵化和出雏两用。孵化器和出雏器的构造基本相同，最大的区别之处是出雏器没有翻蛋装置，且出雏盘是平面的。孵化设备的模式和型号很多，大小不一，但基本构造和原理相同，一般由箱体、控温装置、控湿装置、通风装置、翻蛋装置以及蛋架和蛋盘等部件组成，分为全自动和半自动两种操作模式，目前，生产的孵化设备均为全自动模式，这类设备的应用原理和使用方法可参照家鸡种蛋的孵化，其所不同之处是蛋盘上的蛋格距离，由于山鸡种蛋比家禽种蛋小许多，因此蛋盘的蛋格距离应适当缩小。

孵化器的采购应根据养殖场的规模合理选择孵化器的容量及数量，一般以保证每 5～7 天入孵一批种蛋为宜，若养殖规模较小时，可采用孵化出雏两用机，但必须保证种蛋容量能达到种蛋盛产期 1 个月产蛋总数。

2. 贮蛋架和贮蛋盘

这两种设备主要是放在种蛋间内用来收贮每天种鸡生产的种蛋之用。可采购与孵化器相同型号的蛋架和蛋盘，也可自制。蛋架的层数可根据需要酌定，长度和宽度依贮蛋盘的大小而定。

3. 照蛋器

常见的有手提式照蛋器和箱式照蛋器，使用方法与家鸡孵化相同，也可用白炽灯、金属板等自制手提式照蛋器。

二、育雏设备

目前，各类山鸡养殖场使用的育雏方法很多，其所使用的育雏设备也各不相同，但归纳起来，主要有立体育雏和平面育雏两种。

1. 立体育雏设备

又称为多层育雏笼育雏设备。一般是由多层独立的育雏笼叠加而成。目前，生产中常用的主要有以下几种。

（1）家鸡立体育雏笼

这是一种工厂化生产的常用于家鸡育雏的设备，其育雏笼的长宽高分别为 100 厘米、50 厘米和 30 厘米，叠层一般为 3～4 层，每层笼的间距为 4 厘米，间距内设接粪板，且每层笼的后壁均装有长管式的加热器，以供雏山鸡取暖，具体使用方法可参照家鸡的育雏技术。

（2）自制多层式育雏笼

这是一种由育雏笼和育雏架两部分组成的山鸡多层育雏设备，其育雏架由 12 毫米钢筋焊接而成，一般呈 4 层抽屉式，每层中间放置一个育雏笼，下设一个接粪板。

育雏笼常用的有两种，一种是单纯依靠育雏室温度调节的单纯育雏笼；另一种是自带供温系统的供温育雏笼，两种育雏笼的尺寸相同，结构相似，所不同的是供温育雏笼携带了自我供温设备，降低了对育雏舍温度的依赖性，可在同一育雏舍内进行分批育雏。

（3）自制叠加式育雏笼

这是一种由木板或铁质材料制成的单层育雏笼叠加而成的不带供温设施的简易育雏设备。育雏笼的尺寸可根据养殖场的规模和育雏舍面积而定，叠层一般为 3～4 层，其基本结构可理解为自制多层育雏笼横截后的叠加。

2. 平面育雏设备

平面育雏是一种小规模养殖户最常用的育雏方式，其育雏设备主要有保姆伞和围栏两部分组成。

（1）保姆伞

根据所使用热源不同，保姆伞可分为电热和燃气两种。

①电热保姆伞：以电热为热源的保姆伞很多，主要有折叠式保姆伞、悬挂式铝合金育雏器和悬挂式远红外育雏器。一般以电子控温器控制育雏温度，由尼龙纺布、金属板或纤维板等材料制成。

②燃气保姆伞：此类保姆伞多以金属架和铁板制成，伞内安装有燃烧炉盘，通过调节器控制燃气的流量来调节燃烧热量的释放。

（2）围栏

围栏是围在保姆伞周围的一道屏障，以防止雏山鸡远离保姆伞。围栏高度一般为50厘米左右，长度可根据雏山鸡群体大小而定，而且随着雏山鸡日龄的增长，围栏的范围也可逐渐扩大。

3. 育雏保温设备

雏山鸡的体温调节能力较差，因此，在人工育雏时，不论是平养还是笼养、不论是哪个季节，都要求育雏室内具备较高而且稳定的温度，因而选择合适的保温设备就成了育雏成败的关键。目前，在生产上广泛使用的育雏保温设备主要有以下几种。

（1）地下烟道式保温设备

这是一种在我国农村普遍使用的育雏保温方式，其制造简单，操作方便，成本低，效果好，深受养殖户喜爱。但在制造地下烟道时应注意以下几点。

①在烟道的接缝处要用水泥浆封严，绝不能让烟雾从接缝处冒出，以免山鸡中毒。②为防止温度过高时雏山鸡无法避开热源，室内应留1/3的地面不修烟道。③烟道应带有一定的倾斜度，靠近炉灶的一端应相对较深，并在烟道上填土10～15厘米，而烟道出口上端仅填土3～5厘米，这样可基本保持整个育雏舍的温度均衡。④烟囱高度应大于烟道长度的1/2，同时，烟道周围应填充吸热快、储热多、散热均匀的填充物，如煤渣、河沙等。

（2）电热式保温器

也就是平时常用的保姆伞，有方形、长方形和圆形3种样式，这种保姆伞一般用双层铁皮或纤维板钉装而成，双层板之间装隔热材料，内层设2组300瓦的电热丝和1盏照明灯泡，并分设开关控制；伞的顶部设可调节盖，侧面设一可调节窗口，并安装玻璃，既便于观察雏鸡状态，又能调节温度。

（3）煤炉保温器

就是在煤炉的上部安装铁皮或木板制成的伞形或方形罩而成，罩的大小与电热式保温器类似；煤炉应设出烟管将烟气直接排出室外，并设进气管从下部提供氧气，同时，通过控制进气管进气量的大小控制煤炉的燃烧。煤炉保温器性能稳定，经济实用，但使用时应注意室内通风，防止煤气中毒。

（4）燃气式保温器

是一种由单层合金制成的伞形保温器，顶部有一块蝶形的耐火瓷板，火焰烧向瓷板后向四周扩散，使合金受热后向下辐射热量而起保温作用；温度的控制主要通过调节火焰大小和保温伞的高低，也可将金属伞制成双层，中间填充隔热材料，以使热量更多地向下辐射，提高保温效果。

（5）红外线灯

用红外线灯泡散发的热量来育雏，室内清洁、温度稳定、安装方便，使用时将红外线灯悬挂在距离地面40～60厘米高度，并可根据育雏的实际情况调整悬挂高度，随着日龄的增大，悬挂高度也逐步提升，如将红外线灯装在特制的保姆伞内，则效果更佳；但应注意不要将饮水器安放在红外线灯下，以免水珠溅到灯泡而引起爆裂。

普通照明用的白炽灯泡也可用来供山鸡雏鸡保温，尤其是在饲养量较少的情况下，用普通照明灯泡取暖育雏既经济又实用。

三、饲养设备

除育雏外，目前，山鸡的饲养大部分采用平养的模式，但一些现代化的山鸡养殖场已开始了种山鸡的笼养，其所采用的设备也有了较大的调整。

1. 饲槽

不论采用平养或笼养，山鸡饲槽的要求主要有 3 点：①平整光滑；②便于山鸡采食又不浪费饲料；③便于消毒。同时，在山鸡养殖过程中，必须合理安放饲槽的位置，使饲槽高度与山鸡胸部保持齐平。

目前，常用的饲槽可采用市售的塔式料槽或制式的长条食槽，也可根据特殊要求选用木板、竹子、镀锌板、硬塑料板等材料制作；还可制成固定式的水泥槽，但散养时一般采用自流式干粉料桶，而笼养时则采用笼外安置的长食槽。

2. 饮水器

山鸡养殖对饮水器的要求不高，只要是清洁卫生、便于清洗的盘、钵、竹筒、水槽等均可用作山鸡的饮水器。目前，普遍使用的有以下几种。

（1）真空饮水器

是由一个密闭的圆桶和一个底部比圆桶稍大、在底部上 2.5 厘米处开 1~2 个小孔的圆盘构成；真空饮水器在平面散养时使用最多，其上部圆桶的特殊形状可有效防止山鸡在饮水器中拉屎而污染水质，常用塑料、陶土等制作，也可用竹筒、广口玻璃瓶等制成。

（2）吊塔式饮水器

主要用于平养山鸡的饮水，通过饮水器的拉簧及绳索可调节悬挂的高度，使水槽边缘能保持与山鸡背部约 2 厘米的距离，这种饮水器的最大优点是清洁、安全和连续不断。

（3）乳头式饮水器

主要用于笼养山鸡的饮水，是一种密闭的饮水器，这种饮水器一般安装在笼子的高处，山鸡抬头即可饮水，其安装高度随山鸡的大小进行调节，可安装在笼内，也可安装在笼外。

（4）长条形水槽

可用塑料管或竹子为材料，一剖为二，将两头堵死不致漏水即可，其大小随山鸡的饲养阶段（日龄）而异；利用镀锌铁皮作水槽时，不仅要焊严，还要注意防锈防腐。

长条形水槽结构简单，供水可靠，但耗水量大，易于传播疾病。

3. 种鸡笼养设备

其结构与家鸡笼养设备基本相同，主要有二层或三层阶梯式或叠层式等多种结构，其主要的不同之处是由于山鸡体形较小，可适当降低笼子的高度。另外，由于山鸡野性较强，应在笼子顶部安装防撞网。

4. 栖架

栖架是山鸡蹲栖休息的木架，有吊架、立架和平架 3 种，可用木条、木棍或粗竹竿制成。制作时要求向上一面不带结和杈，表面平整以利山鸡栖息。

吊架制作简单，一般由木料或竹竿制成网式框架，用 2 根长铁丝和 2 根短铁丝吊起呈倾斜状即可，但吊架有易摆动的缺点，故较少采用（图1）。

平架则将网式框架用 4 ~ 8 根脚柱支撑起来，形成前高后低、离地 80 厘米以上的斜梯状。

立架是将栖木像楼梯般地钉在靠墙的二根斜木棍上，制作简单，易于管理和清洗；栖架的大小、长短则依据场舍面积及山鸡饲养量而定，但栖木的间距应不小于 30 厘米，而且最低的栖木应离地 80 厘米以上（图 2）。

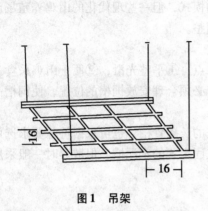

图 1 吊架

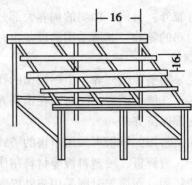

图 2 立架

5. 产蛋箱

木制或草编，长 40 ~ 45 厘米，宽 35 厘米，高 30 厘米，产蛋箱入口不宜过长，并应放置在隐蔽处。

6. 捕鸡工具

（1）捕鸡网

用铁丝制成网圈，用线绳或尼龙线编织成网罩固定在网圈上，并将网圈固定在一长柄上即可。捕鸡网可分为大、中、小 3 种规格，分别用于捕捉大、中、幼雏。大网圈一般用 6 号铁丝制成，直径 40 厘米，网长 50 厘米，柄长 1.6 米；中网圈用 8 号铁丝制成，直径 25 厘米，网长 30 厘米，柄长 1.3 米；小网用 10 号铁丝制成网圈，直径 15 厘米，网长 20 厘米，柄长 1 米。

（2）捕鸡围屏

用木料制成 2 个木框，高度为 120 厘米，木框上加附铁丝网，两个框的一边用铁环或搭扣连在一起，捕鸡时将围屏靠在鸡舍一角，将山鸡赶入围屏内，围拢围屏即可捕捉。

（3）捕鸡笼

在山鸡舍的一侧用尼龙网设置成一大笼，将山鸡赶入笼内即可捕捉。

四、饲料加工设备

大型山鸡养殖场在自行配制饲料时，应具备相应的加工设备。

1. 粉碎机械

主要有锤片式粉碎机和辊式磨碎机。目前，一般都使用锤片式粉碎机，因其具有结构简单、坚固耐用的特点，适宜于加工各种精粗饲料。养殖场可根据需要加工的饲料量，选择适宜的型号。

2. 搅拌机械

主要有添加剂搅拌机和饲料搅拌机。

添加剂搅拌机主要用于配制维生素和矿物质（微量元素）等添加剂，因为这些用量极其微小的物料，必须在混合成半成品前进行充分预混，才能保证配合饲料的均匀度。

饲料搅拌机有立式和卧式两种，各种搅拌机在使用时可根据需要选择适当的型号。

3. 其他饲料加工设备

①制作颗粒饲料时，必须配备颗粒机、烘干机。②配料称量时，必须配备大小不等的容器和衡器。③饲料加工过程中必须有输送设备，如立式提升机。④使用新鲜饲料时，还应配备青饲料切割机、打浆机等。⑤另外，车间内还应安装吸风、除尘设备，以改善劳动条件，保障人员健康。

五、运输设备

1. 成鸡运输专用箱

成鸡短距离运输，例如，从这个棚舍转群至另外一个棚舍时，最安全简便的运输工具是麻袋，每袋可装成鸡或大雏 10~15 只。

长途远距离运输成鸡或大雏时，使用成鸡运输箱是一种非常有效的盛载工具，可防止踩压或窒息造成山鸡死亡。成鸡运输箱的长、宽、高一般为 90 厘米×60 厘米×30 厘米，脚高 5 厘米，一般由 3 厘米×3 厘米的木料做骨架，箱的六个面均钉上纤维板，四个侧壁和上盖钻若干个 2 厘米的通风孔，在箱的一头做一个能够横开的拉门，以方便多层叠装时的喂料，箱内固定一个长、宽、高各为 50 厘米×10 厘米×7 厘米的食槽，便于饲喂湿料或青菜。

装完成鸡后应将箱子用尼龙打包带加固，以方便搬运。一般每箱可装成鸡 12 只左右。运输季节以 10 月至翌年 3 月为好，运输过程中箱与箱之间的上下左右均要留有 5 厘米间隙，便于通风。

2. 雏鸡运输箱

刚出壳的雏山鸡需要运输时，应在 48 小时内运输到目的地；如果是在养殖场内从孵化室运输到育雏舍，因距离较近，可直接使用育雏笼运送；如果需要运出场外时，目前，使用较多的是运送家鸡雏鸡的瓦楞纸箱，但在长途运输时必须注意箱与箱之间应留有空隙，便于雏鸡呼吸新鲜空气。

六、其他设备与工具

根据生产需要，养殖场还应配备饲料车、粪车、发电机组、水泵、断喙器、普通喷雾器、高压喷雾器以及清扫工具等。

第四章　山鸡的饲料与营养

第一节　山鸡的常用饲料

山鸡是一种杂食性鸟类，野生状态下，其食性很杂，主要采食各种草类、籽实类及部分动物性食物。而在人工饲养环境下，则基本喂以全价配合饲料，这些用来配制混合饲料或配合饲料的原料，按照其营养成分一般可分为能量饲料、蛋白质饲料、矿物质饲料、维生素饲料、饲料添加剂和水六大类。

一、能量饲料

是以提供能量为主的一类饲料，在山鸡的饲养中占有极其重要的地位。这类饲料的主要成分是碳水化合物和脂肪，能补偿日粮中其他饲料含能量不足的缺陷，使日粮中的含能总量达到营养要求。

能量饲料又可分为谷实类、糠麸类和块根块茎类3个大类。

1. 谷实类

是以各种植物的籽实类组成的一个大类。

（1）玉米

具有能量高、纤维少、适口性好、价格便宜等特点，是养殖山鸡的优质饲料，特别是黄玉米中含量较高的胡萝卜素和叶黄素，有利于山鸡的生长和产蛋，使用量可占到整个日粮的35%～65%，但玉米中的赖氨酸、蛋氨酸以及钙、磷和B族维生素含量较低，使用时应注意补充。

（2）麦类

主要有大麦、小麦、燕麦等，其中，小麦的能量、蛋白质含量较高，B族维生素含量丰富，赖氨酸含量也比较高，是一种优质的山鸡饲料，可占日粮的10%～30%；大麦和燕麦能量稍低，且皮壳粗硬，不易消化，宜破碎或发芽后少量使用，起到增加日粮种类、调剂营养物质平衡的作用，特别是大麦发芽后使用可提高山鸡的消化率、增加维生素E的含量，适用于繁殖期山鸡的饲喂。

（3）小米、碎米、高粱、草籽等

均为良好的山鸡饲料，小米和碎米易消化，且颗粒易于啄食，但碎米的不足与玉米相似，用量可占日粮的30%～50%；小米和草籽可饲喂大雏或休产期种鸡，用量为10%～20%；高粱因含有鞣酸，故喂量不宜过多，一般以5%～10%为宜。

2. 糠麸类

是一类谷物饲料的加工副产品，也是一种山鸡最常用的饲料，主要有小麦麸和米糠等。其蛋白质、锰及B族维生素的含量较高，但因能量较低、纤维含量高而不宜用量过多，一般可占日粮的5%～15%。

3. 块根、块茎类

这类饲料主要是指马铃薯、甜菜、南瓜、甘薯等，具有碳水化合物含量高、适口性强、产量高、宜贮藏等特点，但在使用时应注意无机盐的平衡，而且马铃薯、甘薯等宜煮熟后饲喂，可提高消化率。

二、蛋白质饲料

这类饲料能在日粮中弥补其他饲料蛋白质的不足。根据来源和营养特点的不同可分为植物性蛋白质饲料、动物性蛋白质饲料和微生物蛋白饲料。

1. 植物性蛋白质饲料

某些豆科植物的籽实、饼（粕）等，如大豆（粉、饼、粕）、花生（饼）、芝麻（饼）等。

（1）大豆饼（粕）

此类饲料的蛋白质含量和营养价值均很高，是山鸡养殖最常用的优质植物性蛋白质饲料，特别是赖氨酸的含量很高。因此，当动物性饲料缺乏时，使用大豆饼（粕）添加蛋氨酸即可替代，其用量可占日粮的 10% ~25%，甚至更高，但使用大豆饼时须粉碎或浸泡搅碎，以利消化。

（2）其他饼粕

此类饼粕很多，如花生饼、芝麻饼、葵花饼、棉籽饼等，这些饼粕的蛋白质含量也较高，但纤维含量很低，故使用量一般不超过 10%，有些饼粕还含有某些有毒物质，应特殊处理后使用：如菜籽饼应喂前加热去毒；棉籽饼应粉碎并加入 0.5% 的硫酸亚铁去毒；而亚麻仁饼则不能用温水浸泡，否则可产生氢氰酸而引起山鸡中毒，应予以特别注意。

2. 动物性蛋白质饲料

此类饲料的种类繁多、来源广泛，营养价值也有较大的差异，常用的有鱼粉、血粉、骨肉粉、羽毛粉、蚕蛹粉和鲜杂鱼粉等。由于此类饲料一般含有较高的必需氨基酸，因此其蛋白质品质较植物性蛋白质饲料好，但因价格较高或来源有限，因此，在日粮中的比例一般不超过 10%。

（1）鱼粉

优质鱼粉的蛋白质含量可达 50% ~60%，而且氨基酸组成完善，尤其是蛋氨酸和赖氨酸含量丰富，并且还含有大量的维生素 B 族和钙、磷等矿物质，是山鸡理想的动物性蛋白质饲料，但由于价格较贵，其用量不宜超过 10%，而且鱼粉应贮藏在干燥的地方，并注意通风，否则容易腐败变质，造成山鸡中毒。

（2）骨肉粉、血粉

骨肉粉的营养价值比鱼粉差，血粉的蛋白质含量可达 70%，而且赖氨酸含量丰富，一般饲料中可加入 5% ~10%，但此类饲料易腐败变质，喂前一定要仔细检查。

（3）羽毛粉

水解羽毛粉的粗蛋白含量在 80% 左右，但蛋氨酸、赖氨酸、色氨酸、组氨酸等的含量较低、适口性较差，一般可与鱼粉共用补充日粮中的蛋白质，但使用量不能超过 5%；而当山鸡发生啄癖时，适当添加羽毛粉可减少啄癖的发生。

（4）其他动物性蛋白质饲料

一般为各种动物的加工副产品，常以半湿料的形式饲喂，但饲喂时应充分煮熟，防止腐败变质；孵化厂的无精蛋也经常用作此类饲料。

3. 微生物蛋白饲料

主要是饲用酵母，是一种单细胞蛋白质饲料，种类很多，且均含有较高的粗蛋白，如啤酒酵母为 63%、木糠酵母为 51%、胺脂石油酵母为 38.8%，而且酵母中的 B 族维生素含量很高，并富含磷，但钙的含量很低，在使用时应加以注意。由于酵母一般具有苦味，适口性不强，因此，使用量一般不超过 10%。

三、矿物质饲料

是补充山鸡钙、磷、钠、氯等常量元素需要的一类饲料，其中，山鸡对钙和磷的需要量较高，其次为钠和氯。

1. 富含钙、磷饲料

主要有贝壳粉、石灰石、蛋壳粉等含钙饲料和骨粉、磷酸钙等钙磷饲料两大类。其中，贝壳粉是最好的无机盐饲料，富含易被山鸡吸收的钙质，且价格也较低，但在使用时应注意保持一定的颗粒，以防被血液过度吸收，对山鸡产生不良影响；石灰石的钙含量也很高，且价格便宜，但应注意镁的含量不能过高；使用蛋壳粉时必须将蛋壳煮沸消毒后粉碎使用。

骨粉主要含磷，也含钙，一般以煮制的质量较好，其他因调制方法的不同，品质差异较大；磷酸钙及其他一些磷酸盐类也是很好的磷元素的来源，但由于磷矿石含氟量较高，使用时应注意做脱氟处理，有些含氟或含矾量过高的磷矿石则不能使用。

2. 富含钠、氯的饲料

食盐是山鸡饲料中钠、氯的主要来源，一般可占日粮中的 0.3% ~ 0.5%，而所使用食盐最好是含碘食盐；如山鸡饲料中使用咸鱼粉时，则可不另加食盐，但应检测咸鱼粉的含盐量，以免发生食盐中毒。

3. 砂砾

砂砾不是饲料，但有助于增强山鸡肌胃的研磨能力，特别是笼养、网上平养或接触不到砂砾的山鸡，补充砂砾就显得尤为重要。一般情况下，每 100 羽山鸡每周补充 60 克砂砾或饲料中添加 0.5% 砂砾即可。

四、维生素饲料

山鸡在人工饲养环境下，其配合饲料中一般采用维生素添加剂来满足山鸡对维生素的需求，但也可通过饲喂各种青绿饲料来满足维生素的需求，并可降低饲料成本。一般将青绿饲料打浆或切碎后以 3:7 与精饲料混合后饲喂即可。而各种干草如苜蓿草等富含各种维生素，可按 5% 左右的比例与青绿饲料一起拌入精饲料饲喂山鸡，效果良好；也可将青绿饲料不混入精料，而以挂菜的形式饲喂。

五、饲料添加剂

饲料添加剂是一类用量微小、但具有多方面显著功效的添加剂，常用的饲料添加剂按用途可分为营养添加剂、生长促进剂、饲料保护剂、食欲促进剂和产品改进剂等。

营养添加剂按其组成成分，可分为氨基酸类、微量元素类和维生素类等添加剂，其中，氨基酸类添加剂最常用的是赖氨酸和蛋氨酸；微量元素类添加剂主要有钴、铜、碘、铁、锌、锰等，这类物质一般都以复合型添加剂的形式添加在饲料中；维生素类添加剂有单品种和复合型两种，使用时根据需求添加。

生长促进剂的成分很多，常用的有抗生素类、酶制剂类、镇静剂类等药物保健类（含中草药）等。

饲料保护剂类主要有抗氧化剂和防霉剂、霉菌吸附剂等，主要起到抗氧化和防止饲料变质的作用。

用于饲料中的各类添加剂由于用量微小，因此，在使用时必须预先进行均匀混合，形成预混剂，然后才能进行饲料配制，否则易发生因各种元素混合不均匀导致营养失调、使用效果不佳或中毒等现象。

第二节 山鸡的营养需要

山鸡的营养需要是指每只山鸡每天对能量、蛋白质、矿物质和维生素以及水等营养物质的需要量，是山鸡人工养殖过程中设计饲料配方、制作配合饲料和规定山鸡采食量的主要依据。

一、能量

能量是山鸡进行一切生理活动的基础物质。饲料中的碳水化合物、蛋白质和脂肪是山鸡能量的主要来源，但由于蛋白质饲料价格较贵，较少用作能量饲料。最常用的能量饲料是价格相对便宜的淀粉类饲料，山鸡体内还能将淀粉转化成脂肪，并合成各种脂肪酸来满足需要。因此，山鸡一般不发生脂肪缺乏的现象，但唯有亚油酸必须靠饲料供给，而玉米则含有较高的亚油酸，含有较多玉米的饲料中就无须添加亚油酸。另外，脂肪的含热量比淀粉高出2倍多，饲料中适当添加脂肪能显著提高饲料中的能量水平。

山鸡对能量的需要受体重、产蛋率、环境温度及活动量等因素的影响，如在饲料中蛋白质水平不变的情况下，山鸡的食量与饲料中的能量水平成反比，而当饲料中能量水平偏低时，山鸡增加采食量而造成蛋白质浪费。但在使用高能饲料时，可因采食量减少而造成蛋白质不足，因此，山鸡饲料中的能量和蛋白质应保持一定的比例，即"能量蛋白比"。通常情况下，山鸡的幼雏期需较高的能量水平；青年鸡应适当控制能量；产蛋期则应根据产蛋率高低，适当提高能量水平。

二、蛋白质

蛋白质是由20多种氨基酸组成的结构复杂的有机化合物，是山鸡体细胞和蛋的主要成分。蛋白质不能由其他营养物质代替，因此，在山鸡的日粮中必须保证足够的蛋白质来满足机体的需求。

饲料中蛋白质的营养价值取决于氨基酸的组成。山鸡体内不能合成、必须由外部提供的氨基酸称为必需氨基酸，又称作限制性氨基酸；如缺乏这些氨基酸，其他氨基酸再多也无用。而动物性蛋白饲料往往富含限制性氨基酸，因此，山鸡日粮通常采用动物性和植物性蛋白饲料适当搭配的方法，来实现氨基酸的互补；生产中也可在饲料中添加人工合成的蛋氨酸或赖氨酸来保证氨基酸平衡。

一般情况下，山鸡幼雏期和产蛋期的蛋白质需求量较高，而育成期可适当降低蛋白质水平。

三、矿物质

矿物质是山鸡生产、生活所必需的重要物质，具有调节渗透压、保持酸碱平衡等作用。在各种矿物质中，山鸡对钙磷的需求量最多，一般生长期饲料中钙的含量为 0.8% ~ 1%，产蛋期则应提高至 2.5%；磷的含量则应低于 0.7%，而且还要注意钙磷的比例，一般生长期为 1.2：1，产蛋期则应提高至（4 ~ 5）：1。

钠、钾、氯三种元素主要与维持体内酸碱平衡和细胞的正常渗透压有关。一般情况下，各种饲料中钾的含量较高，不易发生缺钾的现象，因此，只需通过补充食盐来满足钠和氯的需要即可，一般生长期食盐的添加量为 0.1% ~ 0.3%，产蛋期不超过 0.5%，如食盐含量过高会引起食盐中毒。

还有一些主要参与激素、维生素、酶和辅酶等物质代谢、且用量低微的矿物质被称为微量元素，如铁、锰、铜、锌、碘、硒等，它们在维持山鸡正常生理作用方面也起着非常重要的作用。目前，这类物质多以添加剂的形式补充到饲料中。

四、维生素

虽然山鸡对各类维生素的需要量很少，但对维持机体正常的物质代谢却起着非常重要的作用。山鸡所需的维生素种类有很多，这些维生素主要分为脂溶性和水溶性 2 大类，其中，最容易缺乏的主要有脂溶性的维生素 A、维生素 D、维生素 E 以及水溶性维生素 B 族的维生素 B_1、维生素 B_2、维生素 B_{12} 等。

五、水

水是山鸡机体及蛋的主要组成成分，并对营养成分的消化、吸收，废物的排泄，血液循环以及体温调节等都起着非常重要的作用。

正常情况下，一只成年山鸡每天的饮水量为 150 ~ 250 毫升，但会随着气温和产蛋的变化而有所差异，当气温升高或产蛋量增加时，山鸡的饮水量也随之增加，而且山鸡的饮水量还随着日粮中蛋白质或食盐含量的提高而增加。

第三节 全价饲料的配制

一、山鸡的饲养标准

山鸡的饲养标准规定了日粮中的蛋白质、矿物质和维生素的需要量，一般以每千克饲料含量或百分比（%）表示，能量的需要量一般以兆焦/千克或兆卡/千克表示，二者换算关系是 4.184：1。

由于我国的山鸡饲养业发展较晚，到目前为止还没有形成统一的饲养标准。目前，国内使用较多的是参照美国 NRC 四阶段饲养法的饲养标准修订的山鸡饲养标准（表 2、表 3）

表 2 我国山鸡各阶段饲养标准参考表 (%)

营养素	育雏期 0 ~ 4 周	育肥前期 4 ~ 12 周	育肥后期 12 周出售	种雉休产期 或后备种雉	种雉产蛋期
代谢能（千焦/千克）	12 134 ~ 12 552	12 552	12 552	12 134 ~ 12 552	12 134

（续表）

营养素	育雏期 0~4周	育肥前期 4~12周	育肥后期 12周出售	种雉休产期 或后备种雉	种雉产蛋期
粗蛋白	26~27	22	16	17	22
赖氨酸	1.45	1.05	0.75	0.80	0.80
蛋氨酸	0.60	0.50	0.30	0.35	0.35
蛋氨酸+胱氨酸	10.05	0.90	0.72	0.65	0.65
亚油酸	1.0	1.0	1.0	1.0	1.0
钙	1.3	1.0	1.0	1.0	2.5
磷	0.90	0.70	0.70	0.70	1.0
钠	0.15	0.15	0.15	0.15	0.15
氯	0.11	0.11	0.11	0.11	0.11
碘	0.30	0.30	0.30	0.30	0.30
锌（毫克/千克）	62	62	62	62	62
锰（毫克/千克）	95	95	95	70	70
维生素A（IU/千克）	15 000	8 000	8 000	8 000	20 000
维生素D（IU/千克）	2 200	2 200	2 200	2 200	4 400
维生素B（毫克/千克）	3.5	3.5	3.0	4.0	4.0
烟酸（毫克/千克）	60	60	60	60	60
泛酸（毫克/千克）	10	10	10	10	16
胆碱（毫克/千克）	1 500	1 000	1 000	1 000	1 000

注：＊本参考标准由中国农业科学院特产研究所提供

表3 美国NRC（1994）山鸡饲养标准（90%干物质）

营养成分	1~4周龄	5~8周龄	8~17周龄	成年种雉
代谢能（兆焦/千克）	11.72	11.30	11.72	11.72
粗蛋白质（%）	28	24	18	15
甘氨酸+丝氨酸（%）	1.8	1.55	1.0	0.5
亚油酸（%）	1.0	1.0	1.0	1.0
赖氨酸（%）	1.5	1.4	0.80	0.68
蛋氨酸（%）	0.5	0.47	0.30	0.30
蛋氨酸+胱氨酸（%）	1.0	0.93	0.60	0.60
钙（%）	1.0	0.85	0.53	2.5
氯（%）	0.11	0.11	0.11	0.11
非植酸磷（%）	0.55	0.50	0.45	0.40
钠（%）	0.15	0.15	0.15	0.15
锰（毫克/千克）	70	70	60	60
锌（毫克/千克）	60	60	60	60
胆碱（毫克/千克）	1 430	1 300	1 000	1 000
烟酸（毫克/千克）	70	70	40	30
泛酸（毫克/千克）	10	10	10	16
核黄素（毫克/千克）	3.4	3.4	3.0	4.0

二、山鸡的日粮配方

1. 山鸡日粮的配制原则

①选用的饲料既要考虑营养成分，又要考虑饲料价格，并尽可能选用多个饲料品种配制日粮，以充分利用不同饲料中氨基酸、维生素等营养物质的互补作用；同时，还应考虑不同饲料的理化性质对营养物质的破坏作用，并注意饲料的品质和适口性。②配制山鸡日粮时，主要的饲料品种是根据山鸡所需的能量和蛋白质水平来确定的。因此，不同阶段的山鸡，其所使用饲料品种有时是不相同的。③日粮的配制应讲究饲料的调制和加工，以提高饲料的适口性和利用率并避免因混合不匀而造成不必要的损失。

2. 配方的设计方法

①将动物性蛋白饲料、苜蓿粉、食盐、添加剂等占日粮比例较小的原料作为副原料群，预先制定配合率，并计算出营养成分。②将用量较大的谷类、大豆粕等作为主原料群，计算其预定成分，并从其中减去副原料群的成分，再计算出符合成分要求的原料群配合率。③成分计算的顺序是先计算粗蛋白质，再计算能量，然后计算钙、磷，然后用碳酸钙和磷酸钙作为矿物质群来调整钙、磷至需要量，完成整个配合率草案。④计算氨基酸等的需要量，并保证粗脂肪、粗纤维、粗灰分等的必需量。⑤成分调整完成后，对价格再进行验证，从而完成配合率计算，获得完整配方。

3. 配方设计的计算方法

设计日粮配方的计算方法很多，有试差法、交叉法、线性规划法、公式法及电子计算法等，但目前最常用的是试差法，又叫平衡法或增减法。其方法是：根据山鸡各个阶段营养成分的不同需求，先设定一个各种饲料的大致配合比例，在计算其营养成分后与饲养标准比较，并根据营养成分的高低对饲料配比进行调整，然后再次计算，如此多次重复，直至所有的营养成分都（或基本）满足饲养标准为止。此法虽然比较烦琐，但通俗易懂，容易掌握。

4. 山鸡常用饲料配方

（1）我国山鸡饲料配方总表（表4）

表4　我国山鸡饲料配方总表　　　　　　　　　　　　　　　　（％）

原料成分	育雏期 0~4周	肥育前期 4~12周	肥育后期 12周至出售	种雉休产期 或后备种雉	种雉产蛋期 4~7周
玉米	57	55	70.5	67	56
豆饼	28	29	16	20	25
麦麸	3	6	8	8	5
进口鱼粉	10	7	4	3.5	10
骨粉	1.5	1	0.5	0.5	2
贝壳粉	0.5	1	1	1	2
蛋氨酸	3千克/吨	—	—	—	—
羽毛粉	—	1	—	—	—

（续表）

原料成分	育雏期 0~4周	肥育前期 4~12周	肥育后期 12周至出售	种雉休产期 或后备种雉	种雉产蛋期 4~7周
食盐	3千克/吨	2.5千克/吨	3千克/吨	3千克/吨	3千克/吨
复合多维	按说明书添加量的2倍	按说明书添加	按说明书添加	按说明书添加	按说明书添加量的2倍
含硒高效促生素（或复合微量元素）	按说明书添加量的2倍	按说明书添加	按说明书添加	按说明书添加	按说明书添加量的2倍

注：＊复合多维以上海、北京和德国产的为好；

＊复合微量元素或含硒高效促生素以北京产的为好；

＊育雏期饲料在此配方基础上，每100只雏山鸡每顿添加1个熟鸡蛋，每日饲喂9顿，即100只雏山鸡每日添加9个熟鸡蛋，29日龄后停喂

（2）美国的山鸡饲料配方（表5）

表5 美国的山鸡饲料配方

饲料种类	幼雏 （0~4周龄）	中雏 （5~10周龄）	大雏11周龄 至性成熟	繁殖准备期	繁育期
玉米（%）	38.0	45.0	46.0	45.0	41.0
高粱（%）	3.0	5.0	10.0	5.0	—
麦麸（%）	3.0	10.0	15.0	10.0	8.0
豆饼（%）	20.0	18.0	20.0	18.0	17.0
大豆粉（%）	10.0	5.6	4.3	10.3	10.0
酵母（%）	4.0	4.0	—	3.3	7.0
鸡蛋（%）	10.0	—	—	—	—
鱼粉（%）	10.0	8.0	—	3.0	10.0
骨粉（%）	2.0	4.0	4.3	5.0	6.6
食盐（%）	—	0.4	0.4	0.4	0.4
合计（%）	100.0	100.0	100.0	100.0	100.0

第五章　山鸡育雏期的饲养管理

育雏是山鸡人工养殖过程中最关键的一个环节，育雏期饲养管理的好坏将直接影响到山鸡以后各阶段的生长发育甚至山鸡养殖行为的成败，因此，必须充分重视、精心培育。

第一节　山鸡育雏条件

育雏室的环境条件直接影响育雏的效果，这些条件主要有温度、湿度、通风和光照等。

一、温度

温度是育雏成败的主要条件，特别是雏山鸡出壳后 5 天内的保温工作尤为重要。一般育雏开始时的温度为 35℃ 以上，以后每隔 1 天降 0.5℃，1 周龄后每隔 2 天降 1℃，直至室温。

育雏温度一般包括二层含义，一层含义是指育雏器温度；另一层含义是指育雏室温度。育雏器温度是指距离热源 50 厘米处的温度（笼育或网育是指网上 5 厘米处的温度），育雏室温度是指靠墙离地面 1 米高处的温度。

正确掌握育雏温度，一是要看温度计（挂置在适当位置）；二是要注意观察雏山鸡的活动、休息和觅食状态。温度适当时，雏山鸡表现精神活泼、食欲良好、饮水适量、羽毛光滑整齐，并且均匀地散布在育雏器周围；当温度偏低时，雏山鸡则堆集在一起，靠近热源并发出不安的叫声；而温度过高时，雏山鸡则远离热源，并表现张口喘气、饮水量增加。

二、湿度

环境湿度也是山鸡育雏的一个重要条件，适宜的环境湿度可使雏山鸡休息舒适、食欲良好、发育正常；环境湿度过大或过低则易影响雏山鸡的水分蒸发和卵黄吸收，严重影响雏山鸡的健康生长。衡量环境湿度是否适宜的简便方法是以人进入育雏室不感到干燥为宜，适宜的育雏湿度是 1 周龄内为 65% ~ 70%；1 ~ 2 周龄为 60% ~ 65%；2 周龄以后为 55% ~ 60%。若湿度过低时可在室内放置水盘或地面洒水；过高时，则应加强通风。

三、通风

通风的目的是排出室内的污浊空气，换进新鲜空气并调节室内的温度和湿度。在保证一定室内温度的前提下，通风量的大小一般以进入室内无气闷感觉和无刺鼻气味为佳。但在通风换气时应避免冷空气直接吹到雏山鸡身上，还应避免穿堂风和间隙风。

四、光照

育雏的光照有两种，一种是自然光照（阳光）；另一种是人工光照（灯光）。合理的育雏光照除充分利用自然光照外，还应补充一定的人工光照。光照时间一般第一周 20 ~ 24 小时，第二周 16 小时，第三周及以后可采用 12 小时光照；光照强度以每平方米 2 瓦灯泡（约

10 勒克斯）为宜；控制人工光照的开关应采用渐暗、渐明或调控器。

第二节 山鸡育雏方式

山鸡育雏的方式与家鸡基本相同，主要有平面育雏和立体笼育雏两种。平面育雏管理粗放，对房舍要求不高；立体笼育雏清洁卫生，便于防疫，但对房舍要求较高，并且要有较好的供温设备。

一、平面育雏

平面育雏的方法很多，主要有育雏箱、地面平养、网上平养等方法，根据热源的不同又可分为普通灯泡、伞形育雏器、红外线灯育雏器、燃煤（气）育雏器和地下烟道式育雏器等方式。

二、立体笼育雏

就是将相对独立的育雏笼以 3 ~ 4 层叠层的方式排列来进行育雏，适用于规模化养殖场的成批量山鸡育雏。这一方法可比平面育雏更有效地利用育雏室的空间和热能。立体笼育雏一般笼内热源采用电热管供暖，室温可用暖气热风供暖，但此法需要较大的设备投入，且对营养和饲养管理的技术要求较高。

第三节 山鸡育雏前的准备

充分做好育雏前的各项准备工作是育雏成功的关键环节，这些准备工作主要有以下几个方面。

一、拟定育雏计划

计划中应明确每批育雏山鸡的数量以及专门的负责人，并结合实际情况确定育雏的时间和方式，需要占用的育雏室面积、保温设备以及其他物资，同时，还应制定相应的免疫计划、日常管理操作规程以及预期达到的育雏成绩等。

二、设施、设备的维修安装

正式育雏前，育雏舍及保温设备等应进行全面的检查和维修，确保棚舍严密、采光充足、保温通风良好、设备齐全、使用安全。

三、物资准备充足

苗雏入舍前，必须贮备足够量的饲料、垫草以及各种防疫消毒的疫苗、药物和器械。

四、清洁与消毒

用高压水枪冲洗育雏舍四壁与地面，并用 10% 石灰乳涂刷，各类设备彻底清洗、干燥后，在育雏舍内用福尔马林进行熏蒸、消毒。消毒后的育雏舍应开窗通风一周以上。

食槽和饮水器等应用来苏水或烧碱等溶液浸泡，并用清水冲洗干净后晒干备用。

五、预热与试温

目的是确保育雏山鸡能快速进入一个温暖、舒适的育雏环境。要求在雏山鸡入舍前 24 小时就必须打开加温器，对育雏舍进行加温（试温）。试温时应在育雏舍的四面墙及保温器等位置按要求挂上温度计，并使四周温差小于 2℃，而且保温器温度应大于 35℃；但应注意寒冷冬季的升温速度较慢，预热的时间更要提前。

六、铺好垫料

如采用地面平养时应在进雏前 24 小时、舍内开始预热时铺好垫料，厚度一般在 8 厘米左右，垫料要求干燥、无霉菌、无有毒物质、吸水性强，并在铺垫前经日光暴晒。

第四节　山鸡育雏期的饲养

一、开水

雏山鸡出壳后 12～36 小时（长途运输时不能超过 72 小时）内进行第一次饮水叫开水或开饮。开饮用水的温度应与舍温相同，并可在水中加入抗菌素、营养液或 0.01% 的高锰酸钾等；初饮后可改用水温与育雏舍温度接近的普通水，并保持饮水的清洁与充足。

初饮时，雏山鸡可能不会饮水，应进行教饮，方法是抓一只健壮的雏山鸡，将其喙浸到水槽中沾上水，此山鸡很快就会饮水，其他雏山鸡就相互效仿；也可在饮水器中放入一些色彩鲜艳的石子或玻璃球，诱导雏山鸡饮水。

二、开食

雏山鸡的首次喂料称为开食，开食一般在开饮后 1 小时左右进行。开食时将调制好的饲料少量均匀地撒在垫纸上，并用手指轻轻敲打垫纸引诱采食，而开食所用饲料必须做到适口性好、营养丰富，最好是用煮熟的鸡蛋黄（每 10 羽雏山鸡 1 个鸡蛋黄）或在全价饲料中加入熟鸡蛋黄，也可单纯使用蛋白质含量大于 25% 的全价配合饲料。开食后可逐步过渡到全部使用含 25% 蛋白质的全价饲料，开食时要求雏山鸡学会采食即可，并不要求每羽雏山鸡都能吃饱。

三、饲喂次数

一般要求 2 周龄内每日饲喂 6 次，从 5 时开始，每隔 3 小时饲喂 1 次，21 时后熄灯，2 周龄后饲喂次数可减少至每日 4～5 次，但饲喂时间和次数一经确定就应相对固定，不要轻易变动。

网上育雏或立体育雏时，应在饲料中加入 0.5%～1%、直径约 2 毫米的干净砂粒，帮助雏山鸡消化。

四、采食量

为了便于山鸡养殖的饲料采购与贮备，应全面了解山鸡随日龄增长而变化的采食量，而当山鸡达到成年体重后，其采食量也趋于相对稳定。一般山鸡整个生长期（0～20 周龄）共约消耗混合料6.5千克，种山鸡年消耗混合料约为27千克（表6）。

表6　山鸡饲料需要量　　　　　　　　　　（单位：克/只）

周龄	体重（克）	每日料量	每周料量	累计料量	周龄	体重	每日料量	每周料量	累计料量
1	34.4	5	35	35	11	722	56	392	2 156
2	55.7	9	63	98	12	798	63	441	2 597
3	87.9	13	91	189	13	874	68	476	3 073
4	134.7	17	119	308	14	925	70	490	3 563
5	185	21	147	455	15	977	73	511	4 074
6	260	25	175	630	16	1 025	72	504	4 575
7	246	31	217	847	17	1 069	71	497	5 075
8	445	37	259	1 106	18	1 111	71	497	5 572
9	541	44	308	1 414	19	1 152	70	490	6 062
10	636	50	350	1 764	20	1 191	70	490	6 552

第五节　山鸡育雏期管理

一、建立合理的管理制度

根据雏山鸡的特点和养殖场的实际，制定相关的管理制度，对日常进行的饲喂、饮水、打扫卫生、记录温、湿度等工作的时间和顺序进行明确并固定，以便使雏山鸡形成良好的条件反射，促进生长，减少应激。

二、全进全出、分群饲养

山鸡育雏时，原则上同一育雏舍内只饲养同一日龄的雏山鸡，并且实行全进全出制。而在整个育雏期间，雏山鸡一般要进行3次分群，第一次分群在进雏时进行，在剔除病、残和畸形的雏苗后，按照雏山鸡体质的强弱分别组群、分群育雏。立体笼育雏时应将弱雏安置在笼的上层；第二次分群是在7~10日龄时，此时可结合免疫接种和疏散密度等工作进行，并再次将弱雏集中进行重点护理；第三次分群在脱温转群时进行。

三、观察动态、调节温度

育雏温度不是固定不变的，应根据气候变化、育雏密度和保温状况等随时调节适宜的温度；特别是夜间，值班人员应经常观察雏群温度，并根据雏鸡的表现调整温度，如发现雏鸡扎堆现象，应适当提高温度；如雏鸡表现张口喘气、饮水增加时，则应适当降低温度。

另外，饲养人员还应注意检查雏鸡群的精神、粪便和食欲状况，若发现异常，应立即查明原因，并及时采取措施，同时，还应保持育雏舍以及周围环境的安静，以防惊群。

四、适时断喙、及时疏密

雏山鸡长到 2 周龄时，应减半疏散一次饲养的密度，防止因密度过大而发生啄癖或造成生长发育不均匀等现象。一般育雏期适宜的密度为：1 ~ 10 日龄，60 羽/平方米；11 ~ 28 日龄，20 羽/平方米。

为防止出现啄癖，在 2 周龄疏散密度时，可结合进行第一次断喙。断喙时可使用专用的电热断喙器切除上缘的 1/2 和下缘的 1/3，并充分止血，也可用电炉、煤炉或火炉等烤红一铁板，进行简易的烫烙断喙。

为防止雏山鸡出现较大应激，在断喙前 2 天应做好相应准备工作：在雏山鸡饮水中加入电解多维、维生素 K_3 等，连用 3 天，同时，还应在饲槽中加满饲料，以利采食。

五、搞好卫生、防病灭病

每天应刷洗一次食槽；立体育雏时，每天要清除粪便并集中堆放到指定地点发酵处理；随时保证地面清洁卫生，应将落在地上的饲料等清扫干净；定时进行预防性用药，以有效控制雏山鸡各类疾病的发生。

六、做好离温工作

在育雏结束即将转入中雏前几天应认真做好离温工作。

（1）雏山鸡的离温应逐步进行

方法是最初采用白天离温、晚上给温的方法使雏山鸡逐步适应自然温度，以后逐步延长离温时间，达到离温的目的。

（2）离温时温度（室温）以 15℃ 为宜

如外界温度较低可适当延长离温时间；而当外界温度升高时，则可适当提前离温。因此，雏山鸡的育雏期是随离温时间的变化而变化，并不简单固定于 4 周。

（3）离温时要加强观察

以防因温度降低造成损失。

第六节　提高山鸡育雏率的措施

一、山鸡育雏期死亡的原因

山鸡育雏期的死亡率较高，一般可占到整个饲养期的 60% ~ 70%。分析原因，主要有以下几个方面。

1. 弱雏

种蛋质量不佳或孵化技术不当等造成弱雏，一般在育雏的前 10 天内全部死亡；遗传因素造成的弱雏，一般在 2 周内死亡。

2. 环境不良

温度持续过低或过高或忽低忽高以及通风不良、空气不洁或有贼风等都可造成雏山鸡死亡。

3. 饲料配制不合理

长期缺乏必要营养素，如维生素、微量元素等缺乏，造成发病死亡。

4. 管理不佳

如密度过大、缺料断水、中毒或野兽侵袭等。

5. 疾病

传染病是造成雏山鸡死亡的最主要原因，常见的有白痢、伤寒、球虫、传支、法氏囊、新城疫、禽流感等疾病。

二、防制措施

主要是根据雏山鸡死亡的原因，有重点地采取综合性的防制措施。

1. 检查种鸡和种蛋质量

①对带有鸡白痢病、禽伤寒病、禽结核病等垂直传播疾病的种鸡应坚决予以净化、淘汰；②增加种鸡营养，提高种蛋质量；③种蛋必须进行二次消毒，第一次是产蛋当天，第二次是入孵前；④弱雏和先天性疾病雏坚决淘汰。

2. 完善育雏环境

①温度是育雏成败的第一要素，应保持育雏期室温的稳定，并按要求严格控制降温速度；②通风不良、湿度过大时容易诱发各种疾病，应重点关注通风和保温的相互协调；③合理的育雏密度和安静的育雏环境，可有效促进雏山鸡的生长发育，降低死亡率。

3. 饲料与饲养

①育雏期饲料必须精心配制，确保全价；②固定每天饲喂的次数与时间；③注意观察鸡群动态，发现异常及时处理。

4. 加强消毒、及时用药

①育雏前，应对所有的设施、设备进行大消毒；②及时清除粪便，垫料经常暴晒；③按照程序及时进行预防用药。

第六章　山鸡育成期饲养管理

山鸡脱温后至性成熟前的这一饲养阶段（5～18 周龄）称为山鸡的育成期，这一阶段正是山鸡长肌肉、长骨架和体重绝对增长速度最快的时期；一般到 4 月龄时的山鸡体重已接近成年体重。根据山鸡的生长特点，为方便日常管理，又将山鸡育成期分为育成前期（5～10周龄）和育成后期（11～18 周龄）。

第一节　饲养方式

目前，最常用的饲养方式有立体笼饲养法、网舍饲养法和散养法 3 种。

一、立体笼饲养法

在进行以生产商品肉用山鸡为目的的大批量饲养时，采用此法可获得较好的效果。但应随着雏山鸡日龄的不断增大，结合平时的脱温、免疫、断喙、转群等工作，逐步疏散笼内密度，使每平方米的山鸡数由脱温时的 20～25 只降低至后期的 2～3 只，同时，还应降低光照以减少啄癖。

二、网舍饲养法

这一方法为育成期山鸡提供了较大的运动空间，可有效增加商品山鸡的野味特征、提高种用后备山鸡的运动量和种山鸡的繁殖率。但应注意在育雏后期脱温后刚转到网舍的山鸡，由于环境的突变易造成应激而产生撞死或撞伤，最好的控制方法是在转群时将主翼羽每隔 2根剪掉 3 根即可。另外，还应在网舍内或运动场上设置砂池，供山鸡自由采食和砂浴。

三、散养法

根据山鸡喜集群、喜觅食、杂食等生理特点，可充分利用特有的荒坡、林地、丘陵等自然资源，在建立完备的围网后对经过断羽或断翅处理的山鸡进行散养。山鸡断羽方法与网舍饲养法相同；断翅则应在雏山鸡出壳后立即用断喙器切去左或右侧翅膀的最后一个关节即可。在外界温度达到 17～18℃时，山鸡脱温后即可散养；如外界温度偏低，则应在山鸡 60日龄后进行。密度一般为每平方米 1 只，这种饲养方式，管理省力、环境好、运动强，既有人工饲料，又有天然食物，利于快速生长，还具有较强的野味特征，一举两得。

第二节　山鸡育成期的饲养

一、饲料

在山鸡育成阶段，日粮中的蛋白质含量应随日龄的增大而逐步降低，在育成前期可由育雏期的 25% ~27% 减少至 21% 左右；而在育成后期，其日粮中的蛋白质含量可降至 16% ~17% 的最低限度，但能量水平应维持在 12.45 ~12.55 兆焦/千克。此时，饲料中可适当降低动物性蛋白饲料的比例，增加青饲料和糠、麸类饲料；育成期饲料不宜碾得过细，以免降低采食量，但应注意适口性。

二、饲喂

一般采用干喂法，育成前期每天喂 5 次、每次间隔 3 小时或每天喂 4 次、每次间隔 4 小时；育成后期可从每天喂 4 次逐步减少至每天喂 2 次，饲喂量以第二天早晨喂料时料槽内饲料正好吃完为佳。

食槽和饮水器要求设置充足，一般每 100 只山鸡应设置 2.5 升容量的料桶和 2 升容积的饮水器 4 ~6 只；青饲料应以挂菜的形式喂给；商品山鸡应在出栏前 2 周停喂鱼粉。

第三节　育成期的管理

一、及时分群、控制密度

①在由育雏舍转入育成舍时，棚舍应先进行彻底打扫并严格消毒后铺上垫草。转群时应进行第一次选种，将体形、外貌等有严重缺陷的山鸡淘汰。

②由于山鸡天性胆小，刚转入育成舍的山鸡易受惊吓而四处乱窜，或在墙角扎堆造成损伤，特别是在夜间，雏山鸡易扎堆取暖而造成压死。因此，在转入育成舍的最初几天，饲养人员应加强观察，随时驱散挤堆雏山鸡，也可将育成舍四角用垫草垫成 30°的斜坡，并将垫草压实，可有效减少挤压的伤亡。

③进入育成后期后应进行第二次选种，并根据性别、体重和体质的强弱进行分群饲养，确保整群山鸡的生长均衡。

④地面平养时，育成前期每平方米面积（含运动场）可容纳 2 只左右山鸡，群体大小为 200 ~300 只为宜；育成后期每平方米饲养密度为 1 ~1.2 只，群体大小 100 ~200 只，且公母分群。

⑤笼养时，刚转群每平方米可达 20 ~25 只，以后每两周减半分群一次，直至密度每平方米降至 2 ~3 只。

二、加强运动、驯化野性

①山鸡育成舍应设有运动场，可使山鸡自由活动。运动场上应设置栖架和砂池，供山鸡飞跃和砂浴，但在雨天时应将山鸡赶入舍内。

②刚转群时，雏山鸡可能还不适应运动，可选择晴天中午时，将山鸡赶入运动场自由活动，同时，把吹哨子与投食结合起来，这样经常驱赶后可使山鸡形成条件反射，驯化山鸡听到哨声后就到固定地点采食。

③用青菜或其他食物引诱，逐步驯化山鸡不怕人，愿意接近人。

④饲养人员应穿固定颜色的服装，而且不穿鲜艳的服装，使山鸡与人建立感情，逐步达到驯化山鸡的目的。

三、剪羽断喙、防撞防啄

①许多原因可使山鸡易发啄羽、啄肛等恶癖，造成山鸡死亡。传统的控制方法主要有断喙、疏散密度、挂菜以及饲料中添加羽毛粉、食盐、维生素等物质，能取得较好的效果。

采用给山鸡佩戴眼罩的方法，由于眼罩遮住了山鸡正前方的视线，导致山鸡无法准确攻击目标，这样也就减少了山鸡打斗的现象，而这个眼罩对于山鸡采食、饮水等均无影响，并且还可提高山鸡的饲养密度。

②随着山鸡日龄的增长和飞跃能力的提高，山鸡撞死的现象也逐渐增多，而采用剪羽的方法是控制撞死的有效手段。具体方法是在山鸡7~8周龄时，将主翼羽每隔2根剪去3根即可。也可采用在雏山鸡进入育成舍前断去一侧翅羽的方法，可有效控制撞死现象。除此之外，保持环境安静也是一个重要环节。

四、控制体重与光照、强化卫生防疫

①育成后期的山鸡最容易肥胖，因此，这一阶段应采用限制性饲喂法（俗称控料）。通过减少饲料中蛋白质和能量水平以及饲喂次数、增加纤维和青饲料喂量以及运动量，同时，经常性地进行随机称重，来控制山鸡体重。

②后备种鸡应按照种鸡的要求来调节光照时间。商品山鸡则应在夜间适当增加光照以促使山鸡采食，提高生长速度。

③山鸡舍应每天打扫，水槽、料槽要定期清洗、消毒，垫草应清洁、干燥不发霉，并经暴晒或消毒，病、弱山鸡要及时隔离饲养。

④按照预先制定的计划按时进行各类免疫接种、药物驱虫和预防性用药，防止各类疾病的发生。

五、冬夏季管理

①夏季管理的重点是防暑降温，首先应开窗通风，门窗应设遮阳设施，必要时可采用屋顶喷淋或室内喷雾的方法降温；其次运动场应种有足够的遮阴树或搭有足够的遮阳棚，喂料应以清晨和傍晚为主，中午可适当喂一些青菜等，而且饮水应经常更换并保持充足新鲜。

②冬季管理则以保暖为主，最好能使室温不低于8℃，如室温过低，应适当加温，同时，可加厚垫料至1.5厘米以上，保持地面温暖；另外，还应提高日粮的能量水平，增加饲喂量，而且最好采用干粉料饲喂，必要时还可在晚间补喂一些粒料。

第四节　商品山鸡的终生制饲养技术

采用终生制方式饲养商品山鸡，不但可以减少基建投资，而且还可降低饲养成本，节省劳动力，是目前在国内外广泛应用的山鸡饲养方式。

一、鸡舍特点

终生制山鸡舍的主要特点是房舍与运动网室结合，使商品山鸡的整个生产周期均在同一舍内进行，既可作育雏舍，又可做中雏舍及大雏舍，一舍多用，避免了移舍转群带来的应激。但由于南北方的气候不同，在实际生产中应灵活运用。如北方地区的春季时间较长，且

经常有寒流，因此，山鸡舍应采用砖瓦结构，以利保温；而在南方气候较温暖的地区，山鸡的房舍可改为构造简单、造价低廉的大棚。这类大棚一般高 3 米，底宽 6 ~ 8 米，由金属管架弯成弓形作大棚骨架，外面用化纤防雨苦布遮盖，外形极似栽培蔬菜的塑料大棚，但大棚内要求能通自来水和电源或煤气（燃气育雏伞用）。大棚地面可由混凝土筑成，在大棚与运动网室相连的一侧棚壁下方设一 0.5 米高、可以向上卷起的棚壁，以便山鸡自由出入。

二、设施设备

在大规模进行商品山鸡生产时，为提高生产效率，可采用自动给水给料设备。自动饮水设备一般采用吊塔式自动饮水器，而自动喂料设备最好能使用螺旋式给料机。

螺旋式给料机是由输料管、推送螺旋和驱动器、控制开关等部分组成。驱动器装在料塔底部，利用螺旋杆直接与输料管中的弹簧相接。输料管每隔一定距离装有一个料盘。在末端的一个料盘内装有控制开关。工作时，驱动器使螺旋弹簧在输料管内转动，将料塔中的饲料推送到各料盘中。当输料管上最末端装有控制开关的料盘装满时，控制开关即自动断电，使驱动器停止运转。待山鸡群将盘中饲料吃去一定数量后，控制开关又能自动接通电路，启动驱动器，使料盘重新装满。另外，在输料管上还装有一些悬吊索，利用吊索和手摇绞车可将整个给料系统吊挂在鸡舍内的梁架上，转动手摇绞车，即可调节料盘的距地高度，以适应不同日龄山鸡群的采食要求，而且在舍内山鸡全部出栏后便于清扫地面。

三、饲养管理

1. 雏山鸡的饲养管理

商品山鸡各饲养阶段所采用的饲养标准及饲料配方，可参照种山鸡的标准和配方，但在出栏前的肥育阶段，应适当提高日粮中的能量水平。

育雏一般采用地面育雏，由育雏伞供温。由于 2 周龄前的雏山鸡体型较小，喂料时应采用雏鸡料盘或料槽，每天喂 6 次，每次料量不宜过多，以免造成污染和浪费；饮水器也应使用小型真空塔式饮水器。2 周龄后的雏山鸡体型变大，活动和采食能力有了明显增强，此时如采用人工给水给料，可选择稍大的塔式饮水器和吊塔式料桶，以节省一定的劳力。若采用自动给水给料设备，可进一步提高生产效率，每人最多能管理 1.5 万 ~ 2 万只商品山鸡，但需投入较大的资金。

由于商品山鸡多为地面平养育雏，且雏山鸡的体温自我调节能力较差，如果育雏伞下为平坦的铺垫物，则雏山鸡易聚集而造成压死。因此，育雏初期必须要安排值班人员，尤其夜间要经常观察和做驱散处理。同时，在育雏伞周围应使用 60 厘米高的围栏或围网围住，初期围网与伞外缘的距离为 20 ~ 30 厘米即可，随着日龄的增加，逐渐扩展围栏，最终撤去。

2. 中大雏的饲养管理

当雏山鸡 3 ~ 4 周龄后，逐渐锻炼脱离供温，方法是选择天气晴暖之时，将山鸡舍靠运动网室一边的棚壁从下向上卷起 0.5 米，使雏山鸡自由出入。但起初雏山鸡很小，常因运动场太大而往往不能返回鸡舍，此时应把距房舍 5 米处的"悬网"放下，随着日龄的增加，逐渐卷起近处"悬网"，放下远处"悬网"，以隔离出不同面积的运动场。

山鸡比较耐寒，到了大雏期，除采食和饮水外，已不太到房舍去，此时的运动场是相当重要的。出栏时，把悬网放下，隔出许多小空间，再行捕捉。这样做比起整个运动场相通时捕捉要方便，同时，也由于网舍低矮，减少了撞死现象。

第七章　种山鸡的饲养管理

山鸡育成至 18 周龄时，其体重已达到成年体重的 85% ~ 90%，并已进入性成熟时期，此时山鸡即进入成年期或种用期。种山鸡的饲养时间较长，按照其生理特性可分为繁殖准备期（后备期）、繁殖期和休产期（含换羽期和越冬期）。

繁殖准备期（后备期）是指青年种山鸡从山鸡育成期结束至开产的这一段时间。成年山鸡一般是指每年的 3 ~ 4 月，是在度过冬季后至下一产蛋期开始的这一段时间。

繁殖期是指种山鸡交配、产蛋、孵化的这一时期，一般在每年的 5 ~ 7 月，南方地区可适当提前和延长。

休产期是指种山鸡完成一个产蛋期后休息、调理的时期，包括换羽期和越冬期。换羽期一般是指 8 ~ 9 月，越冬期一般是指 10 月至翌年 2 月。

目前，大多数商品山鸡场为追求山鸡养殖的效益最大化，往往在种山鸡完成一个产蛋期后即将其淘汰，此时的种山鸡饲养期分为后备期和繁殖期，而缺失了休产期。

第一节　种山鸡饲养方式

种山鸡的饲养方式很多，目前，较常用的有多层立体笼养和地面平养等方法。

一、多层立体笼养

多层立体笼养法是近几年刚刚推行的一种新的山鸡养殖方法，它是在借鉴其他蛋种鸡笼养技术的基础上，结合山鸡自身的生理特性发展而来的一项目前已日趋成熟的饲养技术。

根据目前已应用的笼体结构的不同，立体笼层数可分为二层笼、三层笼、四层笼等；按叠层方式可分为阶梯式、半阶梯式和叠层式等；按笼位大小又可分为单体笼、复合笼、小群笼和大群笼等。各种层数、叠层和笼位相互组合形成了更多的笼养方式，其中，既有适宜于自然交配的笼养方式，也有适宜于人工授精的笼养方式。这种饲养方式的推广，有利于促进山鸡的大规模生产和育种制种工作的开展，但对日常饲养和管理的要求较高。

二、地面平养法

地面平养是山鸡养殖的传统方法，目前，常用的是网舍饲养法和散养法。

网舍饲养的设施与山鸡育成期的网舍结构基本相同，但由于种山鸡成年后的个体达到最大，需要较大的活动空间和较小的饲养密度，因此，应相应地增大网舍的长、宽、高度，而且棚舍内偏僻处应设置产蛋箱，运动场还应加设挡板，以利产蛋和交配；有时也可将种山鸡直接饲养在一个大网笼内，而不设置棚舍。

散养法就是将经过翼翅处理的种山鸡直接放在四周设有围栏的野外进行饲养，具有充分利用自然资源、管理省力、降低成本的优点，但这种饲养方式的生产性能较低。

第二节　种山鸡的饲养

种山鸡的饲养期较长，其不同阶段对饲养的要求有所不同。

一、繁殖准备期的饲养要求

1. 饲料

当后备种山鸡达到性成熟或成年种山鸡度过越冬期后，即进入繁殖准备期，这一时期一般在每年的 2~3 月。此时气温回升较快，日照也逐渐增长，种山鸡的性腺开始发育。为了使种山鸡能尽快达到繁殖体况，促进发情和产蛋，这一时期的饲料必须是全价饲料，而且日粮中的蛋白质水平也应较控料期（休产期）有所提高，一般可提高到 17%~18%，同时，相应降低糠麸类饲料的比例，并适当添加多种维生素和微量元素等添加剂，同时，补喂青绿、多汁饲料，以增强种山鸡体质。但应注意营养水平不可过多，此时仍应适当控制种山鸡的体重，避免体重过大、体质肥胖而造成难产、脱肛或产蛋期高峰变短、产蛋量减少等现象。

2. 饲喂

繁殖准备期一般采用干喂法，种山鸡每天喂 3 次，并保证供给清洁饮水。

3. 环境条件

进入繁殖准备期的种山鸡，其环境适应能力较强，对周围环境的温度要求不高，对光照也没有严格的要求，密度以 1.2 羽/平方米即可。但环境的湿度不宜过大，棚舍内应经常保持干燥，运动场等应铺设一层细砂。

二、繁殖期的饲养要求

1. 饲养

山鸡在繁殖期由于产蛋、配种等原因，需要较高的蛋白质水平（21%~22%），并应注意补充维生素和微量元素。

配制日粮时，鱼粉应占 10%~12%、植物性蛋白质饲料占 20%~30%、酵母占 3%~7%、含钙饲料占 5%~7%，并应另加 30%~40% 的青绿饲料。如国产鱼粉在日粮中占较大比例（>10%）时，则可不添加食盐。当母鸡进入产蛋高峰期时，还可在饲料中加入 2%~3% 脂肪粉。由于母山鸡对钙质的需要量不同，因此，还应另设石粉槽供母山鸡自由采食，石粉的粒度应控制在 2~4 毫米。

二阶段饲养法：当气温达到 30℃ 以上时，可使山鸡食欲下降，产蛋量降低，此时应根据产蛋情况，采用此法：当种山鸡产蛋率降到 40% 以下时，适当降低日粮中的能量和蛋白质水平，提高钙水平和青绿饲料饲喂；而当种山鸡仍保持较高产蛋率（50%~60%）时，则应在适当降低日粮能量水平的同时，将蛋白质水平提高到 23%~24%，以保证种山鸡的蛋白质需求。

2. 饲喂

繁殖期的饲喂次数应满足山鸡交配、产蛋和散食性采食特点的要求。山鸡一般在 9 时至 15 时是产蛋期，而日落前 2 小时是山鸡采食最活跃的时期，因此，国外主张在 15 时一次给料即可，而国内的饲养则比较细致，一般采用 9 时前和 15 时后喂料 2 次。气候炎热时，还可适当前伸后延，以增加采食量。

在采用定时饲喂的情况下，饲喂湿粉料比干粉料的采食速度要快许多，但应注意饲喂量，确保一次吃完，以防腐败，并应注意供给充足的清洁饮水。

3. 环境条件

繁殖期山鸡舍内的温度以 22～27℃ 为最佳，最高不宜超过 30℃，否则会影响种山鸡的产蛋、受精。因此，夏季应采用各种防暑降温的方法控制环境温度，如风机、湿帘、喷淋等，并保持舍内干燥。

产蛋期山鸡每天的光照时间为 16～18 小时，地面平养时产蛋箱应安放在光线较暗的地方，且每羽种鸡平均占有不低于 0.8 平方米的活动面积（含运动场），并适当降低密度。

三、休产期的饲养要求

此时的休产期主要是指成年种鸡的换羽期和越冬期。

1. 饲料

这一阶段的种山鸡对营养需要量最低，饲养时在保证种山鸡健康的前提下，应尽量降低饲料成本。此时的日粮应执行换羽期的标准，以能量饲料为主，可占 50%～60%，适当配合蛋白质和青绿饲料，蛋白质水平应控制在 17%，但应在饲料中添加 1% 的生石膏粉或 1%～2% 的羽毛粉，以促进羽毛的再生。

完成换羽后的种山鸡具备较强的抗寒能力，顺利进入越冬期，此时期日粮中的能量水平可进一步提高到 12.5 兆焦/千克，同时，将蛋白质水平降低至 15% 左右，并以植物性蛋白质饲料为主，以进一步降低饲养成本。

休产期山鸡的饲料品种应因地制宜，但应最大限度地确保品种的多样化。

2. 饲喂

休产期山鸡每日以饲喂 2 次为宜，分别于 9 时和 15 时各饲喂 1 次，每天饲喂量为 75～80 克，其中，可适当饲喂部分玉米颗粒，以延长消化时间。

3. 环境条件

休产期山鸡对外部环境的要求与繁殖准备期山鸡基本相同。

第三节　种山鸡的管理

地面平养时，每只山鸡应占有 4～6 厘米长的食槽和 3～4 厘米长的水槽，以免采食、饮水时拥挤；水、食槽摆放的位置要分散而固定，确保所有的山鸡都有采食、饮水的机会；每天清理 2 次山鸡食槽内的剩料；食槽、水槽定期清洗、消毒（每周不少于 2 次）；适当进行带鸡消毒。

立体笼养时，应及时整修笼具，笼内顶部加装防撞网；注意喂料均匀度，确保饮水器正常滴水，经常匀料，并应对每羽种山鸡的生产情况认真做好记录。

山鸡对外部环境的变化非常敏感，各种不良刺激都可能引起山鸡的惊群、炸群，因此，饲养过程中应注意生产流程的三定（定时、定人、定程序），避免生人进入生产区。生产人员应着统一服装，在生产过程中应以少干扰鸡群为原则，尽量避免不必要的捕捉山鸡，同时，还应注意紧闭圈门，防止其他动物进入鸡舍或舍内山鸡外逃。

每天应注意观察山鸡的精神状态以及采食、粪便和行为状况，发现问题，及时上报处理。

一、繁殖准备期的管理

除了常规管理外，对于繁殖准备期的种山鸡，还应做好以下几项准备工作。

1. 鸡舍的准备

①全面检修鸡舍、笼具及相关设施设备，防止跑鸡或其他动物进入鸡（网）舍，确保饲喂、饮水、光照、清洁、消毒等设施的正常使用。

②平整场地，在运动场内铺上 5~10 厘米清洁河砂或将网舍（运动场）地面挖除 5~10 厘米表土，然后垫上一层清洁干燥的河砂，供山鸡砂浴。

③设置产蛋箱，在山鸡舍中靠墙边处设置产蛋箱，箱内铺设少量干草或木屑，以使山鸡尽量产蛋于箱内。产蛋箱可设计成三层阶梯式，每层底部均呈 5°倾斜角，以使蛋产出后自然滚入集蛋槽内，减少污染和破损。

④设置运动场挡板，一般用市售石棉瓦横向直立摆放即可，每 100 平方米运动场放置 4~5 张石棉瓦，以防止公山鸡之间的争斗和增加交尾机会。

⑤消毒，在鸡舍准备就绪后，必须对鸡舍、网舍（运动场）及设施设备进行一次彻底的大消毒。

2. 鸡群的准备

①后备期和休产期的种山鸡应公母分群饲养。

②选留体质健壮、发育整齐的种山鸡作为繁殖群，将多余的优秀公鸡作为后备种公鸡单独组群饲养，以随时替换繁殖群的淘汰种公鸡，将不具备种用条件的公母山鸡单独组成淘汰群，经育肥后作商品鸡出售。

③选留的繁殖群母鸡应进行修喙，繁殖群公鸡和后备种公鸡应剪趾，同时，还应做好相应的驱虫和免疫工作。

④母山鸡开产前 15 天左右进行公母合群，合群时一般以公母比例 1：（4~6）组成适宜的繁殖群体；大群配种的繁殖群体一般以不超过 100 羽为宜，小间配种则以 1 羽公鸡与适量的母鸡组成一个小型的繁殖群。

⑤合群时，小间配种的公鸡应做好精液品质的检查，同时，选择优秀家系的母鸡配种。大群配种时则应挑选体重中等或偏上的公母鸡，最大体重不应超过平均体重的 10%。

二、繁殖期的管理

1. 确立"王子鸡"

公母山鸡合群后，公山鸡之间会经过一个激烈争偶斗架的过程，俗称"拔王"。一般经过几轮争斗、确立"王子鸡"后，鸡群便稳定下来，因此，在"拔王"过程中，最好人为帮助"王子鸡"确立优势地位，以使拔王过程早完成、早稳群。

2. 创造安静的产蛋环境

繁殖期种山鸡对外界环境非常敏感，一旦有异常变化，就会躁动不安。因此，饲养人员应穿着统一的工作服，喂料和捡蛋动作要轻、稳，产蛋舍周围谢绝外来人员参观并禁止各种施工和车辆出入，更要防止犬、猫等动物在鸡舍外的走动，同时，还应保持鸡群的相对稳定，尽量避免抓鸡、调群和防疫等工作。

3. 及时集蛋，减少恶癖

地面平养时，一般每 3~4 只母山鸡配备一个产蛋箱，产蛋高峰时每隔 1~2 小时拣蛋 1

次，天气炎热时可 0.5～1 小时捡蛋 1 次；为防止产生恶癖，可对发生啄癖的山鸡采取戴眼罩、放假蛋等预防措施，也可对整群种山鸡每隔 4 周修喙 1 次；对破损蛋则应及时将蛋壳及其内容物清除干净，以免养成食蛋恶癖。

4. 防暑降温、防寒保暖

气候炎热时，可采取搭棚、种树、喷水等措施来降低环境温度，并可在饲料中适当添加维生素 C，以抵抗热应激，并保证长期供应充足的清洁饮水；当外界温度低于 5℃时，应采取加温措施，以减少低温对山鸡产蛋的影响。

平时要加强日常的清洁卫生，及时清除粪便；清洗料槽和水槽，并用高锰酸钾消毒；注意圈舍干燥，雨后及时排除积水，防止疾病发生；每 2 周对鸡舍和运动场及产蛋箱等进行一次消毒。

三、休产期的管理

种山鸡完成一个产蛋期后开始换羽，进入休产期。一般情况下，此时的种鸡群将及时淘汰，但对部分具有育种价值或在特殊情况下仍需留作种用的山鸡，此时除应对饲料作适当调整外，还应及时调整鸡群，淘汰病弱山鸡以及繁殖性能下降或超过种用年限的山鸡；选留的种山鸡应公母分群饲养，及时修喙，做好驱虫、免疫接种等保健工作。

鸡舍应进行彻底的清洗消毒，并做好相应的防寒保暖工作，保持山鸡鸡舍的通风、干燥和适度的光照。

山鸡的使用年限一般种公山鸡可用 1 年；种母山鸡可用 2 年，必要时可适当延长，但生产性能将明显下降。

第四节　提高山鸡繁殖率的措施

由于山鸡驯化时间较短，其繁殖率的高低与饲养者的日常管理有着密切的关系。影响山鸡繁殖率的因素很多，包括产蛋量、种蛋合格率、种蛋受精率、孵化率、育雏率等。因此，在饲养管理中必须针对这些因素，采取切实可行的综合措施，才能提高山鸡的繁殖力。

本节主要讲述分别针对山鸡产蛋量、种蛋合格率和种蛋受精率采取的综合措施，其他影响因素将在相关章节中涉及。

一、提高山鸡产蛋量的综合措施

野生状态下，山鸡的年产蛋量很低，仅为 20～30 枚，随着驯养技术的不断提高，山鸡产蛋量得到显著提高。目前，七彩山鸡的年产蛋量可达 100 枚以上。其措施如下。

1. 严格选种选配，培育高产种山鸡

种山鸡在选种时，采用个体选择、家系选择和家系内选择的综合选择方法，确定育种群；在选配时，个体选配优于群体选配；配种时，既可采用小群配种的方法培育高产的山鸡种群，也可采用人工授精的方法，充分发挥优良种山鸡的遗传效果，快速扩大高产种山鸡群，也可采用导入杂交的方式，提高本地山鸡的产蛋量。

2. 加强种鸡营养

对美国七彩山鸡和南方较温暖地区，采用提前投喂繁殖准备期日粮、增加日粮中的各类营养物质和逐渐增加光照等措施，可使种山鸡群提前开产。而许多养殖场的经验证明，母山鸡第二产蛋周期的产蛋量略高于第一产蛋周期。

3. 减少产蛋母鸡的死亡率

由于山鸡的驯化程度较低，野性较强，经常会发生惊飞撞死撞伤现象，此时，应将种山鸡网室的外网用尼龙网或胶丝网代替金属网。同时，降低网室高度，并尽可能降低产生惊飞的各种应激因素；如发现种鸡群中母山鸡背羽有大量踩落或踩伤现象时，应适当减少群体中的公山鸡数；经常对种山鸡进行修喙，减少啄肛现象的发生；公鸡合群前应断去后趾和内趾的爪尖；严格按照程序做好各项保健工作，避免疾病发生。

二、提高种蛋合格率的综合措施

1. 强化育种，严格种蛋选择标准

现场判定种蛋是否合格，可通过蛋形指数、蛋重、蛋色以及破损、污损等指标来确定。在这些指标中，前三项受遗传因素的影响较大，因此，通过加强山鸡的选种选育，提高对种山鸡种蛋的选择标准，可使优良的种蛋性状保存下来并得以积累。

2. 合理搭配饲料，满足营养需要

因地制宜地选用多种不同类型和特点的饲料，按照种山鸡产蛋期的营养标准，精心设计饲料配方，合理配置日粮，确保各种营养物质能够满足产蛋种山鸡的营养需要。

3. 改善饲养环境，减少种蛋的破损和污染

地面平养时，应在种山鸡舍内阴暗处，按每 3~5 羽母鸡设置一个产蛋箱，并逐步驯化母山鸡养成入箱产蛋的习惯。同时，还应在运动场内铺垫大约 5 厘米厚的砂砾，并及时清除种山鸡舍内和运动场的粪便，保持清洁干燥。

4. 采用多种措施，防止种鸡产软蛋、沙皮蛋等异型蛋

①饲料要营养全面，合理搭配；②对草酸含量高的饲料，可适当补给甲状腺素片；③及时补充维生素 D 和鱼肝油；④定期预防用药，确保种鸡健康；⑤高温期间应注意通风、遮阳等降温工作，并可在饲料中添加维生素 C，防止种鸡体温升高。

5. 加强日常管理，控制种鸡啄蛋

①及时断喙、修喙；②勤集蛋，特别是对产在运动场内的种蛋，要增加拣蛋次数；③给种鸡戴眼罩，矫正啄蛋癖。此类眼罩一般由塑料制成，方法是将眼罩架于种鸡喙的上方，用一根尼龙制成的别针穿过种鸡鼻孔，将眼罩固定在喙上即可；④使用假蛋矫正啄蛋癖，方法是将仿生塑料假蛋放入种鸡舍内，山鸡会误以为真蛋而啄蛋不停，久啄不破而不得不放弃，从而逐渐改变啄蛋癖；⑤降低密度，种山鸡饲养密度为 1~1.2 羽/平方米时，可显著减少种山鸡啄蛋、啄肛等恶癖。

三、提高种蛋受精率的综合措施

1. 公母合群时间要适宜

一般情况下，公鸡性成熟要比母鸡早 2~3 周。因此，若公、母山鸡合群过早，母鸡此时尚未发情排卵，公鸡强烈的追抓，会造成母鸡惧怕公鸡而不愿接受交尾；若公、母山鸡合群过晚，种鸡群王子鸡的争夺会使鸡群在一段时间内很不稳定，而且剧烈的争斗会造成公鸡体力的大量消耗而影响交尾。公母种鸡最适宜的合群时间是在母鸡开产前一周左右。

2. 公母比例要适宜

实践证明，地面平养时，种山鸡的公母比例以 1：（5~6）为最佳。若公鸡比例过高，

公鸡间的争斗会造成山鸡群的不稳定，而公鸡比例过低，则易造成漏配。

3. 保护王子鸡和设立屏障

山鸡公母合群后，群体内的公鸡会强烈争偶、斗架，形成群内的鸡王，称为"拔王"过程，只有尽快确立"王子鸡"，才能使鸡群趋于稳定。因此，在种鸡群拔王时，应人为帮助较强壮的公鸡确定"王子鸡"地位，以便稳群。

4. 更换种公山鸡

种公山鸡在经过一段时间交尾后，其繁殖能力可显著降低，此时应用整批新的后备种公山鸡来替代原来的种公山鸡，但应尽量避免个别更换种公山鸡；也可在种公母山鸡合群时适当提高公鸡比例，在配种过程中发现体弱或无配种能力的种公山鸡随时挑出，而不再补充，但必须能保证在配种末期时种鸡群公母比例仍达 1∶6 左右。

5. 防暑、降温，减少应激

气候炎热时节，应在运动场设置遮阳网等设施或采用地面、屋顶喷水的方式降温，同时还应尽量避免人为因素造成各种应激。

6. 加强和改善种山鸡的饲养和营养

在种蛋受精率出现下降趋势时，可在饲料中加入 10 毫克/千克的维生素 E，并且适当提高日粮中的蛋白质水平；夏季高温时，可在饲料中适当添加维生素 C。

第八章 山鸡的选种与配种

第一节 山鸡的选种

选择符合育种目标要求的公母山鸡组成优良的种山鸡群，再经过严格的选择和科学、合理、完善的饲养管理，使种山鸡获得良好的繁殖性能，才能充分表现出其优良的遗传潜能。

目前，生产中常用的山鸡选种方法主要有根据体型外貌和生理特征选择和根据记录成绩选择两种。

一、根据体型外貌和生理特征选择

一般大群饲养的山鸡养殖场都不进行个体生产性能记录，因此，只能依靠体型外貌和生理特征从大群中进行选择。这种选择一般根据不同的育种目标，在雏山鸡（3~4周龄）；后备种山鸡（17~18周龄）和成年山鸡（第一个产蛋期开始前）进行3次。

1. 种用雏山鸡的选择

对预备作种用的雏山鸡群，在育雏至3~4周龄时应进行第一次选种，称为初选。此时可根据雏山鸡的被毛色彩、斑纹颜色、嘴和脚趾颜色等进行区别，选择健壮、体大、叫声响亮、体质紧凑、活泼好动、脚趾发育良好的雏山鸡留种，留种数量应比实际用种数量多出50%，以预留以后选种余地。

2. 后备种山鸡的选择

经过初选后的山鸡群在育成后期（17~18周龄）时，应进行第二次选种。此时，选种主要是淘汰生长慢、体重轻以及羽毛颜色和喙、趾的颜色不符合本品种要求的山鸡个体。留种的数量应比实际用种数量高出30%左右。

至山鸡开产前，应进行种鸡的最后一次选种，此时，主要是选择个体中等或中等偏上、外貌特征符合育种目标的种鸡留种。留种数量应比实际参配的种鸡高出3%~5%。

（1）母山鸡的体型和外貌特征

要求身体匀称、发育良好、活泼好动、觅食力强、头宽深、颈细长、喙短而弯曲、胸宽深而丰满、羽毛紧贴有光泽、尾发达且上翘、肛门松弛且清洁湿润、体大、腹部容积大、两耻骨间的距离较宽。

（2）公山鸡的体型和外貌特征

应选择体型匀称、发育良好、姿态雄伟、脸色鲜红、耳羽簇发达、胸宽而深、背宽而直、羽毛华丽、两脚间距宽、站立稳健、体大健壮、雄性特征明显、性欲旺盛的公山鸡。

3. 成年山鸡的选择

种山鸡在完成一个产蛋周期后，有时因育种或某些特殊原因，需进入第二个产蛋周期的生产，此时应对原有种山鸡群进行一次选择，选留数量应比实际需要高出10%左右；然后在下一个产蛋周期开产前，再选一次，选留的数量应比实际需要量高出3%~5%，此时公母山鸡体重和外貌特征的选择标准与后备种鸡基本相同，但种母山鸡还应关注换羽和颜色两个要素。

（1）换羽

种母山鸡在完成一个产蛋周期后，必须要更换一次羽毛。种母山鸡更换羽毛的速度与产蛋性能有着非常紧密的关系。研究发现，低产母鸡换羽早，且一次只换一根，而高产母鸡往往换羽晚，且经常是 2~3 根一起换、同时长。因此，选择时应选留换羽晚、换羽快的种母山鸡。

（2）颜色

一般情况下，母山鸡在肛门、喙、胫、脚、趾等表皮层含有黄色素，母鸡产蛋时，这些部位的表皮会逐渐变成白色，称作褪色，而母鸡产蛋越高，则褪色越重。因此，选择时应选留褪色重的母山鸡。

二、根据记录成绩选择

这些记录的成绩，主要有早期生长速度、体重、胸宽、趾长、屠宰率等生长指标以及产蛋量、蛋重、受精率、孵化率、育成率等繁殖指标。这种选择方法适用于山鸡育种场，一般可通过系谱资料本身成绩、同胞兄妹生产成绩以及后裔成绩等几个方面进行综合判定。

1. 根据系谱资料选择

主要是通过查阅雏山鸡和育成山鸡的系谱，比较它们祖先生产性能的记录资料来推断它们可能继承祖先的生产性能的能力，这对于还没有生产性能记录的母山鸡或公山鸡的选择具有特别重要的意义。在实际运用中，记录成绩的血缘越近影响越大，因此，一般只比较父代和祖代的相关记录。

2. 根据自身成绩选择

种山鸡本身的成绩充分说明每一个个体的生产性能，比系谱选择的准确度要高许多。因此，每一个育种场都必须做好个体各项生产性能的记录工作，为准确选种提供依据。

3. 根据同胞姊妹生产成绩选择

这是一种选留种公山鸡时最常用的选择方法，由于种公山鸡同胞姊妹具有共同的父母（全同胞）或共同的父或母（半同胞），在遗传上有很大的相似性，因此，利用她们的平均生产成绩即可判定种公山鸡的生产性能。实际证明，这种选择方法具有很好的效果。

4. 根据后裔成绩选择

用这种方法选出的种鸡肯定是最优秀的，所选种鸡的遗传品质也肯定能够稳定地传给下一代，而其他三种方法所选出的优秀种鸡的遗传品质是否能够稳定地传给下一代，也必须通过这一方法进行鉴定。因此，这种选择的方法是根据记录成绩进行选择的最好形式，但采用这种方法鉴定的种鸡年龄往往大 2.5 岁，可供种用的时间已经不多，但可利用它建立优秀的家系。

第二节　山鸡的配种

一、参配年龄与公母比例

1. 参配年龄

种山鸡参加配种的年龄因生产需要而定。一般情况下，母山鸡产蛋量以第一个产蛋周期为最高，以后基本上每个周期递减15%左右。因此，商品性种山鸡一般只用第一个产蛋周期的种山鸡参加配种，但第二个产蛋周期的母山鸡所产种蛋的蛋重较大，种蛋孵化率和育雏成活率也较高。因此，生产上常使用65%左右的新种山鸡与35%左右的二周期种山鸡混群参加配种也是一个不错的选择。育种性种山鸡场有时为了鉴定种山鸡的生产性能，可使用超过两个周期的种山鸡。特别优秀的种山鸡，其使用年限还可更长一些。

种公山鸡的使用年限也因生产和育种的区别而有所不同，一般生产性种山鸡场，使用1~2年的公山鸡均可，但考虑成本原因，以使用一年龄的公山鸡较普遍；而育种性种山鸡场的公鸡由于育种所需，可连续使用2~3年。

2. 公母比例

合适的公母比例可保证种蛋有较高的受精率。国外资料证明，公母比例1:12和1:18，其种蛋受精率没有明显差异；公母山鸡交配后，10天之内的最高受精率可保持在90%以上。目前，美国采用的配种比例为1:(4~10)，而国内生产性种山鸡场的配种比例为1:(4~8)，一般开始为1:4，随着无配种能力公山鸡的不断淘汰，至配种结束时的比例为1:8，且仍可获得较高的受精率。

不同的配种方法，其公母比例也有所不同，一般大群配种时为1:6；小群配种时以1:(8~10)效果最好。

二、配种方法

目前，常用的山鸡配种方法有大群配种、小间配种和人工授精3种。

1. 大群配种

这是目前生产性山鸡场普遍采用的配种方法，就是在数量较大的母鸡群内按1:(4~5)的公母比例组群，自由交配，群体大小以100只左右为宜，让每一只公鸡与每一只母鸡均有随机的组合机会。

这种配种方法具有管理简便，节省人力，受精率和孵化率均较高的优点，缺点是系谱不清，时间长了易产生近亲繁殖，造成种质退化。

2. 小间配种

这是山鸡育种场的常用配种方法，就是将一只公山鸡与4~6只母山鸡放在小间或笼内配种，如要确知雏鸡父母，则必须将公母山鸡戴上脚号，并设置自闭产蛋箱，在母鸡下蛋后立即拣出记上母鸡号，如只考察公鸡性能，仅将公鸡戴脚号、种蛋上只记公鸡脚号即可。

这种方法管理上比较麻烦，而且如果公山鸡无射精能力时，整个配种群所产种蛋都将无精，损失较大。

3. 人工授精

山鸡的人工授精能充分利用优良种公山鸡的配种潜能，一般多用于育种场，但目前许多生产性山鸡场也已开始使用这一技术，受精率可达90%以上。

山鸡的人工授精主要包括采精与输精两部分，此时公鸡可地面平养或笼养，母鸡笼养。

（1）采精

山鸡的采精一般都采用按摩法，分为抓鸡训练、调教与采精以及精液品质鉴定3个步骤。

①抓鸡训练：在确定训练开始后，饲养员每天多次进入鸡舍，靠近鸡笼并抚摸鸡体，使公鸡习惯后，开始抓鸡训练。

抓鸡时要求饲养员动作要轻、温和，使被抓的公鸡逐渐习惯这些动作。

②调教与采精：采精者用手把公鸡抓出后，助手用两手握住公鸡两腿，用大拇指压住公鸡两翅膀，将公鸡固定住，此时用力一定要适度；采精者用整个左（右）手掌适度挤压公鸡背部并从翼根向尾部方向按摩，同时，对腹侧尾部推动和按摩数次，使其产生快感，阴茎有节奏地向外翻出，当公鸡阴茎外翻并充分勃起时，采精者左（右）手向上推动形成一个挤压动作，公鸡就会流出精液。

这个采精过程每周训练 1 次，经 3~4 次训练后就能顺利采出公鸡精液，每次采精量约为 0.2~0.5 毫升，公鸡每隔 1 天采精 1 次或连续 2 天采精后休息 1 天。

③精液品质鉴定：完成采精后，应对公鸡的精液品质进行鉴定，包括颜色、活力、pH 值等。

正常的公鸡精液为乳白色，pH 值 7.1~7.2，每毫升精液含精子约为 20 亿~30 亿个。

（2）输精

母山鸡的输精包括精液稀释、母鸡保定和输精等几个步骤。

①精液稀释：将采集的新鲜公鸡精液，立即用专用稀释液或 0.9% 生理盐水、维生素 B_{12} 等进行 10 倍稀释。

②母鸡保定：助手将母山鸡头部向下斜向保定，并轻轻挤压腹部露出泄殖腔朝向输精者。

③输精：输精者手持有刻度滴管，吸取 0.1~0.2 毫升稀释精液后，从泄殖腔左上方的阴道口插入阴道约 2 厘米，将精液缓慢注入，并用手指不停按摩泄殖腔外侧，同时，助手放掉加在母鸡腹部的压力，使输卵管回缩，以免退出滴管时收缩的阴道挤出精液。

母鸡一般每周输精 2 次，每隔 3~4 天输精 1 次，或一周内连续 2 天，每天输精 1 次均可。每次从采精到输精完成的时间最好不超过 15 分钟。

第九章 山鸡的孵化

与其他家禽一样，山鸡是一种卵生动物，其后代的繁育包括体内种蛋的形成和体外雏鸡的孵化两个阶段。由山鸡亲本进行抱孵，使受精卵（种蛋）的胚胎期在母体外完成发育的过程称为孵化，而人们为了快速地获得大量的山鸡，模仿母鸡孵化的原理，人为地供给温度、湿度、通风等条件，经过一定时间孵出幼雏的过程称为人工孵化。

第一节 山鸡种蛋的管理

山鸡种蛋的管理包括选择、消毒、贮藏、运输等环节。

一、种蛋选择

1. 种蛋来源

种蛋必须来源于健康、高产的种山鸡群，要求种山鸡必须排除白痢病、马立克病、结核病等慢性疾病；外地引进种蛋必须有相关引种证明和兽医检验证明，并查明种蛋来源。

2. 种蛋品质

种蛋越新鲜，蛋黄颜色越鲜艳，浓蛋白比例越高，种蛋品质优良，孵化效果越好。因此，一般以产后一周内的种蛋入孵较为合适，而以 3～5 天为最好；种蛋保存时间愈长，则孵化率愈低。

3. 外观检查

种蛋应大小适中，过大或过小的种蛋会造成孵化率降低或雏鸡弱小。所以，应选择符合蛋重标准的种蛋，一般适于孵化的种蛋重应为 25～35 克，而且种蛋表面应清洁、无裂缝。

4. 种蛋形态

种蛋蛋形以卵圆形、蛋形指数 72%～76% 为最好，蛋形过长或过圆会使雏鸡出壳发生困难。另外，蛋壳异常的种蛋应全部剔除。

5. 蛋壳颜色

相关试验证明，种蛋颜色与胚胎中死率有显著关系，褐色和橄榄色等深颜色种蛋的孵化率显著高于灰色、蓝色等浅颜色种蛋。因此，种蛋选择时，应以褐色和橄榄色等深色种蛋为佳。

二、种蛋消毒

不清洁的种蛋容易附带有害微生物，影响孵化效果及育雏成活率，而对种蛋实施消毒是杀死有害微生物的最有效方法。种蛋的消毒一般在种蛋产出后 30 分钟内和种蛋入孵前，分别进行 1 次。

1. 种蛋产后当天的消毒

一般在种蛋产出后 30 分钟内，种蛋内容物开始收缩前，采用 0.1% 的新洁尔灭溶液喷洒到种蛋表面进行消毒。由于新洁尔灭有较强的脱脂除污和消毒作用，因此，第一次消毒采用这一消毒方法。一般市售新洁尔灭浓度为5%，加50倍的水稀释后即成0.1%的新洁尔灭溶液。

2. 种蛋入孵前的消毒

入孵前种蛋消毒的方法很多，除使用新洁尔灭外，常用的消毒方法还有以下几种。

①福尔马林熏蒸法：将种蛋放入熏蒸柜，整批入孵时可放在孵化机内，按每立方米空间用15克高锰酸钾加30毫升40%甲醛（福尔马林）放入瓷器或玻璃器皿内（先放高锰酸钾、后放福尔马林，不能使用金属器皿）密闭熏蒸30分钟，然后通风排气，但应注意种蛋一经入孵后切忌用甲醛消毒。

②高锰酸钾浸泡法：将种蛋浸泡在0.05%的高锰酸钾溶液中3~5分钟（水温保持在40℃左右），并洗去污物，取出晾干即可。一般用50克高锰酸钾溶解在100千克水中即为0.05%高锰酸钾溶液。

③季铵盐溶液浸泡法：将种蛋浸泡在120毫升/千克的季铵盐消毒液中，此消毒液对革兰氏阳性菌有效，对革兰氏阴性菌效力中等，如在消毒液中加入碳酸钠则可提高消毒作用，并能抑制真菌和病毒，但季铵盐消毒液对人有害，应注意安全。

④过氧乙酸溶液喷雾法：用0.01%~0.04%的过氧乙酸对种蛋进行喷雾消毒，晾干后入孵。过氧乙酸具有杀菌作用快而强的特点，对细菌、病毒、霉菌和芽孢等均有效，但应注意过氧乙酸性状很不稳定，应现用现配。

⑤二氧化氯溶液喷雾法：使用80毫克/千克的二氧化氯温水溶液喷雾消毒种蛋的方法，此法不仅不破坏种蛋蛋壳的护胶膜，而且对减少蛋壳及蛋内细菌数效果最好。

三、种蛋保存

种蛋保存时间及环境条件，对种蛋品质影响很大。

1. 保存时间

种蛋保存时间的长短对孵化率有很大影响，原则上种蛋在孵化前的保存时间最好不超过7天，而且保存时间越短越好。如保存条件适宜时可适当延长保存期，但不能超过2个星期。

2. 保存温度

最新研究结果认为，山鸡胚胎发育的临界温度为0~23.9℃，而且种蛋的保存温度与保存时间呈负相关。高于这一温度，鸡胚开始发育；低于这一温度，鸡胚因受冻而失去孵化能力。实践证明，如种蛋保存期小于一周时，保存温度以15℃左右为宜；保存期在1~2周时，保存温度以12℃左右为宜；如保存期超过2周时，则保存温度以10℃为宜。

3. 保存湿度

种蛋保存环境湿度的高低，可影响到蛋内水分的蒸发速度，湿度低则蒸发快，湿度高则蒸发慢。而要保证种蛋的质量，就应尽量减缓种蛋的水分蒸发，最有效的方法就是增加种蛋保存的环境湿度，一般以相对湿度75%~80%（温度15℃时）为宜；但如湿度过高，则室内物品易霉变。

4. 保存条件

①应建专用的贮蛋库，并设置空调等设备，保持库内清洁、阴凉、通风适当、光线柔和，并不得有鼠害。②种蛋贮存时应大头朝上摆放，并使蛋的长径方向与地面呈45°角。

③保存时间如超过 7 天以上时，应每天翻蛋一次，以防胚胎粘连。④贮蛋库应经常进行熏蒸消毒。

四、种蛋运输

种蛋运输的总体原则是使种蛋尽快、安全地运到目的地。

1. 种蛋的包装

①采用特制的压模种蛋箱，箱内分成多层（盒），每层（盒）又可分成许多小格，每格放一枚种蛋，以免相互碰撞。②采用纸箱或木箱包装，箱内四周用瓦楞纸隔开，并用瓦楞纸做成小方格，每格放一枚种蛋。也可用洁净而干燥的稻壳、木屑等作为垫料来隔开和缓冲种蛋。③种蛋包装时应注意大头朝上。

2. 种蛋运输

①运输方式：长距离时首选飞机，较近距离时可使用火车或汽车。②运输条件：温度最好在 18℃左右，湿度在 70% 左右。③注意事项：应轻装轻放轻卸，避免阳光暴晒，防止雨淋受潮，严防强烈震动。种蛋到达目的地后，应尽快拆箱检验，经消毒后尽快入孵。

第二节　山鸡种蛋的孵化

一、种蛋孵化的时间

在适宜的孵化条件下，各种家禽均有固定的孵化时间，而这一孵化时间的长短主要是由它们的遗传特性决定的。正常情况下，山鸡在人工孵化时的孵化期为 24 天。一般山鸡种蛋在孵化至 22 天时开始啄壳，第 23 天时有少量雏鸡出壳，第 23.5 天时大量出壳，至第 24 天时出壳完毕。

孵化期过长或过短均会对种蛋孵化率和雏鸡品质产生不良影响，而山鸡胚胎发育的确切时间还受多种因素的影响。

1. 蛋形大小

一般情况下，蛋形小的种蛋比蛋形大的种蛋孵化期略短。

2. 种蛋保存时间

种蛋保存时间过长时可使种蛋的孵化期延长。

3. 孵化温度

孵化温度偏高时，可缩短种蛋的孵化期；而偏低时，可延长孵化期。

二、种蛋孵化的条件

1. 温度

温度是山鸡胚胎发育的首要条件。山鸡种蛋在孵化阶段的最适宜温度是 37.5 ~ 38℃，出雏阶段是 37 ~ 37.5℃；温度过高或过低，不仅会影响孵化期，还会影响到胚胎的发育。但不同的孵化方法，所使用的温度范围也有所不同（表 7）。

表7　不同孵化方法的给温制度

孵化方法	给温制度	孵化初期温度	孵化中期温度	孵化后期温度
整批入孵	变温孵化	38.2℃	37.8℃	37.3℃
分批入孵	恒温孵化	37.8℃	37.8℃	37.3℃

在种蛋孵化过程中，还应严格控制孵化室的温度始终保持在20～25℃范围内较为适宜，因为孵化室温度的高低会影响到孵化器内的温度。因此，当孵化室温度高于30℃或低于15℃，应相应地降低或升高孵化温度0.3～0.5℃；还可通过"看胎施温"或"眼皮感温"等方法感知种蛋温度，以便及时调节孵化温度，提高孵化效果。

2. 湿度

湿度对胚胎的发育具有很大的作用，过高或过低的湿度，均会影响到种蛋内水分的蒸发，影响孵化效果，而且孵化后期湿度的高低还会影响到蛋壳的坚硬度和幼雏的破壳（表8）。

表8　不同给温湿制度的湿度要求

给温湿制度	孵化初期湿度（1～10天）	孵化中期湿度（11～21天）	孵化后期湿度（出雏阶段）
变温湿制度	60%～65%	50%～55%	65%～70%
恒温湿制度	53%～57%	53%～57%	65%～70%

孵化期间，孵化室的相对湿度应保持在50%～60%。

3. 通风

孵化过程中的正常通风，可保证胚胎发育过程中正常的气体代谢，满足新鲜氧气的供给，并排出二氧化碳；在种蛋孵化期，胚胎周围空气中的二氧化碳含量不得超过0.5%；而到了孵化后期，由于胚胎需氧量的不断增加，就必须加大通风量，使孵化器内含氧量不低于20%。而且在孵化过程中，还应始终保持孵化室内空气的新鲜和畅通。但孵化过程中的通风与孵化温度、湿度的保持是一对矛盾，加大了通风就会影响到孵化的温度、湿度。因此，必须通过合理的调节通风孔的大小来解决这一矛盾，调节的原则是在尽可能保证孵化器内温度、湿度的前提下，孵化器内的空气愈畅通愈好。

4. 翻蛋

翻蛋可使胚胎均匀受热，增加与新鲜空气的接触，有助于胚胎对营养成分的吸收，避免胚胎与壳膜粘连，促进胚胎的运动和发育并保证胎位的正常。

翻蛋时，一般在孵化阶段每2～3小时翻蛋一次，翻蛋角度达90°；但到落盘后就应停止翻蛋，把胚蛋水平摆放等待出雏。

目前，普遍使用的机器孵化器均安装自动翻蛋装置，只要设置好翻蛋程序，机器就会自动翻蛋；如使用无自动翻蛋装置的孵化器或使用其他方法孵化，则可采用手动翻蛋或手工翻蛋。

5. 晾蛋

在山鸡种蛋的孵化过程中，晾蛋并不是一项必需的程序，而应根据种蛋的表现来决定是否需要进行晾蛋。如果种蛋孵化时，孵化器内入孵种蛋密集、数量较大，而孵化器通风不足或温度偏高；种蛋在孵化到后期时，由于胚蛋自身产热日益增多，容易出现胚蛋积热超温的现象，此时，除了加大通风量外，还应采取晾蛋的措施，每天定时晾蛋2～3次。方法是孵化器停止加热，打开箱门，保持通风，每次 10~15 分钟，将胚胎降温到 32℃ 左右时恢复孵化；如孵化器性能良好，孵化的胚蛋密度不多时，就不必采用晾蛋程序。

三、种蛋孵化的方法

山鸡种蛋的孵化方法可归纳为自然孵化和人工孵化两大类。

1. 自然孵化

自然孵化就是用抱窝母鸡代孵的方法，是小规模山鸡养殖者经常采用的孵化方法。一般采用抱性强的乌骨鸡或家鸡做代孵母鸡。

（1）优点

①抱窝母鸡的母性较强，不必担心失败。②能省去人工孵化必需的温度、湿度调节和翻、晾蛋程序，节省孵化成本和劳动力成本。③是孵化最贵重种蛋的最佳方法，适合于小规模养殖或山鸡的纯系繁育。

（2）缺点

①抱窝母鸡容易成为被孵雏山鸡的传染源。②若抱窝母鸡不足时，会使种蛋贮存时间延长而影响孵化率。

2. 人工孵化

是通过人为控制孵化条件，为山鸡胚胎发育创造良好环境的孵化方法。山鸡种蛋采用人工孵化的方法很多，常用的有机器孵化法、火坑孵化法和热水袋孵化法等。

（1）机器孵化法

是目前最常用的一种山鸡种蛋的孵化方法，有全自动和半自动两种孵化器。

全自动孵化器是山鸡种蛋在孵化过程中，将孵化器设定好各项技术参数，只要电源正常，孵化器就会按照预先设定的程序进行数字化管理，完成孵化过程。

半自动孵化器主要是在温湿度控制或翻蛋等环节还需进行手工操作。

（2）火坑孵化法

是一种利用火坑加热来对种蛋施温，通过对孵化条件的控制来完成孵化过程的方法，是一种技术要求较高的孵化方法。

（3）热水袋孵化法

是对火坑孵化法改进后的一种孵化方法。孵化时，在种蛋和火坑之间增加一层水袋，在保持火坑加热的（温度、湿度不可太高）同时，种蛋的温度主要靠水袋内的水温来调节，并通过对其他孵化条件的控制，完成种蛋的孵化过程。

四、机器孵化的操作方法

1. 孵化器的准备

（1）孵化器的安装与调试

孵化器应由厂家专业人员安装，第一次使用前必须进行 1~2 昼夜的试温运转，主要是检查孵化器各部件安装是否结实可靠；电路连接是否完好；温度控制系统是否正常；温度是否符合要求以及报警系统工作是否敏感等。孵化器试运行正常后，便可入孵种蛋。

为防停电，孵化器最好有备用电源或自备发电机。

（2）温度计的检查方法

将标准温度计与孵化器温度计同时插入 38℃ 温水中，观察温差，如二者相差 0.5℃ 以上，则应更换孵化器温度。

（3）孵化器消毒

孵化器在每次进行孵化前，均应严格消毒，方法是首先用清水刷洗孵化器，再用0.1%的新洁尔灭溶液擦拭，然后将孵化器温度升高到30℃、湿度升高到75%左右，按每立方米容积使用高锰酸钾21克、福尔马林42毫升，密封熏蒸1小时，通风排气后待用。

2. 孵化期管理

（1）种蛋预热

预热就是将种蛋从蛋库内10～15℃的环境下，使其缓缓增温，从而使胚胎从静止状态苏醒过来，有利于胚胎的健康发育。

预热的方法是：在入孵前4～6小时，将消毒过的种蛋大头朝上，整齐码放在蛋盘上，然后放置在20～25℃的房间内即可。在分批入孵的情况下，种蛋预热还可减少孵化器内温度骤然下降的可能性，避免了对其他批次种蛋孵化效果的影响。

（2）种蛋入孵

为方便管理，经过预热的种蛋一般在14时入孵，这将使苗雏的出壳时间集中在白天；如采用分批入孵的方法进行种蛋孵化时，一般以间隔7天或5天入孵1次为宜；每次入孵时，应在蛋盘上贴上标签并注明批次、品种和入孵时间等信息，以防混淆不同批次的种蛋；入孵时最好将新批次种蛋蛋盘穿插在以前批次的中间，以利于蛋温调节，并应特别注意蛋盘的固定和蛋车的配重，防止蛋盘滑落或蛋车翻车。

（3）孵化温度、湿度的控制

①全自动孵化器能自动显示孵化器内的温度和湿度，半自动孵化器的门上装有玻璃窗，内挂有温度计和干湿度计，孵化时应每2小时观察一次温度和湿度并作好记录。②孵化器内各部位温度差不能超过±0.20℃，湿度不能超过±3%。③对已经设定好的温湿度指示器，不要轻易调节，只有在温度和湿度超过最大允许值时，才能予以调整。④当孵化器报警装置启动时，应立即查找原因并加以解决。⑤调节孵化器内湿度的方法是增减孵化器内的水盘或向孵化器地面洒水或直接向孵化器内喷雾。

（4）断电时的处置

孵化过程中万一发生停电或孵化器故障时，应根据不同情况采取相应措施。

①外部气温较低、孵化室温度在10℃以下时，如停电时间在2小时以内，可不作处置；如时间较长时，应采取其他方法加温，使室温达到25～30℃，适当增大通风孔并每半小时翻蛋一次。②外部气温超过30℃、孵化室温度超过35℃时，如胚龄在10日龄以内时可不作处置；如胚龄大于10日龄时，应部分或全部打开通风口，适当打开孵化器门，每2小时翻蛋一次，还应用眼皮测温法经常检查顶层蛋温，并据此调节通气量，防止烧蛋。

3. 出雏期管理

（1）落盘与出壳

山鸡种蛋孵化到21日龄时，将胚蛋从孵化器的孵化盘中移入出雏盘的过程称为落盘。在将种蛋落盘时应适当提高室温，同时，应注意动作要快。

在进行大群配种种蛋落盘时，只需将不同品种的种蛋分别移到不同出雏盘中，并注明品种即可；而对小群配种的种蛋，则应将同一母鸡所产种蛋装于一个纱布袋中，并注明相关信息，同时，必须按个体孵化记录的顺序进行，以免出现差错。

　　种蛋孵化至 23 天时开始出现大量雏鸡啄壳出雏，此时，应注意加强观察，若发现有雏山鸡已经啄破蛋壳、而且壳下膜已变成橘黄色、但破壳困难时，应施行人工破壳。方法是从啄壳孔处剥离蛋壳 1/2 左右，把雏山鸡的头颈拉出后放回出雏箱中继续孵化至出雏完成。

　　（2）捡雏

　　当出雏器内种蛋有 30% 以上出壳时可开始拣雏。捡雏时动作要迅速，同时，还应捡出空蛋壳，以防套在未出雏种蛋上影响出壳；捡雏一般每隔 4 小时实施 1 次，并将捡出的雏苗放置在铺有软草的容器内，放在温度在 34～35℃、离热源较近、黑暗的地方；捡雏时还应注意避免出雏器内温度急剧下降，影响出雏。

　　对小群配种的种蛋，应按不同的纱布袋进行捡雏并放置在不同的容器内，同时，还应做好相应的标注及相关信息的登记。大群配种的雏鸡只需将不同品种雏鸡的每次捡雏数量记录在记录表上即可。

　　（3）清扫与消毒

　　出雏完成后必须对出雏器及其他用具进行清洗和消毒。

　　方法是在对出雏器及出雏盘、水盘等进行彻底清洗后，用高锰酸钾和福尔马林熏蒸消毒 1 小时。

五、孵化记录

　　孵化记录中一般应包括温度、湿度、通气、翻蛋等管理情况，以及照蛋、出壳情况和苗雏健康状况等，并计算受精率和孵化率等孵化生产成绩。

　　受精率是指受精蛋（入孵蛋数 - 无精蛋数）除以入孵蛋数的百分率。

　　受精蛋孵化率是指出雏数除以受精蛋数的百分率。

　　入孵蛋孵化率是指出雏数除以入孵蛋数的百分率。

第三节　孵化效果的检验

一、山鸡胚胎的发育过程

　　如果孵化条件适宜，山鸡胚胎正常的发育情况见表 9。

表 9　山鸡胚胎发育不同日龄的外部特征

孵化天数	发育特征
第 1 天	照检：无变化。剖检：胚胎边缘出现血岛、胚胎直径 3 毫米
第 2 天	照检：无变化。剖检：胚盘出现明显的原条，淡黄色的卵黄膜明显、完整。胚胎直径 8 毫米
第 3 天	照检：无变化。剖检：心脏开始跳动，血管明显，卵黄膜明显、完整
第 4 天	照检：胚胎周围出现明显的血管网。剖检：卵黄膜破裂，出现小米粒大小透明状的脑泡
第 5 天	照检：胚胎及血管像个"小蜘蛛"。剖检：可见灰黑色眼点，血管呈网状
第 6 天	照检：可见黑色眼点。剖检：胚体弯曲，尾细长，出现四肢雏形，血管密集，尿囊尚未合拢
第 7 天	照检：同第 6 天，但血管网明显，布满卵的 1/3。剖检：羊膜囊包围胚胎，眼珠颜色变黑

（续表）

孵化天数	发育特征
第 8 天	照检：胚胎不易看清，半个蛋表面已完全布满血管。剖检：胚胎形状同第 7 天，羊膜囊增大，内脏开始形成，脑泡明显增大，嘴具雏形，尚无喙的形状
第 9 天	照检：同第 8 天。剖检：羊囊膜进一步增大，四肢形成，趾明显，有高粱粒大小的肌胃
第 10 天	照检：同第 9 天。剖检：脑血管分布明显，眼睑渐成形，胸腔合拢。肝脏形成
第 11 天	照检：血管网布满蛋的 2/3，但大多数不甚清楚，颜色较暗。剖检：喙较明显，腹部合拢，腿外侧出现毛囊凸起，肝变大呈淡黄色
第 12 天	照检：整个蛋除气室以外都布满血管。剖检：出现喙卵齿，大腿外侧及尾尖长出极短的绒毛。肌胃增大，肠道内有绿色内容物，肛门形成
第 13 天	照检：同第 12 天。剖检：背部出现极短的羽毛
第 14 天	照检：血管加粗，颜色加深，蛋内大部暗区。剖检：体侧及头部有羽毛出现
第 15 天	照检：暗区增大。剖检：除腹部及下颌外其他部位均披有较长的羽毛。喙部分角质化，出现胆囊
第 16 天	照检：暗区增大。剖检：喙全部角质化，眼睑完全形成，腿出现鳞片状覆盖物，爪明显，蛋黄已部分吸入腹腔
第 17 天	照检：同第 16 天。剖检：整个胚胎被羽毛覆盖
第 18 天	照检：小头看不到红亮的部分，蛋内全是黑影。剖检：羽毛及眼睑完全，有黄豆粒大小的嗉囊出现
第 19～20 天	照检：同第 18 天。剖检：胚胎类似出雏时位置，即头在右翼下，闭眼
第 21 天	照检：气室向一方倾斜。剖检同第 20 天
第 22 天	照检：蛋壳膜被喙顶起，但尚未穿破。剖检：蛋黄全部吸入腹内，蛋壳有少量的胎衣，呈灰白色
第 23 天	照检：喙穿入气室。剖检：眼可睁
第 23.5～24 天	孵出雏山鸡

二、山鸡种蛋孵化效果的检查

1. 照蛋

是用照蛋器的灯光透视胚胎发育情况的一种检查方法，其方法简便，效果准确，是山鸡种蛋孵化过程中检查孵化效果最常用的一种方法。

（1）头照

一般在种蛋孵化至第 7 天时进行，照蛋时应把无精蛋、破损蛋及时剔除，以防止这部分无生命蛋因变质、发臭或爆裂等污染孵化器，同时，还可腾出一部分孵化器空间，便于空气流通。

照蛋时，无精蛋一般可见蛋内透明，隐约可见蛋黄影子，没有气室或气室很小；中死蛋可见蛋内有血环、血块或血弧，蛋内颜色和气室变为混浊。

（2）抽检

如果孵化正常时，可以不做这次检查。一般是在种蛋孵化至第 12 日龄时，抽出几盘蛋进行照检，以检查胚胎发育情况是否正常。此时照检，可见正常胚蛋锐端布满血管，如照检见锐端淡白则表示胚胎发育缓慢，应适当调整孵化条件。

（3）二照

二照一般在落盘时进行，主要是检查胚胎的发育情况，并检出死胚蛋和弱胚蛋。此时照检可以看到发育良好的胚蛋，除气室外胚胎已占满整个胚蛋，气室边缘界限弯曲、血管粗大、可见胚动；弱胚蛋可见气室较小、边界平齐；死胚蛋则看不见气室周围的暗红色血管、气室边界模糊，胚蛋颜色较淡、锐端颜色则更淡。

2. 种蛋失重测定

主要是测定种蛋在孵化过程中蛋内水分的蒸发造成的蛋重变化情况。测定的方法是定期称取种蛋的重量。山鸡种蛋孵化过程中的失重情况见表 10。

表 10　山鸡胚蛋失重情况表

孵化日龄	胚蛋失重情况
第 6 天	2.5% ~4.5%
第 12 天	7.0% ~8.0%
第 18 天	11.0% ~12.5%
第 21 天	12.7% ~15.8%
第 24 天	19.0% ~21.0%

如果山鸡胚蛋的失重情况超过表 9 的变化范围，则提示孵化过程中湿度可能过高或过低，应作适当调整。

3. 观察出壳雏鸡

在胚蛋落盘后应认真记录雏鸡的啄壳和出壳时间，仔细观察雏鸡的啄壳状态和大批出雏时间是否正常。雏鸡出壳后还应细心观察雏鸡的健康状况、体重大小以及活力和蛋黄吸收状况，并注意观察畸形和残疾等情况，以检验孵化效果，并为育种提供依据。

4. 剖检死胚

解剖死胚常可发现许多胚胎的病理变化，如充血、贫血、出血、水肿等，并可以确定胚胎的死亡原因。剖检时首先判定胚胎的死亡日龄，并注意观察皮肤及内部脏器的病理变化，对啄壳前后死亡的胚胎应观察胎位是否正常。

三、山鸡种蛋孵化效果分析

由于各种原因，山鸡种蛋（受精蛋）的孵化率不可能达到百分之百。造成山鸡胚胎死亡的原因很多，但主要有种蛋因素和孵化因素两个方面。

1. 种蛋因素（表 11）

表 11　种蛋因素造成孵化不良的原因分析

原因	新鲜蛋	第一次检蛋	打开蛋检查	第二次检蛋	死胎	初生雏
维生素 D 缺乏	壳薄而脆，蛋白稀薄	死亡率有些增高	尿囊生长缓慢	死亡率明显高	胚胎有营养不良特点	出壳拖延，幼雏软弱
核黄素缺乏	蛋白稀薄	—	发育有些迟缓	死亡率增高	胚胎营养不良，羽毛蜷缩，脑膜浮肿	很多雏鸡软弱，胫及肢麻痹，羽毛蜷缩
维生素 A 缺乏	蛋黄色浅	无精蛋增多，死亡率增高	生长发育有些迟缓	—	无力破壳或破壳不出而死	有眼病的弱雏多

（续表）

原因	新鲜蛋	第一次检蛋	打开蛋检查	第二次检蛋	死胎	初生雏
保存时间过长	气室大，系带和蛋黄膜松弛	很多鸡胚在1~2天死亡，剖检时胚盘表面有泡沫出现	发育迟缓	发育迟缓	—	出壳时期延迟

2. 孵化因素（表12）

表12　孵化因素造成孵化不良的原因分析

原因	第一次检蛋	打开蛋检查	第二次检蛋	死胎	初生雏
前期过热	多数发育不良，有充血、溢血、异位现象	尿囊早期包围蛋白	—	异位，心、胃、肝变形	出壳早
温度不足	生长发育迟缓	生长发育迟缓	生长发育迟缓，气室界限平齐	尿囊充血、心脏增大，肠内充满蛋黄和粪	出雏期限拖长，站立不稳，腹大、有时下痢
孵化后半期过热	—	—	破壳较早	在破壳时死亡多，不能很好吸收蛋黄	出壳早而时间拖长，雏弱小，黏壳，蛋黄吸收不好
湿度过高	—	尿囊合拢延缓	气室界限平齐，蛋黄失重小，气室小	嘴黏附在蛋壳上，肠、胃充满黏性液体	出壳期延迟，绒毛黏壳，腹大
湿度不足	死亡率高，蛋重失重大	蛋重失重大，气室大	—	啄壳困难，绒毛干燥	早期出雏绒毛干燥，黏壳
通风换气不良	死亡率增高	羊膜液中有血液	羊膜囊液中有血液，内脏器官充血及溢血	在蛋的小头啄壳	—
翻蛋不正常	蛋黄黏附于蛋壳上	尿膜囊没有包围蛋白	在尿囊外具有黏着性的剩余蛋白	—	—

3. 死亡规律分析

山鸡种蛋在孵化过程中总会有一些胚胎会发生死亡，而且其死亡的比例与孵化的各个阶段和孵化率的高低有很大的相关性（表13）。

表13　一般死亡规律表

孵化水平	孵化过程中死蛋占受精蛋数的百分率		
	1~7天	8~20天	21~24天
90%左右	2%~3%	2%~3%	4%~6%
85%左右	3%~4%	3%~4%	7%~8%
80%左右	4%~5%	4%~5%	10%~12%

以此死亡规律，对照每一批种蛋的孵化结果，确定种蛋发生问题的时间范围，便于进一步查找死亡原因。一般情况下，如果中、前期死亡率增高，则可能是种蛋原因居多；如后期死亡率增高，则可能孵化技术是主要原因。

第三篇

肉鸽饲养与繁育技术

第三篇

第一章 肉鸽的生物学特性

肉鸽是一个比较特殊的禽类品种，在养殖过程中，饲养人员除必须要了解和掌握肉鸽的身体结构和生理特征外，还要熟悉不同品种肉鸽的行为习性，才能科学饲养管理，进行选种和育种，正确地解决饲养中出现的问题，使肉鸽健康生长，以取得更好的经济效益。

一、肉鸽的体型外貌

肉鸽的身体与任何鸟类一样，可分为头部、颈部、胸部、背部、翼部、腹部、腰部、尾部、腿部九大部分。肉鸽的外型、各部位名称、骨骼系统、消化器官的构造见图3、图4、图5。了解和掌握肉鸽的身体结构和生理特征对以后养殖肉鸽会有一定的帮助。

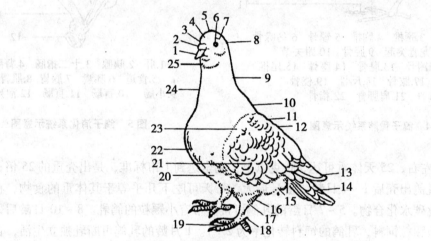

1.喙 2.鼻孔 3.鼻瘤 4.前额 5.头顶 6.眼环 7.眼球
8.后头 9.颈 10.肩 11.背 12.鞍 13.主翼羽
14.尾羽 15.腹部 16.踝关节 17.胫 18.距 19.趾
20.胸 21.翼 22.胸前 23.肩羽 24.颈前 25.咽部

图3 鸽子各部位名称

二、肉鸽的生长发育规律

鸽的一生一般可分成受精、蛋、蛋的孵化、雏鸽、童鸽、青年鸽、成年鸽等阶段。肉鸽的生长发育分为乳鸽期、育成期、成熟期、成鸽期和老鸽期。掌握肉鸽的生长发育规律对饲养者今后肉鸽养殖的饲养管理会有积极的意义。

1. 乳鸽期（出壳至离巢）

从鸽蛋中孵出至离巢出售前（1月龄以内的），这一段称为乳鸽（又称雏鸽或幼鸽）。初出壳的乳鸽，眼睛未睁开，体表只有初生的黄绒羽毛，不会行走和自行采食，需要靠亲鸽哺育才能成活。乳鸽靠亲鸽产出的鸽乳哺育长大的，早期生长速度特别快，一般出壳的乳鸽

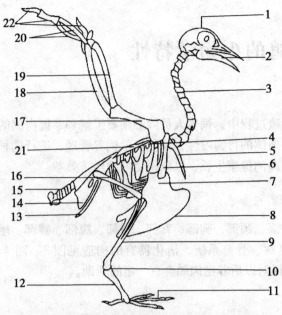

1.头骨 2.舌骨 3.颈椎 4.胸椎 5.锁骨 6.鸟喙骨
7.胸骨 8.龙骨突起 9.胫骨 10.跗关节
11.趾骨 12.蹠跗骨 13.耻骨 14.座骨 15.尾椎
16.股骨 17.肱骨 18.尺骨 19.桡骨
20.腕掌骨 21.肩胛骨 22.指骨

图4 鸽子骨骼系统示意图

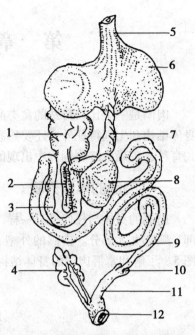

1.肝 2.胰腺 3.十二指肠 4.肾脏
5.食道 6.嗉囊 7.腺胃 8.肌胃
9.小肠 10.盲肠 11.直肠 12.泄殖腔

图5 鸽子消化系统示意图

体重只有20克左右，25天体重可达500克以上，完全达到上市标准，是出壳重的25倍；饲料利用率高，乳鸽出壳后1~4日龄，食量最大，每天可吃下几乎等于其体重的食物，在这几天几乎不消化碳水化合物。5~7日龄的乳鸽可接受带有小颗粒的鸽乳。8~10日龄后，鸽乳中基本是原粮颗粒饲料，乳鸽的饲料转化率为2：1。1月龄的乳鸽可断乳独立生活，自己开始找食，此时开始长毛，活动增加，体重开始减轻，一般要轻100~150克。根据这一生长发育特点，应选择乳鸽在25~28天时上市出售，经济效益较高。

2. 育成期（离巢至性成熟）

育成期是指乳鸽离巢到性成熟这段时期。有的鸽场把育成期又划分成童鸽和青年鸽两个阶段。童鸽是指离巢后的乳鸽，为1~2个月龄的幼年鸽；青年鸽又称育成期鸽，是指3月至6月龄的幼鸽。通常2个月龄后的童鸽称青年鸽。

（1）童鸽

离巢后的乳鸽（1~2月龄的）称童鸽。童鸽是由亲鸽细心照料下生活过渡到自己独立采食、饮水、独立生活的转折点，童鸽适应环境能力和消化饲料的能力较差，体质下降，抵抗能力减弱，易发病。因此，要注意精心护养和预防疾病。

（2）青年鸽

2月龄后的童鸽（3~6月龄的）称青年鸽。青年鸽在3~6月龄时，活动能力及适应能力增强，鸽羽毛已被盖全身，颈部羽毛开始有光泽，消化机能增强，骨骼和肌肉急剧生长，生殖器迅速发育，一些雄鸽开始求偶，追逐雌鸽，这表明鸽的性已成熟。这是生长发育的重要阶段，为鸽子将来的生产性能奠定基础。此时，应把公、母分群饲养，防止早配早产，以免影响生产鸽的生产性能。

3. 成熟期（性成熟至生理成熟）

是指鸽子性成熟到生理成熟这一段时期。此期鸽子生殖器官已完全发育成熟，但身体仍在生长发育，其体重仍不断增加。一般比离巢时鸽子体重要增加 100～150 克。到 1 岁时，身体基本定型。一般从 6～7 月龄开始，已配对投产的鸽子称为种鸽（又称生产鸽、产鸽，可称繁殖适龄鸽）。此阶段特别需要加强培育。尤其是母鸽，一方面要注意补充产蛋营养需要，另一方面也要注意补充身体发育所需要的营养。

4. 成鸽期（生理成熟至开始衰退）

是指鸽子生理成熟到开始衰退这一段时期，可称老龄鸽。此时，鸽体的各种组织器官相对稳定，生产性能也较高，应在保持鸽体健康的基础上，尽可能充分利用它们的育种价值和经济价值。

5. 老鸽期（开始衰退至死亡）

指鸽子开始衰老到死亡这一段时期。鸽子的生殖机能开始衰退，代谢水平、饲料利用率和生产性能剧烈下降。除少数优良种鸽外，一般无饲养价值。

三、肉鸽的换羽顺序

肉鸽是晚成鸟，出生后 1 月龄左右才能独立饮食，出壳时眼睛未睁开，4～7 天睁眼。出壳的鸽子需要亲鸽以嘴哺鸽乳。雏鸽出壳时，几乎没有羽毛，但覆以初生绒毛，通常几天内羽毛长出，羽片开始形成。到 28 日龄，雏鸽羽毛基本长齐，这些羽毛很快更换。一般雏鸽在 1.5～2 月龄时，开始由里向外更换第一根主翼羽，以后每隔 13～16 天两翅各更换一根主翼羽。换到 8～9 根主翼羽时，幼鸽可达到性成熟阶段，此时，幼鸽一般在 5～6 月龄，所以主翼羽更换情况，可作为判别幼鸽月龄的参考。副翼羽一般在主翼羽换到 6～7 根时开始由里向外更换（图6）。主翼羽和副翼羽一般在 10 根左右，公鸽 3 月龄时便开始有雄性象征，但一般认为，初产鸽在 6 月龄左右配对较好。了解肉鸽的换羽顺序对以后在养殖肉鸽时，鉴别鸽子年龄具有指导意义。

四、肉鸽的生活习性

肉鸽的行为等生活习性是由外界环境的长期影响而逐步形成的。肉鸽有不同于其他家禽的独特的生活习性。

1. 群居性、适应性

肉鸽喜欢群居生活。鸽的适应范围很广，适应性很强，包括地域性、气温、湿度、海拔高度、饲料种类、饲养方式等。鸽子是温血脊椎动物，其体温通常为 41.8℃ 左右。据报道，鸽能耐 40℃ 酷暑和 −40℃ 严寒。我国长江以南和东北的饲料类型差异很大，但是，鸽子经食性驯化后，很快能适应新的饲料条件；鸽具有喜干燥、怕潮湿，喜清洁、怕污浊，喜安静、怕惊扰等特性。在肉鸽饲养中要择其所好，顺其所性，废其所恶。

2. 恋巢性

肉鸽十分留恋自己的巢窝，通常配对好的成鸽只居住一个固定的鸽巢，不会轻易"搬家"，根据鸽的这一特性，特别是孵蛋和喂哺幼鸽的种鸽，不要随便迁巢窝和鸽舍，换巢后亲鸽会遗弃鸽蛋和雏鸽，造成生产上很大损失。故在饲养中要合理安排，适当地掌握肉鸽的

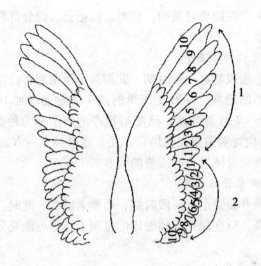

1.主翼羽　2.副翼羽　3.尾羽

图6　鸽子翼羽及尾羽构造与换羽顺序

饲养密度。一般乳鸽达到 28 日龄时，亲鸽将停止哺喂，并出现赶幼鸽出窝的行为，称为驱巢。

3. 选偶特性

肉鸽是单配偶的鸟类，即一公一母成为一对，是"夫妻鸟"。雌雄鸽在挑选自己心爱的对象时，其选择性很强，不是任何雌雄鸽见面后都能"相爱"。必须满足双方的选择条件，彼此都感到满意后才能结合。所以，必须在雌雄双方交配最强盛期或采用配对笼进行配对。鸽选偶配对须经过结识、钟情、配对、巩固 4 个连贯的行为过程。鸽子通常是固定配偶，且公母单配，一旦作为配偶后，便形影不离，"飞鸣相依"，有人观察后认为，鸽子比鸳鸯更忠贞。

4. 交配特性

肉鸽保持"一夫一妻制"，与其他禽类的交配行为很不相同。鸽必须经过亲和（求爱）、接吻、爬跨、欢跃 4 个交配行为固定程序（又称交配仪式）。哪一个程序没有完成都不能实现两性间的交配，也就不能进行鸽的繁殖。

5. 繁殖特性

肉鸽繁殖和生活的最大特点是"一夫一妻制"，是"夫妻鸟"。与其他禽类不同，鸽性成熟并不是具备繁殖能力的标志，而必须经雌雄配对后，才能真正具备繁殖能力。因此饲养人员若没有一定的配对技术就无法完成选种选配任务，也就得不到理想的养鸽效益。

6. 哺育行为

肉鸽的哺育行为是鸽类繁育中的重要行为，在养殖生产中十分重要。

（1）共同筑巢

鸽子的这一繁育上的特性与其他家禽完全不同。当公、母鸽交配后，就会共同寻找筑巢材料，构筑它们的巢窝。现在养鸽场中，均用人工巢盆代替鸽子自己营巢。巢窝筑好后，雄鸽还具有"驱妻"行为，会迫使雌鸽留在巢中产蛋。一般雌鸽在交配 2~3 次后，7~8 天内就会产蛋。通常母鸽每窝产蛋 2 枚。2 个蛋中基本上能孵出一雌一雄的两只雏鸽。第一枚蛋在 16 时~17 时产出，大多数间隔约 44~48 小时后产第二枚蛋。产下第二枚蛋后，公母鸽开始轮流孵蛋。

（2）孵蛋

肉用鸽孵蛋为公母鸽轮换孵蛋。公鸽白天孵蛋，从 9 时左右到 16 时左右，母鸽晚间孵蛋，从 16 时左右至翌日 9 时左右。鸽子的孵化期一般是 18 天左右。

（3）哺育乳鸽

初出壳的雏鸽重 20 克左右，雏鸽属于晚成雏，全靠父母鸽的照料，它们都能产生鸽乳，用嘴对嘴的方法，哺育雏鸽。所以雏鸽又常常被称为乳鸽。通常在雏鸽出壳后的 1~3 天鸽乳最多，以后逐步减少，7 天后开始消失，亲鸽喂给雏鸽鸽乳 5 天后，亲鸽嗉囊中软化的食物会逐渐代替鸽乳。当乳鸽到 30~35 日龄时可离巢。

（4）实际养殖过程中应注意的问题

①人工巢盆：人工巢盆应作成碗形，要有一定的重量，要放地平稳，垫料要柔软，有良好的保温性、弹性和通气性，做成微凹形，以免蛋或乳鸽落到窝缘外侧，造成不可挽回的损失。

②助产：受精蛋经过 18 天孵化，雏鸽会啄破蛋壳脱颖而出。但也有的雏鸽出不了壳，可人工帮助出壳。其方法有 2 种：将鸽蛋放在温水中浸泡 1 分钟，浸湿黏在蛋壳上的胎毛，使之容易出壳；或者轻轻剥开大端的蛋壳，剥到有血管处即停止，重新放回巢盆中，让亲鸽继续孵化，几小时后雏鸽就可出壳。

③应及时隔开乳鸽与亲鸽：当乳鸽 20 日龄后，可将乳鸽与亲鸽分开。肉用鸽就可开始下第二窝蛋。可以把乳鸽放到另一个巢盆内，使亲鸽不受干扰，种蛋不易被踩破，继续孵化。

④根据生产需要重新拆对：鸽子是"一夫一妻制"，根据生产需要，可以拆散亲鸽，重新配对。

7. 采食行为

肉鸽主要采食饲料、保健砂、水等。在不同时期采食行为也不同。

（1）乳鸽的采食行为

乳鸽是完全依靠亲鸽所吐的鸽乳喂养大的。①乳鸽孵出后 1~2 小时内，主要吸收卵黄囊。2 小时后，乳鸽开始抬头寻找食物。亲鸽此时感觉到了它的活动，于是开始给它哺饲。第 1 周内乳鸽主要是频繁地抬头和张嘴，靠亲鸽哺饲。②乳鸽在 10~15 日龄时，用喙反复啄亲鸽求食。此时亲鸽张开口，乳鸽将整个喙插入其口内，接受亲鸽呕食。③在 3~5 周龄时，自己学会啄食饲料。

（2）童鸽的采食行为

一般在投饲料 5 分钟内，鸽群互相抢食，十分紧张。15 分钟时还有 25% 的鸽子啄食。20 分钟时只有 15% 的鸽子啄食，其他的鸽子进行饮水和啄食保健砂活动。

（3）哺乳种鸽的采食行为

其采食程序是：采饲料—采保健砂—饮水—哺乳鸽—饮水。亲鸽用于每餐采食的时间为 8~21 分钟。哺乳种鸽的采食行为有一个重要特点，就是采食后一定要饮水才哺喂乳鸽。

（4）孵蛋鸽的采食行为

孵蛋鸽采食时间短，采食行为简单，采食量少。没有到轮换时间，一般很少离巢采食，即使离巢采食，通常也是匆匆地啄几粒，又立刻回巢继续孵蛋。

（5）嗜盐

肉用鸽有嗜盐的习惯，特别是哺育乳鸽时，所以在饲养肉鸽时，必须在保健砂或在水中加入 2%~5% 的食盐。每只成年鸽每天需要 0.2 克的食盐，但食盐过多也会引起中毒。

（6）饮水习性

肉用鸽饮水与其他禽类不同，饮水时，喜欢将半个头浸没在水中，关闭鼻孔，靠嘴的几次张合，一气喝足。因此，必须有一定水深的饮水器。鸽子一般是采食之后饮水，哺喂乳鸽的亲鸽必定在饮水之后才能吐出食物哺喂乳鸽。对育雏期的种鸽应保持供水不断，饮水要每天更换，并保证水质清洁。

8. 洗浴习性

洗浴是鸽子一个重要的生理活动，凡遇到有水的条件，鸽子就有洗浴要求，洗浴可清洁羽毛和皮肤。

9. 鸽以植物籽粒为主食的习性

鸽不论是野生还是家养，都以植物性原粒种子为食。目前，国外和国内有些单位对肉用鸽进行饲喂人工配合颗粒饲料试验，把各种饲料按照营养比例配合加工成颗粒饲料，饲喂肉用鸽，生长发育与繁殖均正常。

10. 鸽子记忆力强、警觉性高的特性

鸽子的记忆力很强，包括对鸽舍、巢窝的记忆，对配偶的记忆，对颜色的识别与记忆，对饲养员及呼叫信号的记忆等等。鸽子喜欢黄色、白色，不喜欢红色，因此，在鸽舍等环境色彩上要给予注意。

鸽子的警觉性高，胆小懦弱。应该把鸽子养在安静、安全、固定的环境中，一般不让生人进场。在进行并蛋孵化、并雏哺喂等操作时，应由熟悉它们的饲养员来完成。

11. 鸽的领域行为

肉鸽的领域行为很强烈，尤其在产蛋孵化时的领域行为表现最突出，雌雄鸽均有。笼养种鸽受到上下左右笼的鸽子侵扰时，它们仍表现出为捍卫领地而喙击对方的本能。

第二章　鸽场建设

第一节　肉鸽对环境的基本要求

当今人们饲养的家鸽是由野鸽经人类长期驯养而成的，而与家鸽关系比较密切的野鸽有原鸽、岩鸽、欧鸽、点斑鸽和斑尾林鸽等。

目前，世界上的家鸽品种（品系）不下 1 500 种，这些品种（品系）的分类方法有好几种，其中，最常用的方法是按照经济用途将鸽子分为肉鸽、观赏鸽和信鸽。

肉鸽在进化过程中，由于长期受外界环境的影响，逐渐形成了许多与环境相适应的特点，所以要想养好鸽子，首先必须熟悉鸽子对其生活环境的基本要求，以便在生产中基本满足其对环境的要求。

一、安全、安静

肉鸽的警觉性很高，记忆力强，而且非常胆小，在受到意外的声响刺激或受到猫、鼠等侵扰时，鸽群就会出现惊慌骚乱，甚至出现炸群现象，所以鸽子必须饲养在安全、安静的环境中，确保养鸽场的正常运转。

二、固定的生活场所

鸽的记忆力极好，对方向、饲养员、鸽舍的用具及饲养规律有很好的记忆。如果饲养环境经常改变，或饲养管理没有规律，则不利于肉鸽建立良好的条件反射，影响生产性能的发挥。

三、喜清洁

鸽喜欢干净，并经常梳理羽毛保持干净，不喜欢接触粪便和污土，不喜欢在不干净的地面上活动，因此，要保持鸽子饲养环境的清洁卫生。不洁的环境有利于细菌的繁殖和疾病的传播，不利于搞好鸽场的疫病防治工作。

四、鸽舍要通风、干燥

鸽喜欢空气良好、通风干燥的生活环境，对高温和低温都有一定的抵抗能力，但最怕环境的潮湿与闷热，所以建造鸽舍时应注意鸽舍的通风情况。另外，鸽舍应该冬暖夏凉，光线充足。

第二节　肉鸽场的选择与布局

肉鸽场场址的选择与建筑布局是否合理，对肉鸽生产潜力的发挥，饲养管理人员的操作有着很大的影响。

一、肉鸽养殖场的场址选择

场址对肉鸽的建设投资、投产后的生产性能发挥、生产成本及经济效益、周围环境等起着重要的作用，一般在选择场址时应考虑下列因素。

1. 地形和地势

养殖场的选址应符合属地政府有关部门总体规划和布局的要求。必须选择在生态环境良好、无或不直接受工业"三废"及农业、城镇生活、医疗废弃物污染的生产区域。还应避开水源防护区、风景名胜区、人口密集区等环境敏感地区。必须选择地势较高、硬质坡地、排水良好、有新鲜的空气和充足的阳光、背风的平缓地形建鸽场。

2. 水源和水质

鸽子饮水量（尤其在夏天）是很多的，在气温28℃以上时，一只成年鸽24小时的饮水量约为150~250毫升。所以无论是地面水或地下水，都要保证鸽场充足的水量。水质要求良好，没有病菌和"三废"的污染，最好使用自来水，因为水质的好坏，直接影响鸽子的健康和生产性能。

3. 电源和交通

肉用鸽场的照明用电、工作人员生活区的用电、笼养鸽需要电源进行人工光照，以及人工孵化和人工育雏都需要较多的用电，所以，鸽场建筑要选择电力供应充足的地方。饲料及设备用具的购置，种鸽和商品鸽的购销，都要求有畅通的公路和水路，但是，又要有利于防疫，又能使鸽场保持安静（因为鸽子胆小易惊），所以鸽场最好不要建在交通道路旁边，最好离道路500~1000米，甚至更远些。

4. 远离居民点及其他禽畜场

鸽场需要安静，因居民点是极喧闹的地区，为了防止畜禽共患疾病的互相传染和保证鸽群有安静的生产和生活环境，鸽场建筑还应符合：周围1000米内无其他禽畜养殖场、屠宰加工厂，远离交通主干道，距离居民聚居区1000米以上，距离河流500米以上，有利于动物卫生防疫和养殖场废弃物的无害化处理等环境条件。

二、肉鸽养殖场的布局要求

养殖场的设施布局应合理。应参照《禽畜场场区设计技术规范》的相关规定并结合肉鸽养殖的需求特点实施。

①养殖场周围应该设防疫墙或防疫沟：距一般建筑物的间距不应该小于3.5米，距鸽舍的间距不应该小于6米。

②应按生活管理区、生产区、隔离区3个功能区布局：各功能区周边建有围墙和相当围墙功能的隔离设施（绿化带），界限分明。

③场区内与外界接触要有专设道路相通：场内应设净道、污道和专用通道，三者严格分开不得交叉设置。

④生活管理区设在场区内常年主导风向上风处，应设主大门及消毒池：区内建有生活、办公设施和兽医室、饲料库、车库等与外界接触密切的生产辅助设施。

⑤生产区设有：雏鸽人工哺育、后备留种青年鸽和种鸽生产繁育三种禽舍区域。门口处设有员工消毒更衣或淋浴室。各区域和各鸽舍入口处设置消毒池或类同消毒的设施。

⑥隔离区应设在场区内常年主导方向下风处：建有病死禽尸体解剖室，应符合《畜禽

病害肉尸及其产品无害化处理规程》的规定；废弃污物、鸽粪便无害化处理应符合《粪便无害化卫生标准》；污水处理设施应符合《禽畜养殖业污染防治技术规范》的标准规定。

⑦建有专用的引种隔离鸽舍：作为不少于21天限时健康防疫观察的隔离鸽舍。

三、肉鸽鸽舍的类型

肉鸽鸽舍建筑的形式与基本要求：鸽舍朝向应该考虑到采光、干燥、通风以及当地的常年主导风向，以朝南为首选。结构则要顾及采光、干燥、通风、冬暖夏凉，又能防飞鸟及小动物进入的网状物设置。

1. 种鸽单列全敞遮幅式鸽舍（图7）

适应于常年气温环境条件变化较为稳定的地区。属经济型，建议采用框架结构的鸽舍。人字形屋架，舍高3米，内宽2.5米，中间工作通道宽1.2米，通道两边各叠放单列三层繁殖鸽笼，笼下地面由内高外低成45°坡，便于清扫鸽粪便及卫生工作。两侧单列鸽笼的底层离地面最高处间距30厘米，45°坡底处设深10~15厘米排水沟，倾斜度满足于场内排污沟保持畅通，排放出场的水质经净化处理必须符合《污水综合排放标准》的规定。两侧单列鸽笼外侧均为敞式，设置可上下拉动、采用透光塑料管布或尼龙的软性遮幅材料，起到遮挡冬寒和风雨的作用。通风处则可设置网状物，以防鼠害及飞鸟进入。笼舍长根据饲养员的饲养量而定，一般以每人饲养500对为宜。笼舍长度可设计成45~50米，笼舍进出口处设宽2.5米，进深2米的工作准备间。

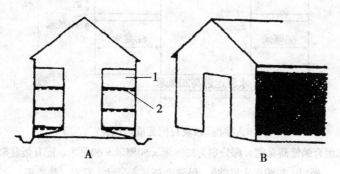

图7　种鸽单列全敞遮幅式鸽舍

2. 种鸽双列封闭窗式鸽舍（图8）

适用于气候条件较为复杂多变的环境和地区。是一种砖瓦结构，带有自然通风气窗式传统型禽舍。人字形屋架，舍高3米，四面设有围墙。舍内宽5.6米，设立3条工作通道。中央1.2米通道两侧各设种鸽笼成双列式背靠背叠放3层，双列式鸽笼靠墙的两侧又各设1条宽1米的通道，笼底设有粪沟，对墙开有窗口，采用自然通风、采光与机械通风和灯光补充光照相互补。通风窗处可设置网状物，以防鼠害及飞鸟的进入。

3. 青年鸽敞式群养笼舍（图9）

适应气候环境条件较为稳定的地区。四面不设围墙，人字形简易结构的屋架，遮挡舍中央宽1.2米的工作通道以及两边各1/3的青年鸽群养笼舍，两边其余2/3的笼舍则处敞开状，上方无遮挡。此笼舍设置为网上平养，清洁卫生，又减少疾病感染。底网距地平面35厘米，底网下方设置由立柱支撑的坚固安全可供工作人员进出操作的笼内平网通道。笼下地平面则由内向外侧设置成45°斜坡面，方便清洁。舍内宽度为3米，笼内可供群养青年鸽飞

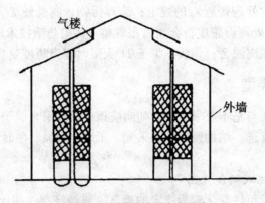

图 8 种鸽双列封闭窗式鸽舍

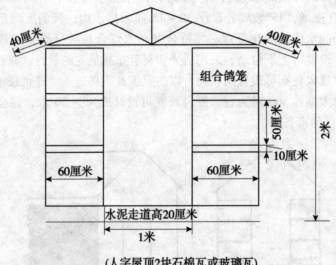

(人字屋顶2块石棉瓦或玻璃瓦)

12对组合鸽笼高×宽×深分别为50厘米×50厘米×60厘米。配有蛋盆架、

插门、料槽、水槽(瓶)、保健砂杯、产蛋盆、草窝、垫粪板

图 9 简易式层笼鸽舍

翔与运动有效空间高度 1.8 米。并设有供栖息的栖架，和防污染的食槽、砂杯、饮水器。饲养密度 1 平方米不超过 10～15 羽的标准。

四、鸽笼、鸽具、饮水系统的介绍

1. 种鸽笼具的设置（图 10）

一般采用镀锌钢丝材料制作的组合式网片结构，三层四列 12 对种鸽为一组合单元。单笼规格为：高、宽、深为 50 厘米×60 厘米×60 厘米。笼具底网网孔为 2 厘米×10 厘米；顶网为 5 厘米×10 厘米；侧网为 3 厘米×15 厘米；背网 4.5 厘米×11 厘米；粪板网 10 厘米×10 厘米。在单笼深 30 厘米，高 25 厘米处悬接巢盆架，内置供种鸽配对产蛋、孵化、哺育用的巢盆和栖息用。层与层笼间距为 8 厘米，设置可阻隔上下鸽笼粪便污染的抽粪板。底笼距地面间距 30 厘米。

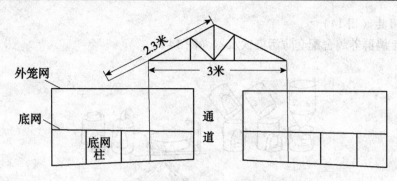

图10 青年鸽全敞式群养笼舍横截面图

2. 笼具配套设施（图11、图12）

笼内栖架内设置的巢盆，笼外悬挂的料盒，砂杯均应选用工艺流程合理，材料性能可靠防污染，便于饲养操作及清洗消毒的专用品。

图11 巢盆　　　　　　　　　　　**图12 笼具详图**

3. 饮用水系统（图13）

设置具有防污染功能的水箱和水位可自控平衡的乳头式或杯式饮用水系统。饮水系统应定期清洗消毒保养，不提倡使用传统的水压开放式饮水器具。肉鸽饮用水质必须符合《无公害禽畜饮用水水质》标准。

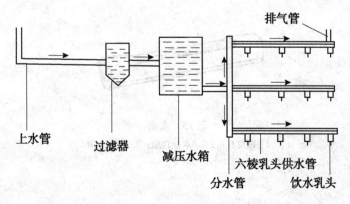

图13 饮用水安装流程图

4. 其他用具（图14）

（1）青年鸽群养鸽舍配套防污染饮水器（图14）

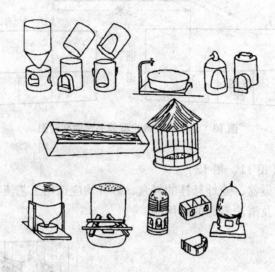

图14　各式饮水器

（2）青年鸽群养鸽舍配套食槽盒、砂盒（图15）

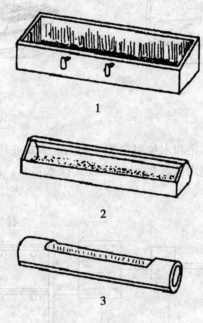

图15　食槽

1. 铁皮食槽；2. 木板食槽；3. 竹筒食槽

（3）捕鸽网（图16）

图16　捕鸽网

第三章 种鸽引进

第一节 国外主要肉鸽品种

一、王鸽

原名皇鸽，于1890年在美国新泽西州育成，它含有贺姆鸽、鸾鸽、马儿得鸽的血缘，抗病能力和对环境的适应能力较强，是目前世界上饲养数量最多的肉鸽品种，也是目前世界公认的大型肉用种鸽。

王鸽的特征是体型矮胖、胸圆背宽、尾短而翘、胸骨深长、羽毛紧凑、眼睑呈粉红色、嘴短、平头、光脚、鼻瘤小，成年公鸽体重800～1 100克、母鸽700～800克，年产乳鸽6～8对，乳鸽4周龄体重可达600～800克。

此鸽经过品种改良，已培育出多种羽色的品系，但商用品系则以白色为主，通常有白王鸽和银王鸽两种。

二、卡奴鸽

又名赤鸽，原产于法国和比利时，为肉用和观赏兼用鸽，现有法国红卡奴和美国白卡奴两种。

1. 法国卡奴

其最大特点是繁殖力强，年产乳鸽10对以上，高产者可达12～14对，成年鸽体重650～740克，4周龄乳鸽体重500克左右，该鸽性情温顺，富群居性，哺乳性能好，善育雏，羽色以纯红居多，另有纯白色和纯黄色等标准羽色。

2. 美国卡奴

是用原种卡奴和白贺姆鸽、白王鸽及白鸾鸽进行四元杂交，经长期选育而成，体形比原种卡奴鸽大，年产乳鸽10对左右，生长速度快。标准羽色为白色，也有少量的纯红和纯黄两种羽色。

三、贺姆鸽

贺姆鸽是驰名世界的名鸽，原有食用鸽和纯种鸽两个品系。1920年美国用食用贺姆鸽以及卡奴王鸽和蒙丹鸽等杂交培育成了大型贺姆鸽，其特点是平头、体格健壮、羽毛坚挺紧密，有白、灰、黑、棕等颜色。成年公鸽体重700～750克，母鸽650～700克，4周龄乳鸽体重600克左右，年产乳鸽8～10对，繁殖力好，育雏性能好，很少发生蛋破损或压死雏鸽的现象，是保姆鸽的首选品种；该鸽耐粗饲、耗料少，其乳鸽肥美多肉、嫩滑味甘、并带有玫瑰花香味，是培育新品种或改良鸽种的优良亲本。

四、鸾鸽

又名仑替鸽，原产于西班牙和意大利，是世界上最古老的肉鸽品种之一，也是现有所有鸽子中体型最大的品种，体重最大者可达 1 500 克，该鸽性情温和、不爱飞翔、不爱活动，适于笼养。

英国将意大利和西班牙两种不同品系的鸾鸽进行杂交选育后引入美国，并经过不断改良培育成了目前的美国大型鸾鸽。该品系成年公鸽体重可达 1 400 ~ 1 500 克，母鸽也可达 1 250 克，4 周龄的乳鸽体重可达 750 ~ 900 克，年产乳鸽 6 ~ 8 对。但该鸽的缺点是乳鸽阶段生长缓慢，到青年期才迅速生长，且体重太大，孵化时易压破种蛋。

鸾鸽由于生产水平低，不适宜作为生产肉用商品鸽的品种使用，但可用来和其他鸽杂交以加大后代体型，这也就是目前大多数肉鸽品种几乎多少和鸾鸽有血缘关系的原因。

五、蒙丹鸽

因其不善飞翔、喜地上行走、行动缓慢且不愿栖息，故又名地鸽。其体型与王鸽相似，但不像王鸽那样翘尾，年产乳鸽 6 ~ 8 对。目前，主要有毛冠型、平头型、毛脚型和光脚型 4 个类型，毛色多样，有纯黑、纯白、灰二线、黄色等等。

六、欧洲肉鸽新品系

分布于欧洲的著名肉鸽新品系，是由经过严格选育的 4 个品系生产的具有高遗传潜力的种鸽。所选育母系（两个品系）利用其繁殖性能方面的优势，包括产蛋、受精率、孵化率、营养等方面。所选育父系（两个品系）利用其肉用品质，包括育成鸽的体重及体型、均一性、饲料转化率的提高。

经过周密的杂交育种，使欧洲肉鸽获得了杂种优势。纯系欧洲肉鸽指数选择结果为：繁殖性能方面的遗传潜力达 18.32 只，体重方面的遗传潜力达 649.5 克。杂种优势为：孵化率 83% ~ 91%，每对种鸽年产乳鸽 15.3 只，28 日龄时平均体重（禁食活重）597 克，均一性 6%，屠宰率 87% *。欧洲肉鸽的新品系有以下几种。

1. 米尔蒂斯鸽

该鸽是由不同的专门化品系杂交育成的"双杂交"种鸽。公鸽为全白色，母鸽为花色（或者相反），杂交种羽色以白色为主，有花斑。每对种鸽年产乳鸽 15 ~ 16 只，28 日龄乳鸽空腹活重 610 克，体重均匀性 8%。

2. 米玛斯白鸽

为欧洲肉鸽系列中的一个超高产系。体羽全白色，体型优美。每对种鸽年产乳鸽 16 ~ 17 只，28 日龄乳鸽空腹活重 590 克，体重均匀性 6%。

3. 蒂丹鸽

为欧洲肉鸽系列中的一个超重型肉鸽新品系，也为适应分割鸽肉产品而开发的新品系。每对种鸽年产乳鸽 12 ~ 13 只，28 日龄空腹活重 700 克以上，体重均匀性 6% ~ 8%，羽毛为花斑色。

　＊ 注：上述数据为 36 个月生产期的年平均数，包括 2 个月的雏鸽期

第二节　国内主要肉鸽品种

一、石岐鸽

石岐鸽是我国较大型的肉用鸽品种之一，原产于广东省中山市的石岐镇，故名石岐鸽。石岐鸽是本地鸽与王鸽、鸾鸽、卡奴鸽等多元杂交后经多年选育而成的，其特征是适应性强、耐粗饲、容易饲养，性情温顺，皮色好，骨软肉嫩，深受消费者的喜爱。石岐鸽的生产性能良好，年产乳鸽 7 ~ 8 对，成年公鸽体重 750 ~ 800 克，成年母鸽体重 650 ~ 750 克，乳鸽 600 克。因其蛋壳较薄，孵化时易被踩破，必须加强管理。

二、杂交王鸽

我国饲养数量较多的是杂交王鸽，也称美国落地王鸽，是王鸽和石岐鸽进行杂交的后代。其体型介于王鸽与石岐鸽之间，比纯种王鸽稍小，重量稍轻，外形较王鸽稍长，羽色多种多样。成年公鸽体重 650 ~ 800 克，成年母鸽体重 550 ~ 700 克。杂交王鸽的后代乳鸽生长迅速，2 周龄乳鸽毛重 400 ~ 450 克，3 周龄以上达到 500 ~ 600 克，其全净重为 350 ~ 400 克。杂交王鸽的繁殖性能良好，每对种鸽年产乳鸽 6 ~ 7 对。杂交王鸽的市场效益好，尤其适于生产商品乳鸽。由于杂交王鸽的遗传性能不稳定，体型毛色不一，在生产中易发生品种退化，因此，如果将该鸽做生产鸽，必须加强选育。

三、佛山鸽

佛山鸽是我国广东省佛山市育成的新品种，是用本地鸽和仑替鸽杂交育成的，是著名的肉用鸽种。其性能是生长快，繁殖率高，体型健美，平头，光胫，羽毛密集，颈部粗胖，目光锐利，羽色多是蓝间、红条、白羽，而且多是珠眼，带有深红、血蓝色彩。其成鸽体重 700 ~ 800 克，体型大者可达 900 克，每年产乳鸽 6 ~ 7 对，生产性能好。但由于其蛋壳薄，孵化时易被踩碎。

第三节　良种肉鸽的引进

良种肉鸽是由种鸽场经过长期选择培育而成的优良肉鸽品种。但所谓的纯种种鸽，是指后代明显或较多地继承了上一代或上几代的优良特性，而在社会、经济、技术因素的干扰下，纯与不纯只是一个相对的概念。

一、良种肉鸽的选择方法

良种肉鸽的选择就是按照肉鸽多个优良品种的标准以及生产的需要，在鸽群中观察、比较，把品质最好的优秀个体选出来留作种用的过程。

按照目前的生产实际，种鸽可分为育种种鸽和商品种鸽，育种种鸽是用来繁育种鸽，进行杂交和提纯、复壮，培育新品种；商品种鸽则是用来生产商品乳鸽。

一般情况下，鸽场都不会出售经过长期选育而得到的优良品种的原种即曾祖代，所能得到的大多是优良品种的父母代。但由于青年鸽不可能完全重复上一代的优良特性，因而在选择种鸽时应从外貌体态和生产能力方面去观察。

二、初养肉鸽者如何选购种鸽

选购种鸽是肉鸽养殖单位和个人最重要的技术措施，要求所购种鸽既要适应性强、成活率高，又能较快地、高产地繁育后代，以提高经济效益。

初养鸽者在购买种鸽时，最好选购白羽王鸽，待有了一定的养殖基础后再购进大型肉鸽品种，进行品种改良。因为白羽王鸽繁殖力强，适应性好，耐粗饲，乳鸽成活率高，育肥性能好，28 天乳鸽活重可达 500 克以上，年繁殖乳鸽在 8 对左右。而且白羽王鸽已在我国饲养多年，已经适应了我国的各种气候，南至海南岛，北至黑龙江均可健康的成长。

三、种鸽的长途运输

由于我国幅员辽阔，各地区的自然条件差异较大，故而在引种时应考虑到地区的条件，并应作认真比较研究，在做好引种并使其迅速适应新环境的对策后，才能做具体的引种工作。

在实施引种时，种鸽的长途运输不能委托不懂养鸽技术的人去实施。除大暑天外，一年四季均可长途运输，但种鸽装笼切忌太挤，也不能用油布遮盖。夏天运输宜早晚行车；冬季运输则选择晴暖天气行车，但切勿暴晒、雨淋。

种鸽运输前，应详细了解供种单位的饲料配方；种鸽运到后应先喂水，后喂料。如运输时间在 24 小时内时，种鸽可以不喂料、水；而当运输时间超过 24 小时，则种鸽应在中途喂料和水。

第四章　肉鸽的繁殖技术

在肉鸽饲养实践中，要达到预期经济效益及增加收益，必须以优良的种鸽加上科学饲养管理技术为保证。要想增加繁育数量、提高乳鸽体重，就要做好品种选育，防止品种退化，掌握肉鸽的繁殖方法、配对繁殖技能等，为日后培育优良品种打下基础。

第一节　肉鸽的雌雄鉴别

养肉鸽的首要条件是必须严格控制雌雄鸽的比例。为促进肉鸽顺利配对和繁殖，肉鸽饲养者必须熟练掌握好各自的雌雄鉴别技术。现介绍几种鉴别方法。

一、乳鸽的雌雄鉴别法

1. 肛门鉴别（图17）

在乳鸽出生4~5日龄时，观察其肛门可见雄鸽的肛门下缘较短，上缘较长，呈上凸形；雌鸽则相反。

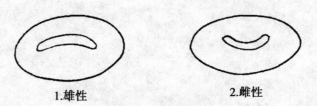

1.雄性　　　　　　　2.雌性

图17　乳鸽肛门鉴别

2. 外貌行为鉴别（表14）

同一品种、同窝乳鸽中，雄鸽长得较快，身体粗短，头粗大呈方形，颈短粗，鼻瘤大而扁平，喙阔厚稍短，脚粗大，尾脂骨尖端不开叉，胸骨较长。雄鸽往往显得活泼，常常离窝，当亲鸽喂哺时，常争抢在前。10天后用手抓乳鸽，雄鸽反应敏感，羽毛竖起，用喙进行反抗。雌鸽头较圆小，喙长而窄，鼻瘤较小而窄，脚细小，胸骨较短，尾脂骨尖端开叉。

表14　乳鸽的雌雄鉴别表

	雄性	雌性
外观	体格较大，嘴短而宽	体格较小，嘴细而长
外观	头颈较粗，鼻瘤较大	头颈较细，鼻瘤小而窄
伸手抓	遭嘴啄，性凶	退缩避让，性温
手摸	胸骨较长，耻骨较窄	胸骨较短，耻骨较宽
翻肛	肛门向上方凸出	肛门向下方凸出

二、童鸽的雌雄鉴别法

在童鸽1～2月龄时，性别最难鉴别，主要可从以下几方面进行鉴别。

看：外观上，雄鸽头较粗大，嘴较大而稍短，鼻瘤大而突出，头部大而顶部呈圆拱形，颈骨粗而硬，脚骨较大而粗；雌鸽体型结构较紧凑，头部圆小，上部扁平，鼻瘤较小，嘴长而窄，颈细而软，脚骨短而细。

抓：用手捉鸽时，雄鸽抵抗力强，且发出"咕咕"叫声；雌鸽温顺，叫声低沉。雄鸽的双目凝视，炯炯有神，瞬膜迅速闪动。

看羽毛：雄鸽的羽毛富有光泽，主翼羽尖端较尖；雌鸽的羽毛光泽度较差，主翼羽端较钝。

翻肛：3月龄以上的鸽子，雄鸽的肛门闭合时，向外凸出，张开时呈六角形；雌鸽的肛门闭合时向内凹入，张开时呈花形（图18）。

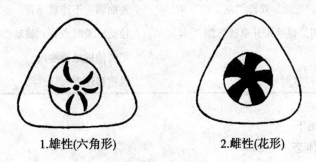

1.雄性(六角形)　　　　　2.雌性(花形)

图18　童鸽的肛门鉴别

三、成年鸽的雌雄鉴别法

上述童鸽雌雄鉴别法均适用于成年鸽，区别在于成年鸽的发情表现，一是雄鸽常常追逐雌鸽，绕着雌鸽打转，这时雄鸽气囊膨胀，颈羽和背羽鼓起，尾羽散开呈扇形，且不时拖在地面。头部频频上下点动，发出"咕咕"叫声；雌鸽则表现温顺，慢慢走动或低头半蹲，接受雄鸽的求爱；二是由于经常求爱及交配，造成雄鸽的尾羽较脏；三是经常见到配对鸽亲热的接吻表现，接吻时雄鸽嘴张开，雌鸽将喙伸进雄鸽的嘴里，雄鸽会似哺喂乳鸽一样做出哺喂雌鸽的动作，亲吻过后，雌鸽总是自然蹲下，接受雄鸽交配；四是孵化时间不相同。一般情况下，雄鸽孵蛋时间为每天9～16时（白天），其他时间由雌鸽孵化。雌鸽负责孵化时，雄鸽总是呆在巢盆附近，保护雌鸽的安全和监督雌鸽孵蛋。成年鸽的雌雄鉴别见表15。

表15　成年鸽的雌雄鉴别表

性状	雄鸽	雌鸽
头颈	头颈粗大而长，头圆额阔，头颈粗硬，不易扭动	头颈细长而短，头狭长，头顶稍尖，颈软容易扭动
体格	较粗壮而大	较细小
颈羽毛	颜色较深，羽毛粗，有光泽	颜色较浅，颈羽细而无光泽

（续表）

性状	雄鸽	雌鸽
鼻瘤	粗宽大近似杏仁状，无白色肉腺	较小，较窄，收得紧，3月龄鼻瘤中间部分出现白色肉腺
嘴	阔厚而粗短	长而窄
脚	长而粗，脚趾较粗	短而细，脚趾较细
肛门内侧	上方呈山形，闭合时外凸，张开呈六角形	上方呈花房形，闭合时内凹，张开时呈花形
胸骨	长而较弯，离趾骨较宽	短而稍直，离趾骨较窄
腹部	窄小	宽大
耻骨间距	较狭窄	1~2手指，较为宽大
主翼尖端	呈现圆形	呈现尖状
叫声	长而宏亮，连续，双音"咕、咕"声	短而弱，不连贯单音
求偶表现	"咕咕"叫，颈毛张开伞状舞蹈	接受求爱时点头，被动性接吻
相吻	张开嘴	把嘴伸进雄鸽嘴内
打斗表现	以嘴进攻	以翅膀还击

具体操作办法如下。

（1）观察外貌体态

雄性头部粗大，颈羽光泽明亮，体型较大，颈粗而硬，鼻瘤粗大，脚粗而有力。雌性头颈细而短，颈羽光泽较暗，鼻瘤小，中间生白色肉瘤，脚短而细。

（2）用手抓摸鉴别

左手持鸽，右手抓鸽颈，观察头部可见雄性双眼有神，雌性则神态温和。用手摸骨盆与两耻骨间距，雄性窄而紧，雌性则宽而又松，用手往水平方向牵引鸽喙，雄性多呈垂尾，雌性多为翘尾。

（3）分辨性情与叫声

雄性较为活跃，时常追逐他鸽，叫声洪亮，声音为"咕、咕"，雌性则较为文静，安分守己，叫声细而清脆，声音为"唔、唔"。

（4）观察肛门

雄性呈山形，雌性呈花房形。

第二节　肉鸽的年龄识别方法

鸽子一般可活10~15年，但肉鸽繁殖年龄只有5年左右，最佳繁殖年龄是2~3岁，超过4周岁，繁殖率开始下降，称为老龄鸽。3~6月龄的鸽称青年鸽，6月龄以上性成熟至3岁的鸽，称繁殖适龄鸽。懂得识别青年鸽、繁殖适龄鸽和老龄鸽，对于购买鸽种、选种、适时配对、淘汰种鸽等工作具有重要意义。通常从同一品种或品系鸽子的嘴、鼻瘤、脚趾、脚垫等部位加以鉴别。

一、嘴

青年鸽、繁殖适龄鸽软而细长，喙末端较尖，两边嘴角薄而窄，无结痂（1年以上稍有）；而老龄鸽较粗、硬，喙端变钝滑，两侧嘴角结痂变厚，变粗糙，有较大结痂，5岁以上的鸽子，嘴角的茧子呈锯齿状。

二、鼻瘤

青年鸽、繁殖适龄鸽较长，柔软、光滑有光泽；而老龄鸽逐渐变为粗糙、无光泽，年龄越大越干燥，表面像撒了一层白粉末。

三、脚趾

青年鸽、繁殖适龄鸽脚上鳞片软平，颜色鲜红色，鳞纹不明显，趾甲软而尖；而老龄鸽鳞片随年龄增大逐渐变硬、变粗糙，鳞纹明显，颜色变得暗红，上面还有白色鳞屑附着。趾爪变硬，向下弯曲。

四、脚垫

青年鸽、繁殖适龄鸽脚垫薄而软滑，而老龄鸽脚垫厚而硬，粗糙，常偏向一侧。

五、眼圈裸皮皱纹

青年鸽眼圈裸皮皱纹很细，而老龄鸽则越来越粗厚。

六、脚裸皮皱纹

青年鸽、繁殖适龄鸽少，而老龄鸽多。

七、腔上囊

青年鸽4~6月龄尚存在，而老龄鸽已退化。

第三节　肉鸽的捕捉和抓握方法

进行肉鸽的雌雄鉴别、转群、人工配对等都要捕捉鸽子。在成群的童鸽中捕捉鸽子，可用鸽罩捕捉。可以自制鸽罩，用一块100厘米×200厘米的尼龙网，缝制成一个漏斗状或长方形的袋子，袋口周围用粗一些的铁丝穿成圆形，固定在一支2~3米长的细木竿的末端，就可以捉鸽子了。

捕到鸽子后，要用双手捧住鸽子，此时以拇指压住鸽子背部，其余四指轻握腹部将鸽子从罩中取出。单手拿鸽时，用中指和食指夹住双脚、手掌托住鸽身，用大拇指、无名指、小指握住鸽子的翼羽，这样鸽子就被牢牢掌握在手中。

要将鸽子交给别人时，以右手压住鸽子的背部中央及肩膀，大拇指压住颈部左侧，将中指、小指放在腹部，并以无名指及小指将脚夹住，这样就能很方便的将鸽子交给别人。

从别人的手中接鸽子时，可用前面介绍的抓鸽法。将鸽子放入鸽笼的方法相同。不论放入或取出鸽子，其方向都要顺羽毛生长的方向。

捕捉、抓握鸽子妥当与否很重要。若不恰当的捕捉、抓握，鸽子就会拼命挣扎，导致关节扭伤或挣脱许多羽毛，影响鸽子的安全和健康。

图19 捉拿鸽子方法

具体操作方法见图19。

（1）先用双手慢慢地封住带巢鸽笼，逼近想飞逃的鸽子往后退缩。

（2）然后把手插进鸽子胸腹下，把鸽子从巢箱中捧出来（切忌用手从上往下擒住鸽子，以免压碎种蛋或压死鸽子）。

（3）鸽子被抓后，应用右手或左手的手掌托住胸腹部，食指和无名指夹住两腿，使鸽子头部朝向自己，然后拇指和四指分别从两侧夹住双翅后端与尾部。

（4）完成抓捕动作后，应用另一手轻抚鸽子，并用友善的声音与它说话。

第四节　肉鸽的繁殖周期

通常一对生产种鸽，一年可繁殖5～7对乳鸽，除8～10月间的换羽期产蛋较疏外，一年四季均可产蛋、育雏。新肉用生产鸽繁殖过程一般包括配对交配、筑巢产蛋、孵蛋出雏、哺育乳鸽4个阶段，正常乳鸽的一个生产周期大约45天左右，现介绍交配产蛋期、孵蛋期、育雏期。

一、交配产蛋期

已经发育成熟的肉鸽，将公母配成一对，关在一个鸽笼中，使它们产生感情以致达到交配产蛋，这个阶段大约需要10～12天。

二、孵蛋期

公母鸽配对成功后，两者交配并产下受精蛋，然后由双亲轮流孵化的过程，这期间17～18天。

三、育雏期

自乳鸽出生至能独立生活的阶段，为亲鸽的育雏期。乳鸽出生后，父母鸽随之产生鸽乳，共同照料乳鸽，轮流饲喂。在这期间，亲鸽又开始交配，在乳鸽2～3周龄后，又产下一窝蛋，这一阶段需要20～30天。

肉鸽可利用繁殖年限比鸡、鸭等家禽都长。一般是5～6年时间，其中，2～3岁是繁殖力最旺盛的时期，此时鸽的产蛋数量最多，后代的质量也较优良，适于留作种用。5岁以上的种鸽繁殖性能开始减退。公鸽的繁殖能力较母鸽强，繁殖年限也较长。

第五节　肉鸽的选种选配

一、肉鸽的选种要求

养好肉鸽，必须把引进优良品种与坚持科学选育结合起来。良种肉鸽的要求：亲鸽繁殖能力强，生产性能好；后代个体大、生长快。所谓纯种种鸽，只是指后代与上代或上几代有直接的血缘关系，并且明显或较多的继承了上一代或上几代的优良特性。"纯"与"不纯"是一个相对的概念，在社会、技术、经济等因素的影响下，二者会发生转变。种鸽分为商品种鸽和育种种鸽两种。商品种鸽是用来繁育乳鸽的，育种种鸽主要用来生产青年鸽，进行杂交和提纯复壮，培育新品种。肉鸽在进行遗传育种时，记录中的F代表子代。选择种鸽应从外貌体态和生产性能等方面去考虑。一般情况下，一对良种肉鸽的正常繁殖年龄可达5年之久。肉鸽从出壳到成熟育龄约为180天。

二、配对前的准备工作

饲养肉鸽，要在鸽子配对前做好各项准备工作，充分发挥鸽子的生产性能，达到培养优良后代的目的。

1. 雌雄鸽分栏饲养

一般鸽子每窝生2个蛋，大部分孵出的鸽是雌雄各一，同在一起长大，容易建立感情，产生近亲繁殖。为了防止出现肉鸽近亲交配、早配及配合不当而造成鸽子退化，必须实行雌雄鸽分栏饲养。其做法是：在鸽子养到4～5月龄时，将公母鸽分成两栏饲养。同一性别的鸽子，应分小栏饲养，每栏50～100只，母鸽每小栏养的数量可多些，公鸽应少些。因为公鸽在发情后会互相追逐、斗殴，密度太大会使鸽被啄伤或啄死；饲养在同一栏里的同性别鸽的品种和年龄也应相同或相近，有利于管理和防止大鸽欺侮小鸽，造成弱小鸽的伤残。

雌雄鸽分栏后，可以开始进行种鸽的选留工作，制定留种标准。然后，按标准逐只选择，及时淘汰伤残、弱小及不合格的鸽。

2. 加强饲养管理工作

按标准配给饲料，每天饲喂2次，每次吃九成饱，但饮水不限制。如果饲料不加限制，养得太肥，公鸽会出现精液不良，精子少或畸形多；母鸽产蛋少，甚至不产蛋。但鸽子养得太瘦也不行，会造成营养不良，产生营养性疾病，对精子、卵子的形成也有一定的影响。

增强鸽的抗病力。群鸽要有适当运动，每星期沐浴1次，最后1次沐浴时，在水中加入适量的预防外寄生虫药物，以杀灭鸽虱、鸽蝇等寄生虫。在配对前15天应该给红霉素或土霉素等药物预防鸽的细菌性传染病。用左旋咪唑或驱蛔灵驱虫。

三、种鸽的配对方法

留种鸽养至 5 ~ 6 月龄，性器官及身体的各种机能已经健全，这时就可配对繁殖，公母鸽会经常形影不离，两者时常亲吻，母鸽总是将喙伸入公鸽嘴里，公鸽有时还吐些食物给母鸽吃。公鸽还常用喙轻轻梳理母鸽的头部、颈部及背部的羽毛。此时，公母鸽交配的次数也有明显的增加，这说明母鸽很快就会产蛋。

鸽子配对方法通常有 2 种：一是自然配对（自由配对）；二是人工配对（强制配对）。

1. 自然配对

自然配对就是让成群的鸽子各自寻找对象，两两配合成对。自行配对的鸽，有的已成熟，有的还未完全成熟，就会过早交配，常导致品种、毛色、体型、体重等的差异，不利于获得优良的后代。

2. 人工配对

人工配对就是用人为的方法，将鸽子配合成对，特别适应于笼养肉鸽的配对。其做法是：肉鸽配对上笼前，应检查体重、年龄及健康情况，符合肉用标准的才选择上笼。上笼方法是，先将公鸽按品种、毛色等有规律地上笼，把同品种、同羽色的鸽放在同一排或同一鸽舍里。首先让公鸽上笼 2 ~ 3 天，让其熟悉环境。用同样方法，选择雌鸽上笼与雄鸽配对。散养的鸽场及家庭鸽舍，也可采用此种方法配对。配对后，开始时在笼中间用铁丝网隔开，通过相望，互相熟悉，建立感情。彼此不产生斗架现象时，便可抽出隔网片，配对即告成功。

人工配对注意事项如下。

①人工配对的头 3 天内要多观察。如发现大打大斗，拆开重配。一般小打小闹不要紧；②注意雌雄鉴别，防止错配。由于饲养者对雌雄鸽鉴别上的错误，出现同性配对，造成同性恋。如新配"夫妻鸽"，半月后还不见产蛋，或同一时间里发现 3 个蛋等情况，应重新认真鉴定雌、雄；③人工配对往往体现有一定程度的育种目的，是建立核心群的手段之一，一般鸽场都应采用；④出现配对双方合不来、丧失原配、育种需要拆偶后重配等情况时，鸽子需要重选配对。

第六节　种鸽的产蛋、孵化与育雏

一、种鸽产蛋

鸽子属于刺激性排卵的鸟类，即不交配卵巢就不排卵，也就不产蛋。肉鸽一般配对后 7 ~ 9 天便开始产蛋。

1. 及时安上巢盆和垫料

2. 产蛋规律

肉鸽在正常情况下，每窝产蛋 2 个。第 1 个蛋一般在第 1 天下午或是傍晚时产下，第 2 天停产一天，于第三天中午过后再产第 2 个蛋，大致相隔 44 ~ 48 小时。一般鸽蛋的大小因品种不同有较大差别，通常在 16 ~ 22 毫米。蛋壳白色，很光滑。凡是受精蛋，在孵化过程中，蛋壳稍稍变成灰蓝色，不反光；如果是无精蛋，蛋壳颜色不变。

二、肉鸽自然孵化与自然育雏

肉鸽在正常情况下，本身具有孵化和育雏技能，这是鸽子的天性。

1. 自然孵化

肉鸽配对后，通常7~9天便开始产蛋，每窝产蛋2只。鸽子在产下第2只蛋后才开始孵化。所有的鸽子所产的蛋，其孵化期相当一致，均为17~18天，绝大多数为18天。一般情况下，白天由公鸽孵蛋，从9时至16时左右，母鸽则在接替公鸽后从当天16时到翌日9时左右（根据各地时差，换班时间会稍有变化）。在亲鸽孵蛋时，饲养人员在孵化管理上应注意以下几点。

①孵化时，鸽子精神非常集中，对外面的警戒性特别高，所以，一般不要去摸蛋或偷看鸽子孵蛋。不要让外人进鸽舍参观。此外，还要避免汽车喇叭声及机械声等干扰，尽量保持鸽舍环境安静，防止不良应激，让鸽子安心孵蛋。

②遇有鸽子在孵蛋期间离开蛋巢到外面活动的情形时，不用担心，更不必去惊动它，因为鸽子知道如何调节温度。

③将沐浴器放在蛋巢附近时，鸽子不会像平常一样去沐浴，也不必为此担心而移动沐浴器，惊扰亲鸽。

④要提高饲料的营养水平，粗蛋白质的含量应在18%~20%，代谢能应达到12.1兆焦/千克，并增加多种维生素和微量元素的供给，才能使鸽子获得足够的营养，为乳鸽出生后供应鸽乳做好准备。

⑤孵化期间一定要照蛋，通过照蛋可以发现无精蛋和死胚蛋，并及时取出这些无用的蛋，从而可以进行并窝孵化，让那些无蛋可孵的生产鸽又可重新产蛋、孵化。通常在孵化第4~5天，要进行第一次照蛋。边照边转动鸽蛋，可看见蛋内胚胎发育的状态。若见到蛋内有血管分布，呈蜘蛛网状，即为受精蛋；若见蛋内有血管分布，但呈一条粗线，呈"~"状或"U"状，则为死精蛋；若看不到蛋内有血管，与孵化前的蛋一个样，即为无精蛋。孵化第10~12天进行第二次照蛋，若蛋内一端乌黑，固定不动，另一端因气室增大而形成较透亮的空白区，说明胚胎发育正常；若蛋内容物如水状流动，壳呈灰色，即为死胚蛋。无精蛋、死精蛋、死胚蛋都应及时捡出（图20）。

⑥及时抓好并蛋工作：如果有相同日龄或相差一天的单蛋，按每2枚蛋合并成一窝。并蛋是提高肉用鸽繁殖力的有效措施之一，饲养员要及时做好。使无孵化任务的鸽早日产蛋。根据实践经验，最好孵化10天以后并窝。因为在10天前并窝，那些空窝的产鸽只需经过8天左右就可下蛋，产蛋提早，影响产鸽的体力恢复，下一窝蛋可能活力不强，或者出现无精蛋、死精蛋、死胚蛋等现象。

⑦掌握好雏鸽出壳日期：当第二次照蛋后7~8天，即孵化的第17天，即将出壳的乳鸽会在蛋壳的1/3处啄成一线小孔，鸽自己能够脱壳。孵化已到18天，壳的表面仅啄破一小孔，这就需要人工辅助脱壳。孵化超过18天，还未啄壳，可能是后期孵化条件不当或胚胎疾病导致胚胎死亡。

⑧肉鸽的孵化温度受自然温度影响很大：天气寒冷时，孵化的早期容易冻死胚胎。这时，饲养员可在巢窝里适当填加垫料，用双层旧麻布，麻布下垫谷壳、木屑或干细砂，关闭门窗，甚至在房内加温，应使房内温度至少保持在5℃以上；天气炎热时，孵化后期易引起死胚。这时，饲养员要适当减少垫料，打开门窗，安置排风扇，使房内温度保持在32℃

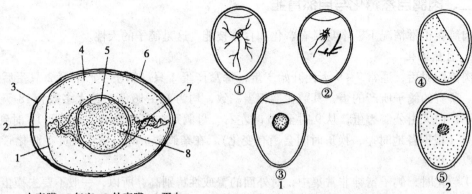

1.内壳膜　2.气室　3.外壳膜　4.蛋白
5.胚盘　6.蛋壳　7.卵黄系带　8.卵黄

1.孵化后4～5天：①受精蛋　②死精蛋　③无精蛋
2.孵化后10天：④正常发育蛋　⑤死胚蛋

图20　蛋的构造和照蛋

以下。

⑨很多母鸽在乳鸽15～20日龄时又重新产蛋孵化，因此，在乳鸽达到15日龄时，在巢内及时加放一个巢盘，供亲鸽产蛋孵化。或者把15日龄的乳鸽从巢盘中移到笼底的垫片（牛毛毡）上，将原巢盘清洗、晒干和消毒后，再放回原处。这样笼底哺育乳鸽，巢盘中又可供亲鸽产蛋孵化。

2. 自然育雏

亲鸽在孵蛋和哺育乳鸽期间，会分泌催乳激素，促使嗉囊产生鸽乳，鸽乳是亲鸽嗉囊中分泌出的一种颜色似奶油状、质地似豆腐状的物质。在乳鸽育雏期间，公鸽和母鸽都能分泌鸽乳。孵化至第8天，催乳激素开始产生并起作用。鸽子发达的双叶嗉囊在激素的作用下，扁平上皮细胞开始增殖，随后逐步完善，至第16天，在嗉囊中增殖的上皮细胞开始分泌鸽乳，并持续至雏鸽2周龄。雏鸽出壳后，亲鸽对它们是关怀备至的。雌鸽和雄鸽能够像轮流孵蛋一样共同保护和哺育乳鸽。乳鸽饥饿时，它会站起来，抬头用喙在亲鸽的嗉囊下方触动，表示它想吃乳了。雌鸽和雄鸽会张开口将乳鸽的喙含住并向乳鸽的嘴里灌喂乳液，如有人伸手捉乳鸽或有猫、鼠等危害，它们会与之拼搏打斗。这时的亲鸽最害怕的是一种突然发出的不平常的噪音，应尽量避免。最初1周是亲鸽产鸽乳高峰期，亲鸽从嗉囊中分泌出鸽乳来哺喂乳鸽。1周后，鸽乳的浓度和颗粒随雏鸽的日龄增加而增大。到第25天时，鸽乳基本消失。在2周内最好不要调换不同颜色的乳鸽，否则，会被亲鸽发现而将乳鸽啄伤或啄死。3～4周龄后，亲鸽会逐步改喂原粒饲料。当乳鸽长到1月龄左右时，它们会离开亲鸽独立生活。若乳鸽不愿离开，亲鸽也会教它们独立生活。

鸽乳的营养特点是高蛋白、高脂肪（分别占干样中的54%和31%），呈微黄色的乳液，与豆浆相似，其营养成分为：水分64%～82%，粗蛋白质11%～18.8%，脂肪4.5%～12.7%，灰分0.8%～1.8%，不含或少含碳水化合物0～6.4%，以及消化酶、激素、抗体、微量元素等。第1～2天的鸽乳，呈全稠状态。第3～5天，呈半稠状态，可见有细碎的饲料。第6天起分泌的鸽乳是流质液体，并与半碎饲料混合在一起，随着乳鸽日龄的增加，鸽乳中的饲料含量越来越多，且颗粒越来越大。由于鸽乳的营养价值高，又含有消化酶，易被吸收，因而，乳鸽的生长速度较快。

三、肉鸽的人工孵化和人工育雏技术

养鸽业的进一步发展，单靠鸽子本身的生产繁殖能力是不够的，应该采取人工孵化和人工育雏技术，才能最大限度地提高饲养肉鸽的经济效益。

1. 人工孵化技术

鸽蛋采用人工孵化的方法，可避免生产鸽在孵化时压破种蛋，防止鸽粪污染，减少胚胎中途死亡等不利因素，提高孵化率和出雏率，缩短生产鸽产蛋周期，加快繁殖速度。经过国内外几年的试验研究，已取得了成功经验。其方法可用小型平面孵化机，将孵鸡蛋的蛋架换成孵鸽蛋的蛋架。孵化温度可控制在37.8～38.2℃，相对湿度为55%～65%。后期湿度可高些，达70%～80%。出壳困难时，可喷温水于蛋的表面。每天翻蛋4～6次，第一次照蛋于第5天进行，取出无精蛋和死精蛋；第二次照蛋于第10天进行，取出死胚蛋，第17～18天雏鸽开始出壳。

试验结果证明，人工孵化比自然孵化可减少破蛋率10.5%，减少死胚率15.8%，提高出雏率21.5%（表16、表17）。

鸽蛋采取人工孵化后，亲鸽不需负担孵化和育雏的繁重任务，因而缩短生产鸽的产蛋周期，提高产蛋率。以3种王鸽的自然孵化和人工孵化产蛋周期比较，从表17可看出，3种王鸽自然孵化平均产蛋周期为63天，而人工孵化平均产蛋周期缩短为13天。理论上产蛋率可提高近4倍。不过实际不易达到，其中，受到乳鸽孵出后的喂养技术的制约。在实际鸽场生产中，建议在鸽群中只能采用部分种鸽的种蛋，用孵化机进行人工孵化的方法。

表16 鸽蛋的人工孵化与自然孵化对照表

孵化方式	入孵蛋数	破蛋		受精数	死胚		出雏	
		数量	%		数量	%	只数	%
人工	105	0	0	92	12	13	80	86.9
自然	220	23	10.5	153	44	28.8	100	65.3

表17 3种王鸽自然孵化与人工孵化产蛋周期间隔比较表

品种	自然孵化		人工孵化	
	产蛋窝数	间隔天数	产蛋窝数	间隔天数
白王鸽	20	69	60	14
灰王鸽	23	65	60	14
泰国王鸽	50	55	60	12
平均	31	63	60	13

2. 人工育雏技术

利用鸽蛋的人工孵化及乳鸽的人工育雏技术，即由孵化机孵化出来的雏鸽，用人工合成的鸽乳哺喂，或用保姆鸽代哺，至7日龄后再进行人工哺育，此项技术在大型鸽场和许多中、小型鸽场应用成功，是行之有效的办法，可大大地提高亲鸽的生产性能，提高经济效益。

（1）人工育雏设备的种类

①育雏室（保育室）：育雏室是专门给乳鸽居住的地方，内有保温装置和通风换气设

备，能防鼠、蛇、猫和蚊蝇的侵入。要求育雏室的温度和湿度在室内、巢盘上方都保持一致，入室第 1 天为 38℃，前 1 ~ 3 天不降低。以后每天降低 0.5℃，降到 25℃就维持乳鸽出室为止。要求湿度为 62% ~ 68%。

②气筒式灌喂器：用塑料制消毒喷雾器改装而成，容量较小，每次仅喂 1 ~ 2 只乳鸽，需 2 人操作，仅适用于小型鸽场及专业户。

③吊桶式灌喂器：用漏斗或吊桶一只，下面接 1 米左右长的胶管，吊于能水平滑动的钩上，用夹子夹住出口，控制出料。吊桶式灌喂器结构简单，容量较大，适宜于大中型鸽场人工哺育乳鸽。

④吸球式灌喂器：此方式目前使用较多，实际应用时，可选用几种不同规格的吸球，乳鸽 10 日龄内用小吸球，11 ~ 15 日龄用中吸球，16 天以上日龄用大吸球。操作时，用手抓住吸球，插入配好的乳鸽料中，手指收缩排出球内空气，放松时就可将鸽料吸入球内，将尖头口放入乳鸽食道，按下吸球鸽料即排出进入乳鸽嗉囊内。每喂一次鸽吸一次，操作方便，速度又快，适应大、中、小型及专业户等各种鸽场。

⑤育雏笼：育雏笼是乳鸽休息和便于饲养员操作的装置。将需要进行育雏的乳鸽集中在笼中，人站在笼附近喂养。为了方便操作，笼脚的高度应为 70 厘米，笼四边高 30 厘米，宽 50 ~ 70 厘米，笼的中间用铁丝网或竹片隔开，每格 50 ~ 100 厘米，可养乳鸽 10 ~ 20 对，每小格不能太长，以便于捉拿和辨认鸽子，也可避免乳鸽相互踩踏。

（2）育雏饲料的配制

1 周龄的乳鸽主要以鸽乳为主，鸽乳含有多种酶和抗体。人工合成 1 ~ 7 日龄的优质鸽乳是较困难的。但国内外一直在进行人工合成鸽乳的研究。乳鸽 7 日龄以后的人工配合饲料已解决。现将较理想的配方介绍如下（仅供参考）。

①1 ~ 2 日龄配方：配方一：新鲜消毒牛奶、葡萄糖各 50%，加入适量的消化酶，配制成全稠状的"鸽乳"。配方二：新鲜熟蛋黄 10%、脱脂奶粉、水调成糊状的"鸽乳"。

②3 ~ 4 日龄配方：配方一：新鲜消毒牛奶或奶粉、熟蛋黄、葡萄糖及蛋白消化酶各适量，配成稠状饲料。配方二：脱脂奶粉 45% 以上，肉用仔鸡开食料 55% 左右，再加适量的雏鸡用矿物质、维生素、抗菌药等，按料水比例为 1：5，用 35 ~ 40℃温开水调成乳浆状饲料灌喂。配方三：炼乳 1 份，藕粉 2 份，用 40℃左右水 1 份，调成糊状饲料灌喂。

③5 ~ 6 日龄的配方：配方一：稀粥中加入奶粉、葡萄糖、鸡蛋、米粉各适量，另加多种维生素及消化酶，制成半稠状的饲料。配方二：婴儿奶糕调成糊状投喂。配方三：脱脂奶粉 25%，肉用仔鸡饲料 75%，矿物质、维生素及抗菌素适量，加 6 倍温水调成乳浆状饲料。

④7 ~ 10 日龄日粮配方：配方一：稀饭、米粉、葡萄糖、奶粉、面粉、豌豆粉各适量，另加消化酶、酵母片，制成半稠状流质饲料饲喂。配方二：脱脂奶粉 5% ~ 10%。肉用仔鸡饲料 90% 左右，加 7 倍温水调喂。

⑤11 ~ 14 日龄日粮配方：配方一：米粥、豆粉、葡萄糖、麦片、奶粉及酵母片等，混成流质状饲料。配方二：用 100% 的肉用仔鸡饲料，另加添加剂适量。加温水调匀灌喂。

⑥2 周龄以上日粮配方：配方一：玉米、高粱、小麦、豌豆、绿豆等磨碎后，加入适量的奶粉及酵母片，调成糊状饲料。配方二：玉米 50%，糙米 15%，小麦 10%，豆类 25%，破碎后浸泡一昼夜饲喂。

（3）人工育雏方法

按乳鸽的日龄配制饲料，若为干料，可称出所需的饲料量，倒入盆中，用开水浸泡

30～60分钟，饲料软化冷却后，成为流质状或胶状，使乳鸽容易消化吸收，也便于用灌喂机饲喂，要防止堵塞灌喂机。再将需要人工喂养的乳鸽按日龄分别集中在育雏笼中，用人工操作方法灌喂。

①刚出生的乳鸽：食量少，人工饲喂最困难。最好由两人操作，一人捉住乳鸽，一人将注射器胶管慢慢放入乳鸽食道。动作要轻，防止胶管插入气管和损伤食道，防止喂料过多造成食道膨胀和消化不良。1～3日龄乳鸽的人工饲喂器可用去掉针头的20毫升注射器，针嘴套上小孔软胶管。喂乳鸽时，不可弄湿乳鸽的绒毛，以免乳鸽受凉感冒。每次喂量不要太多，每天喂4次，时间分别为8时、11时、16时、21时。也可仿照亲鸽喂食的方法，即用自动饮水器的出水头，让乳鸽含住吸吮，效果较好。

②4～6日龄的乳鸽：可用小型吊桶式灌喂器饲喂，将配好的乳料倒入吊桶内，吊于乳鸽的上方，使乳料流向胶管。将胶管插入乳鸽食道后打开胶管上的夹子，乳料就自动流入乳鸽的嗉囊。用夹子控制出量，防止流入的乳料太多，要防止乳料粘污鸽体。每天喂4次，时间与前1～3日龄乳鸽相同。

③7日龄以后的乳鸽：可用吸球式灌喂器、吊桶式灌喂器或气筒式灌喂器灌喂。每天饲喂3次，时间分别为8时、15时、21时，每次不可喂得太饱，以免消化不良。2周龄以后的乳鸽，饲料不要太稀。目前，有些鸽场用吸球式灌喂器来饲喂乳鸽，它轻便、简单、易行，是一种好办法。

乳鸽采用人工育雏，其饲料的营养成分提高到20%～22%，加上人工的精心管理，乳鸽的生长发育较自然育雏要快些。根据有关研究所的试验资料证明，从乳鸽7日龄开始人工育雏，体重增长较自然哺育增重快（表18）。

表18 乳鸽人工哺育与自然哺育平均增重比较表 （单位：克）

方法	数量	7日龄	10日龄	14日龄	21日龄	28日龄	30日龄
人工哺育	56	204.0	332.8	454.8	558.3	624	641.3
自然哺育	55	201.8	321.5	435	531.8	570.3	576.8
人工比自然增重		2.2	11.3	19.8	26.5	53.7	64.5

从表中说明，乳鸽采用人工育雏，既可减轻生产鸽哺育仔鸽的任务，缩短产蛋周期，提高生产性能，又可使乳鸽的体重相对增加，提高乳鸽上市的合格率，增加经济收入。

上面介绍的人工鸽乳饲喂时间、方法、用量等，仅提供一个参考，建议7日龄以后乳鸽采用人工育雏为佳，具体做法还需要养鸽者根据实际情况进行试验和摸索，在十分有把握的情况下，再把配方固定下来，而且还应根据各个鸽场的不同条件进行改进与创新。

第五章　肉鸽养殖的饲料与保健砂

第一节　肉鸽饲料的分类

成功养殖肉鸽的3个必备条件是品质优良的饮水、营养合理的日粮和配备完善的保健砂。饲养肉鸽的饲料中，按所含的营养成分和用途划分，主要包括能量饲料、蛋白质饲料、矿物质饲料和维生素饲料。了解和掌握每一种饲料的营养价值，有利于做到合理利用饲料，最大限度的发挥其营养作用。提高肉鸽的生产能力，降低饲料的成本，以获得较大的经济效益。水是肉鸽机体的重要组成部分，水分约占肉鸽体重的50%以上。肉鸽对饲料的要求一定要干净、多样化而富有营养，切忌霉变、不洁和虫蛀食物。

一、肉鸽主食饲料

1. 能量饲料

主要有玉米、小麦、糙米、小米（粟）、高粱等。这类饲料主要是禾本科植物的籽实，含碳水化合物70%以上，含蛋白质在7%～12%，含粗纤维在2%～4%，B族维生素丰富，是肉鸽日粮能量的主要来源。

2. 蛋白质饲料

主要有豌豆、绿豆、大豆等豆类植物的籽实。蛋白质含量在20%以上，是肉鸽日粮蛋白质的主要来源。

二、肉鸽副食饲料

1. 矿物质饲料

主要有贝壳粉、熟（旧）石灰、石膏、蛋壳粉、骨粉、红土、砂砾、食盐等，也可直接用矿物质（常量和微量元素）预混料。矿物质饲料主要为肉鸽日粮提供钙、磷、钾、钠、氯、硫、镁、铁、锌、锰、碘、硒等常量元素和微量元素。

2. 维生素饲料

新鲜的青绿饲料、幼嫩的干草粉、叶粉或直接用复合多维。维生素饲料主要是提供肉鸽生长和繁殖所需要的各种维生素。

第二节　肉鸽的日粮配制

肉鸽在一昼夜内所采食的饲料总量称为日粮。如果营养物质的种类、数量、质量、比例都能满足肉用鸽的需要，此种日粮称为平衡日粮或全价日粮。对商品肉鸽来说，生产1千克活仔鸽需要消耗5.5～6.0千克饲料。

一、肉鸽日粮配制原则

①以参考性饲养标准为依据，所用的饲料品种应多一些，互相搭配使用，使用不同饲料的营养成分能互相补充，使营养更趋完善，以提高总体的营养水平和饲料利用率。

②要选择品质和适口性都好的饲料，做到饲料新鲜、无杂质、无污染、无蛀虫、无变质。发霉变质的饲料千万不能用。

③要选择饲料来源广，尽量选用当地的饲料，因为当地的饲料有利于保证饲料的供应及价格相对较低，可以降低饲料成本。

④饲料配方经过试养，效果好就要保持相对的稳定。需要变换饲料时，要逐渐加进新变换的品种，最后完全变换成新的饲料品种。

二、肉鸽日粮配制方法

根据肉用鸽常用饲料和本地饲料资源情况，参照参考性饲养标准，初步确定所选用的饲料所占的百分比。

①从饲料成分表中查出所配合的各种饲料的营养成分，用每种饲料所含的营养成分（如代谢能、粗蛋白质、粗纤维、钙、磷等）乘以所用饲料的百分数。

②与参考性饲养标准进行对比，即把同一项（如粗蛋白质）的各种饲料的乘积相加，与参考性饲养标准的营养需要对照比较。如果配合日粮与饲养标准相差不大，就可以使用。如相差很大，就要进行调整，使其达到或接近肉用鸽饲养标准时为止。如果能量偏高，而蛋白质含量偏低，应增加蛋白质含量高的豆类用量，而适当降低高能量的谷类，这样进行几次调整后，使各项营养成分基本达到营养标准，就可以使用了。

三、肉鸽日粮配制经验配方

下列日粮配方取自我国广东、四川、昆明、上海、香港等省市，可作为参考。

1. 肉鸽育雏期亲鸽日粮配方

能量饲料 3~4 种，占 70%~80%；蛋白质饲料 1~3 种，占 20%~30%。

例1　黄玉米 40%，豆类 22%，小麦 19%，高粱 19%。

例2　玉米 31%，糙米 15%，小麦 13%，高粱 10%，豌豆 20%，绿豆 8%，火麻仁 3%。

例3　玉米 35%，豌豆 26%，小麦 12%，高粱 12%，稻谷 6%，绿豆 6%，火麻仁 3%。

例4　稻谷 50%，玉米 20%，小麦 10%，绿豆或其他豆类 20%。

例5　玉米 45%，小麦 13%，高粱 10%，豌豆 13%，绿豆 15%，火麻仁 4%。

例6　玉米 22%，小麦 12%，高粱 10%，糙米 6%，豌豆 25%，红豆 20%，火麻仁 5%，每天 2 餐，另加料每天 3~4 次。

2. 肉鸽休产亲鸽日粮配方

能量饲料 3~4 种，占 85%~90%；蛋白质饲料 1~2 种，占 10%~15%。

例1　黄玉米 34%，高粱 25%，小麦 25%，大米 5%，豌豆 10%，火麻仁 1%。

例2　玉米 30%，糙米 30%，小麦 10%，高粱 10%，豌豆 10%，绿豆 5%，火麻仁 5%。

例3　稻谷 50%，玉米 20%，小麦 10%，豆类 20%，火麻仁根据需要用。

例4　玉米 32%，高粱 15%，小麦 17%，豌豆 30%，火麻仁 6%。

例5　玉米30%，小麦12%，高粱8%，稻谷10%，糙米6%，豌豆17%，红豆11%，火麻仁6%。

3.肉鸽青年鸽日粮配方

能量饲料3~4种，占75%~80%；蛋白质饲料1~2种，占20%~25%。

例1　玉米40%，糙米20%，小麦10%，豌豆10%，高粱10%，绿豆7%，火麻仁3%。

例2　玉米44%，高粱17%，小麦15%，豌豆18%，绿豆3%，火麻仁3%。

例3　玉米45%，高粱18%，小麦12%，豌豆20%，火麻仁5%。

例4

①2~3月龄：玉米31%，小麦12%，高粱10%，糙米6%，豌豆25%，红豆16%，每天3餐。

②4~5月龄：玉米30%，小麦12%，高粱8%，稻谷14%，糙米6%，豌豆15%，红豆11%，火麻仁4%，每天2餐。

③6~7月龄：玉米30%，小麦12%，高粱8%，稻谷10%，糙米6%，豌豆17%，红豆11%，火麻仁6%，每天2餐。

第三节　肉鸽全价颗粒饲料介绍

肉鸽饲料中含粗蛋白质20%以上的饲料属于蛋白质饲料。蛋白质饲料分植物蛋白质饲料和动物蛋白质饲料两类。动物蛋白质饲料主要是鱼粉、肉骨粉等。由于此饲料蛋白质含量很高，品质好，含必需氨基酸较齐全，特别是富含植物饲料中缺乏的赖氨酸和色氨酸，因此，对饲养肉鸽十分宝贵，生产中常用它们与其他的饲料配合成日粮，制成颗粒饲料来饲喂肉鸽。随着全价颗粒饲料的应用，动物蛋白质饲料将被广泛应用。

肉鸽使用全价颗粒饲料的优点。

①可以使亲鸽饲料中的粗蛋白质从原来的13%~15%提高到18%~20%，并容易按需要添加氨基酸、微量元素和多种维生素等。

②因颗粒饲料营养配比全价，且易被消化吸收，可提高乳鸽成活率，有利于提高乳鸽的生长速度，缩短生产周期，提高产蛋率。

③使用颗粒饲料方便饲养管理，可以利用肉鸽平时不喜欢吃的豆粕、豆饼、鱼粉等优质饲料。对比试验的结果表明，饲喂颗粒饲料的肉鸽群比饲喂原料饲料的肉鸽群提高生产率15%，经济效益十分显著。

现介绍肉鸽颗粒全价饲料的具体配方一例仅供参考。玉米40%，大麦15%，小麦5%，麸皮8%，蚕豆18%，麸质粉3%，菜籽饼1.5%，火麻仁2%，禽用矿物质添加剂2%，贝壳粉2%，草粉3%，食盐0.5%。肉鸽能适应一般压粒机生产直径不大于4毫米的颗粒，采食无困难。肉鸽用颗粒饲料一般分青年鸽、育雏期和非育雏期种鸽3种类型。

在使用肉鸽全价颗粒饲料时，种鸽饲料从饲料原料转向全价颗粒饲料必需经过起码9天的过渡阶段。第一天用80%饲料原料加入20%颗粒饲料；第二天用70%饲料原料加入30%颗粒饲料；依此类推，至第九天可采用100%的颗粒饲料。需要提醒的是鸽场在使用全价颗粒饲料时仍一定要供给保健砂，实验证明，使用保健砂效果更好，这是因为肉鸽的肌胃需有一些粗砂砾帮助消化，增强消化功能，提高饲料的利用价值。

第四节　肉鸽保健砂的配制及使用方法

每天给肉鸽的饲料中补充各类微量元素的方法是给鸽饲喂各种矿物质饲料，将这些矿物质饲料混合在一起，统称保健砂。保健砂的作用是补充主食、副食中的营养物质不足，补充矿物质、维生素的需要，并具有刺激和增强肌胃收缩，有助于消化和吸收、解毒、促进肉用鸽生长发育繁殖等，并能预防疾病。保健砂是检验养鸽者饲养水平的一个重要方面。现分别介绍保健砂常用的各种配料成分及作用。

一、保健砂主要配料成分及其作用

1. 蚝壳片

用蚝壳经粉碎机碾制成直径为 0.5～0.8 厘米，即如豌豆切面大小。其成分是：钙 38.1%，磷 0.07%，镁 0.3%，钾 0.1%，铁 0.29%，氯 0.01%。蚝壳片的作用主要是补充钙质，防止鸽的软骨症和产软壳蛋等。此外，它还与酶的代谢及凝血因子的形成有关，一般占 20%～40%。

2. 骨粉

由动物骨骼经高温消毒后粉碎而成。成分是：钙 30.7%，磷 12.8%，钠 5.69%，镁 0.33%，钾 0.19%，硫 2.51%，铁 2.67%，铜 1.15%，锌 1.3%，氯 0.01%，氟 0.05% 等。可提供钙、磷、铁的主要来源，一般占 5%～10%。

3. 蛋壳粉

缺乏蚝壳或骨粉时使用。主要成分是：钙 34.8%，磷 2.3%，作用与上述两种相似。一般占 10%。

4. 石灰石

由生石灰熟化后贮存较长时间制成，主要作用补充钙质及少量的微量元素。

5. 石膏

含有较多钙质。可补充钙质并有清凉解毒和促进换羽，增加蛋壳光滑的作用，用量不超过 5%。

6. 砂砾（粗砂）

能帮助肌胃对饲料进行机械磨碎，便于肠道对营养物质的消化和吸收。保健砂中没有砂砾易导致鸽子消化不良，降低饲料的利用价值。以河砂中的中等砂粒为好，一般占 30%。

7. 红土（黄土）

红土（黄土）中含铁、锌、钴、锰、硒等多种微量元素，可补充肉用鸽对微量元素的需要。配制保健砂的红土（黄土）应取自离地面 1 米以下，无污染的净土，并经晒干捣成细末后单独保存。

8. 食盐

主要成分是氯和钠，还有少量的钾、碘、镁等元素。它有增强食欲、促进新陈代谢的作用，是不可缺少的补充物，其用量一般在 2%～5%。

9. 石米

近年来，人们喜欢用它来代替砂砾。经一些鸽场使用后，证明用石米优于用砂砾。石米具有砂砾的作用外，还具有来源较易、大小均匀、干净好用、不含杂质等特点。

10. 木炭末

它能吸附肠道产生的有害气体，清除有害的化学物质和细菌等病原体，同时，还具有收敛止痢的作用。用量一般控制在 4% 以内。

11. 氧化铁

呈红褐色，又称红铁氧。其作用是提供鸽体内需要的铁质，另外，可加深保健砂的色度，刺激食欲。用量以 0.5% ~ 1% 为宜。

二、常用添加剂及其作用

1. 生长素

它的成分主要是补充鸽生长发育需要的常量元素和微量元素及其他营养素。其用量占 0.5% ~ 1%。

2. 微量元素

主要是锰、铁、锌等。它们是鸽正常生理活动和新陈代谢所必需的物质，笼养肉用鸽时更要适当补充。此外，生产鸽在产蛋及哺育乳鸽时也需各种元素。

3. 多种维生素

包括维生素 A、维生素 D、维生素 E、维生素 K 及 B 族维生素等。主要补充机体需要的而饲料中通常缺乏的某些维生素，促进机体的正常新陈代谢，维持正常生理机能和生命活动。添加到保健砂中可按每 50 千克保健砂加 50 ~ 100 克。

4. 氨基酸

主要是提供机体不能合成且饲料中含量也不足的限制性氨基酸，如赖氨酸、蛋氨酸和胱氨酸等。适当地补充必需的氨基酸，可促进饲料中氨基酸的互相利用作用，提高饲料的利用价值和饲料报酬。添加到保健砂中每 50 千克加蛋氨酸 200 ~ 300 克。

5. 中草药粉

在保健砂中加入某些中草药粉，更利于鸽子保健防病。如穿心莲粉有抗菌、清热解毒的功能；龙胆草粉有消除炎症、抗菌防病和促进食欲的作用；甘草粉能润肺止渴、刺激胃液分泌、助消化和增强机体活力。另外，如鱼腥草、麦芽、神曲、马钱子、槟榔子、芥子、茴香油、凤尾草等。以上这些中草药都有抗菌、助消化、开胃的作用，按不同季节、不同情况选用。另外根据报道如淫羊藿、巴戟天、女贞子、益母草、党参、熟地、红枣等中草药组成小颗粒药丸。饲喂种鸽对繁殖性能有明显改善和提高。

6. 红糖

作为营养添加剂，主要可提供能量，补充体力，增强心肌力量，还可增强机体渗透力，使组织脱水，有利尿解毒作用。对提高乳鸽的御寒能力，防止冻伤和冻死有很好的作用。若没有红糖，也可以用砂糖、片糖和葡萄糖等，用量一般为 2% ~ 3%。由于保健砂加入糖后会使其易变质、潮湿等，故要在使用当天才加入配好的保健砂中，即配即用。

三、保健砂的配制方法

产鸽在整个育雏期对保健砂的采食量不同，因此，要测定肉鸽采食保健砂的数量，这样才能较为准确地给予各种营养素，以避免不足或浪费。

1. 测定的方法

随机选择 20 对正常的肉鸽（包括育雏鸽和非育雏鸽），连续测定 8 天，取平均值可以得每只每天的采食量。根据测定结果，假定每只鸽平均每天采食量为3.1克，即可计算出鸽群需要的添加剂及药物用量。例如，每只鸽每天需要维生素A 200国际单位（IU），以每只鸽子每天采食3克保健砂计算，则应在3克保健砂中含有维生素A 200国际单位，配1千克保健砂就需要提供维生素A 6.7万国际单位；按照饲料与保健砂的比例1∶20计算，在1千克保健砂中，应加入多种维生素10克。如此，可以计算推出各种添加剂加入保健砂的量。

2. 保健砂的配制方法

在配制保健砂时，对配料的选择和要求如下。

①选用的各种配料必须清洁干净，纯净新鲜，没有杂质和霉败变质。②在混合配料时应由少到多，多次搅拌，一定要混合均匀。用量少的如氧化铁（红铁氧）、维生素等，可先取少量保健砂均匀混合，再混进全部的保健砂中。③在保健砂配制后，使用时间不能太长，否则会不新鲜、易潮湿变质或发生不良的化学变化，以免影响功效。一般可将保健砂的主要配料，如蚝壳粉、骨粉、砂砾、红土（黄土）、生长素等先混合好，其数量可供鸽群采食3~4天。④再把用量少及易氧化、易潮解的配料在每天喂保健砂前混入。这样，保健砂的质量和作用才能有所保证。

四、肉鸽保健砂的配方

下面介绍的保健砂配方，大多是保健砂的基本成分，各个鸽场可根据鸽的生长发育需求适当补充其他添加剂，如矿物质、多种维生素、防病驱虫等药物，并按自己的具体情况和经验总结配好保健砂，使保健砂的作用更趋完善。

1. 美国农业部介绍的保健砂配方

蚝壳粉40%，粗砂35%，木炭末10%，骨粉5%，石灰石5%，盐4%，红土1%。

2. 日本驹原邦一郎的保健砂配方

红土40%，贝壳粉20%，陈石膏6%，砖末30%，食盐4%。

3. 香港九龙一些鸽场的保健砂配方

细砂60%，蚝壳粉31%，食盐3.3%，氧化铁0.3%，牛骨粉1.4%，甘草粉0.5%，明矾0.5%，龙胆草0.5%，木炭末1.5%，石膏粉1%。

4. 国内鸽场常用的保健砂配方

①配方1：蚝壳片20%，陈石灰6%，骨粉5%，黄土20%，中粗砂40%，木炭末4.5%，食盐4%，龙胆草粉0.3%，甘草粉0.2%。

②配方2：蚝壳片15%，陈石灰5%，陈石膏5%，骨粉10%，红土20%，粗砂35%，木炭末5%，食盐4%，微量元素1%。

③配方3：蚝壳片35%，骨粉16%，石膏3%，中粗砂40%，木炭末2%，明矾1%，氧化铁1%，龙胆草1%，甘草1%。

5. 上海某鸽场保健砂配方

红土30%，中粗砂24%，贝壳粉22%，骨粉11%，木炭末4%，食盐4%，禽用生长素2%，石膏2%，明矾1%。

6. 广东省家禽科学研究所保健砂配方

①配方1：蚝壳片35%，骨粉15%，石米35.5%，木炭末5%，食盐5%，氧化铁1%，微量元素2%，穿心莲0.5%，龙胆草0.7%，甘草0.3%。

②配方2：蚝壳片25%，骨粉8%，陈石灰5.5%，中粗砂35%，红土15%，木炭末

5%，食盐4%，氧化铁1.5%，龙胆草0.5%，穿心莲0.3%，甘草0.2%。

7. 广东省一些鸽场的保健砂配方

①配方1：中粗砂35%，黄土10%，蚝壳片25%，陈石膏5%，陈石灰5%，木炭末5%，骨粉10%，食盐4%，氧化铁1%。

②配方2：石米35%，蚝壳片30%，骨粉8%，红土10%，陈石灰5%，木炭末6%，食盐4%，龙胆草0.6%，甘草粉0.4%，氧化铁1%。

五、肉鸽保健砂的使用

正确掌握保健砂的使用是非常必要的，使用保健砂应注意如下问题。

1. 保健砂使用期

保健砂应现用现配，保证新鲜，防止某些物质被氧化、分解或发生不良的化学变化，以免影响功效。配好的保健砂要保管好，防止潮解。

2. 保健砂用量

每天应定时定量供给，一般可在上午喂料2小时后或者15时至16时供给保健砂。每次给的量不宜过多，育雏期的亲鸽多喂一些，非育雏期则少一些。通常每对亲鸽供给10克左右，即一茶匙左右。

3. 注意保健砂的卫生

每星期应彻底清理一次剩余的保健砂，重新更换新的保健砂，以保证卫生。

4. 掌握好保健砂的配方

保健砂的配方不是一成不变的，应根据鸽子的生理状态、机体需要及季节等情况有所变化，这样才能适应生产实际的需要。

第六章　肉鸽的饲养管理

第一节　常规饲养管理

要养好肉鸽，必须根据肉鸽的生长规律，按不同的生长发育阶段和生产用途，采取不同的管理措施。要采用科学的饲养管理技术，以取得好的经济效益。

一、采取合理的饲养方式

1. 留种青年鸽（包括童鸽）采取群养

群养既适合鸽子喜欢群栖的习性，又能经常运动和见到阳光，有利于青年鸽的生长发育。如在 10～12 平方米的鸽舍内，一般可养 40～50 只青年鸽，鸽舍内设有栖架以及公用食槽、饮水器，并设有露天运动场。实际生产中应提倡离地在棚上（网上）栏养为好。

2. 生产鸽采取笼养

经各地养鸽场数年来的实践，生产鸽笼养优于群养。其优点如下。

（1）笼养鸽繁殖率高。笼内安静，笼养鸽的交配不受其他鸽干扰，不存在争巢打斗现象。笼养鸽比群养鸽的生产力可提高 20%。

（2）笼养孵育的乳鸽增重快。笼养鸽的饲料营养均衡，又不与其他鸽争食，使乳鸽能获得充足的营养。25 日龄乳鸽上市体重比群养增加 50～80 克。

（3）笼养鸽发病少。笼养鸽可以减少交叉感染的机会，使某些接触传染的疾病不容易蔓延，而且容易发现病鸽，便于及时治疗。

（4）笼养的单位面积饲养量比群养大。因为鸽笼可以 3～4 层立体式饲养。

（5）笼养鸽便于观察、记录及检查等管理工作。

二、分餐、定时、定量饲养

所谓肉鸽投料的三定，即定时、定量、定质。采用定时、定量、分餐饲喂的方式，有利于培养亲鸽按时按量给乳鸽灌喂鸽乳的习惯。青年鸽每天给料 2 次，于 8 时和 15 时各给料 1 次，每次数量不能太多，每只鸽每次给料量 15～20 克为宜；产鸽每天给料 3 次，另外加 2 次补充哺乳产鸽饲料。即 8 时给料 1 次，11 时补充 1 次，15 时给料 1 次，17 时补充 1 次，21 时再给料 1 次。如果种鸽采用一天喂两顿，则下午的一顿一定要赶在 16 时母鸽尚未进巢前饲喂。如果在喂料后半个小时内鸽子还未把饲料吃完，就说明饲料喂量过多了；如果在投喂饲料后 1 小时，仔鸽的嗉囊不是鼓满的，则亲鸽没有喂饱。

三、定时定量添加保健砂

一般每天 9 时或 15 时供给新配保健砂 1 次，每对鸽每次 15～20 克，青年鸽及非育雏期的产鸽少给些，育雏期的产鸽可多给些。

四、全天供应饮水

肉鸽每天需水量平均 50 毫升左右，夏季及哺乳期饮水多一些。鸽子的饮水要清洁卫生，不变味，不变质，无病原与毒物的污染，饮用水的水温以自然温度为好。饮水器应经常清洗。根据鸽子的健康状况，可在饮水中加入适量保健药物，一般每次只加一种保健药物。

五、适当水浴

水浴是鸽子的习性之一。水浴能使鸽子保持羽毛的清洁，防止体外寄生虫的侵袭，还可刺激体内生长激素的分泌，促进生长发育。

六、产鸽应补充光照

光照会刺激性激素的分泌，促进精子和卵子的成熟和排出，而且晚上给予光照，产鸽能正常吃到饲料和喂仔，使乳鸽生长加快。产鸽每天光照应达到 16～17 小时，日照不足部分应人工补光。种鸽在孵化时应采取措施避免挡住光线，减少干扰，布置安静的孵化环境。

七、保持鸽笼清洁卫生、定期消毒和防病治病

笼养鸽由于不能运动降低了抗病能力。因此，搞好环境卫生是预防疾病的重要措施。

1. 保持鸽舍安静和干燥

鸽舍保持安静，是养好肉鸽的重要条件。要经常疏通舍内外的排水沟，每月用生石灰、漂白粉消毒，避免各种应激因素的产生，鸽舍出入口可用 10%～20% 的生石灰水作浅水池，供出入人员消毒。

2. 定期消毒

鸽舍地面、运动场、水沟、鸽笼要天天打扫，保持清洁；水槽、饲料槽除每天清洗外，每周要消毒 1 次。鸽舍、鸽笼及用具在进鸽前可用福尔马林（甲醛）加高锰酸钾彻底熏蒸消毒；被污染的巢盆、垫料应及时洗换，但在孵化育雏期可少换或不换，以免影响鸽正常孵化育雏生产；定期灭鼠，夏天定期灭蚊。

3. 做好防病治病工作

应根据本地区及本场的实际，对常见鸽病发生的年龄及流行季节等制定预防措施，发现病鸽及时隔离治疗。

八、观察鸽群动态

1. 观察采食、饮水情况

饮水量因气温变化而有不同，每只鸽子每天一般在 30～100 毫升之间。如果鸽子突然不采食或者采食量突然下降、不饮水，表示鸽子有病或者饲料质量有问题。要及时查找原因，采取相应措施。

2. 观察精神状况

鸽子活泼好动表明鸽群健康。鸽子不爱动、怕冷、羽毛松动等，说明鸽子生了疾病；如果鸽翼尾收缩，眼有疲乏神态，或缩头缩颈静卧休息，或用嘴啄全身羽毛，安静自如，这是吃饱的表现；如果鸽嘴巴张大，喉部抖动，气喘，在饮水旁转来转去，不思采食，这是口渴

举动；如果雄鸽追逐雌鸽，上下点头，颈羽蓬松，尾羽及翼羽下垂，在雌鸽周围打转，此时未配雌鸽会反复低头或抬头，并展翼拖尾，或蹲下让雄鸽交配，这是发情的表现；如果不思饮食，精神不振，常蹲伏于鸽舍或笼舍的暗处、角落，眼半开半闭，羽毛松散无光泽，有时缩头、垂翼、拖尾，步态缓慢等这些是生病的症状，应及时检查，如果有病鸽要及时隔离进行个体治疗。

3. 观察粪便

正常鸽子的粪便呈灰色、黄褐色或灰黑色，形状呈条状或螺旋状，粪的末端有白色附着物。不正常的粪便有：灰白色稀粪、绿色稀粪、有恶臭等。

4. 听声音

头部高举、鸣叫、追逐，两眼有神，昂头挺胸展翼，行动大步或互相追闹，这些是鸽子健康的表现。如果发现鸽子有呼噜呼噜的声音，或者打喷嚏，或突然的咳嗽声，都是不正常的，要及时找出原因。

5. 闻气味

正常健康鸽子是闻不到什么异味的。如果发现恶臭或有其他刺鼻的腥臭味，应进一步观察，寻找原因。

6. 查看产蛋、孵化、育雏情况

肉鸽生产中一定要坚持查蛋、照蛋。如果发现死精蛋、无精蛋应及时剔出，把只剩一个蛋的并做一窝；检查蛋是否踩破，巢盆是否摇动、破损等；对于只有一只乳鸽的应及时并窝，以提高种鸽的利用率。

7. 查看是否有天敌危害

如果发现有蛇、黄鼬、鼠等吃蛋、吃雏鸽，必须及时防范。

九、做好记录工作

生产记录是反映鸽群动态，用以指导生产和改善经营管理以及为选种提供依据。

第二节　日常管理与操作流程

一、肉鸽的日常管理工作程序

1. 上午主要工作

观察鸽的健康状况；育雏鸽第一次喂料；清扫鸽舍，清洗水槽，更换饮水；观察喂料、食料情况；清洁蛋巢、更换垫料；检查产蛋、孵化及鸽的生长情况，并做好记录；治疗病鸽，清除死鸽，育雏鸽添料。

2. 下午主要工作

育雏鸽添料，更换饮水，添加保健砂，调配饲料、保健砂等；观察鸽的生产和孵化情况，做好登记；喂料，观察采食；治疗病鸽；做好生产记录。

3. 晚间主要工作

育雏鸽添料；观察鸽群，隔离病鸽；照蛋、记录、治疗病鸽；关闭好鸽舍、鸽笼门窗，防止鼠、蛇、黄鼠狼等闯入鸽舍危害鸽子。

二、饲养员日常管理操作流程（仅供参考）

1. 作息制度

7 时至 11 时，13 时至 16 时 30 分；投喂时间：8 时按时喂料，后喂水，13 时先喂水，15 时按时喂料。

2. 操作工序

7 时进入鸽舍，先查好蛋，作好记录。8 时按时投喂，先喂料，后喂水，同时通过看动态、看采食、看粪便，检查有没有病鸽，投喂要保持稳定顺序，不可随意改变手势。

3. 照蛋

检查是否有无精蛋和破损蛋，注意孵化到 17～18 天的蛋，出壳是否正常，如发现出壳有困难的，要用手把它的头部位蛋壳去掉，以免引起缺氧，如有乳鸽出壳后死亡的，应查清其原因。

4. 投喂保健砂

在投喂前要加少量食盐、多种维生素、中草药等，食盐一般按 5% 比例均匀搅拌。要少喂多餐，既要新鲜又要防止发生长时间空杯，如发现鸽粪掉到保健砂中要及时更换，保持保健砂杯清洁，每月应清理一次。

5. 打扫鸽舍，清除粪便

原则上无接粪板的鸽笼应每天清扫，有接粪板的鸽笼每星期 2 次。保持鸽笼及用具清洁卫生，料槽中的剩料和杂物每星期清理 1 次，并及时洗净等。

6. 13 时进入鸽舍先供水

饮水要保持不断，并经常更换，水要新鲜洁净，水杯每星期洗一次。在更换新鲜水时要在水中放少量的食盐，一般按每桶（10 升）中加半匙左右的食盐，夏天多加一些。

再次检查每个巢窝有关产蛋、孵化、哺乳等情况和照蛋工作，并作好记录，及时处理好鸽子打架及病鸽的隔离等临时发生的情况。

7. 精心护理好乳鸽

一般在 12～15 天可以把巢窝拿下，进行人工哺育，在一对乳鸽中如果中途死去一只，剩下的一只容易喂得过饱，引起消化不良，应节制种鸽饲料，多喂酵母片；5 日龄前乳鸽可以并窝。

8. 观察种鸽配对情况

如果发现双雄双雌配对的，要重新调整配对，注意连续产无精蛋或软壳蛋的种鸽，应及时向技术员反映（淘汰种鸽应由技术员鉴定），15 时按时喂料，在投喂时要再观察当天的鸽子情况，然后关闭鸽舍下班。

9. 防疫工作

做到每星期清扫一次，在打扫完粪便后的地上，用生石灰或其他消毒药水进行消毒。每月定期在饮水中加入少量高锰酸钾（50～100 毫克/千克），连饮 2～3 天后更换清水；清水连饮 5 天后再更换常水，另加 0.2% 硫酸铜，饮 3～5 天（注意在用硫酸铜的时间内不可服用其他药类，以免引起反应）。必须服从定期全场驱虫、疫苗工作，如有病鸽或死亡鸽子，应及时向技术员反映和鉴定，死鸽一律放在指定地方进行无害化处理，不准非工作人员进入鸽舍。

第三节 生产种鸽的饲养管理要点

已配对投产的种鸽为生产鸽，俗称产鸽。种鸽是由青年鸽性成熟后经雌雄配对的肉鸽，或称生产鸽，已经育雏（哺育乳鸽）的也可称亲鸽。总体要求：及时配对（6~6.5月龄），加强营养饲料配比以及清洁卫生与营养成分相适应的保健砂，增加鸽舍内的光照达16~17小时（包括人工辅助光照），为亲鸽产蛋孵化和哺育提供一个温度适宜、卫生和安静的良好环境。为种鸽系统的饲养管理与相关的生产信息作好原始记录，为鸽场核心种群的建立及后备种鸽实现新一轮的良性循环打好基础。

一、配对期

鸽子生长到6~6.5月龄时配对为好，配对上笼多在晚上进行，实行强行人工配对时，配对后的开始几天应注意观察巡视，如果4~5天仍不融洽并经常打架的，有时两只可能都是公鸽，配对后产下四只蛋时说明是双母，应重新调整配对。配对后经常产无精蛋的应重配。配对后不生蛋的可考虑重配或对公鸽肌注丙酸睾丸酮，每次5毫克，3~5天后再注射1次，或口服维生素E，每只1粒，以防公鸽性欲不足。对长期产异常蛋的应重配。重新配对宜在晚上进行，并把双方隔离到相互看不见的地方。

二、非育雏期（抱蛋期）

一般配对后10~15天开始产蛋，要注意环境安静。产前2天可在蛋巢内放上麻包片，有条件的巢中可放适量清洁干燥的短稻草或松针草，让亲鸽作窝成锅底状。产蛋后记录好产蛋日期。

孵蛋期间要防止斜风斜雨侵入巢房或屋顶漏水，种蛋经水泡后或沾水都会死亡。垫料污湿时要更换，平时注意检查种蛋是否离开亲鸽腹羽外，以防冷蛋。炎夏要适当减少垫草，多开窗户，有条件的应用换气窗（每10平方米房舍可用一部10~12英寸抽风机），既可降低温度又可更换新空气，寒冷时注意关好北面窗户，增加垫料，勿使种蛋受冻而出现死胚。

做好查蛋、照蛋和并蛋工作，孵化后第4~5天和第12天各照蛋一次，及时取出无精蛋和死胚蛋。并把单蛋调到相同或相差一天的单蛋合并孵化。对照蛋结果做好记录。孵化后第17~18天注意检查和记录出雏情况，遇到破壳困难时应人工帮助剥壳助产。当母鸽产道发炎时，可用抗生素连续治疗数天。

三、育雏期（哺育期）

给予营养价值较高饲料，蛋白质含量要求18%左右，代谢能在12.552兆焦/千克以上，少喂多餐，每天5~6次喂料，有条件可喂给全价颗粒鸽料。

并窝日龄以3~6日龄为好，晚间并窝，两窝乳鸽日龄相差不宜超过3天。注意护理好仔鸽，垫料注意清洁和更换，为提高繁殖率，可考虑试用人工育雏，10日龄开始人工哺育。

四、换羽期

产鸽在每年夏末秋初（8~10月）换羽一次，一般在1个月左右，有时可长达2个月。换羽期间可考虑在饲料中增加火麻仁10%，保健砂中加入石膏粉，每50千克保健砂加入

200 克，对鸽子换羽有良好作用，同时在喂给饲料中或饮水中加入多种维生素。换羽期间对产蛋鸽群进行一次调查，按照生产记录和表现情况，淘汰那些产蛋少、育雏性能差、后代品质不良、换羽时间长的产鸽，并从后备种鸽群中挑选优良者补上。另外，产鸽舍内外场所要全面清洁消毒（包括产鸽笼、巢盆、用具等），使鸽群在换羽后有一个清新舒适的环境再生产。也有人主张种鸽强制换羽时，应把饲料中的蛋白质比例降到 10% ~ 12%，等待鸽群换羽完毕后再逐渐恢复到原来的饲料水平。

第四节　乳鸽的饲养管理要点

一、调教

调教好产鸽哺育乳鸽（或称雏鸽）。初产期的种鸽，需及时调教好产鸽学会耐心地口对口地哺育乳鸽。但有个别亲鸽既无病又不给乳鸽喂乳，这时应及时进行人工调教。也就是把乳鸽的嘴小心翼翼地插入亲鸽的口中，经反复多次，亲鸽一般就会哺喂乳鸽。如再不喂，就将乳鸽并窝。能独立采食的乳鸽不一定会自己找水喝，此时应作强迫饮水。

二、调位（调整乳鸽位置）

调换乳鸽待哺的位置，因出壳时间存在先后的时差，哺育 6 ~ 7 日的乳鸽会出现个体差异，要及时进行人为调换乳鸽待哺原位，若已哺育 14 ~ 15 日龄了，也可采用不同窝（日龄相近大小相似的）调换，将大的雏鸽与另一窝大的并在一窝；而小的雏鸽与另一窝小的并在一窝。这样大小强弱相近各自调换又另自成一窝，有利同窝雏鸽能均衡受哺健康成长。

三、调并

调并雏鸽是提高种鸽生产水平的有效措施之一。并雏后，不带雏的种鸽可以提早 10 天左右又产下一窝蛋，缩短产蛋期，提高产蛋率 50% 左右。还能使一部分产蛋能力低，但具有良好的孵化哺喂能力的种鸽得到充分利用，这也是提高鸽群生产率的有效措施。

四、提早断乳，人工育肥，乳鸽增重快

实践证明，乳鸽提早断乳，进行人工哺育，是可行的。将 10 日龄的乳鸽，从鸽巢中取出离开亲鸽，采用人造鸽乳进行人工哺育。由于人工哺育营养价值较高的饲料，因此，乳鸽增重速度快。一般情况下，人工哺育比自然哺育乳鸽的体重增加 10% 左右。此外，离乳后的亲鸽一般隔 10 天又开始产蛋，可提高亲鸽产蛋率约 1 倍。

五、掌握乳鸽上市时间，提高经济效益

乳鸽的上市时间宜掌握在 20 ~ 25 日龄为宜。一般情况下，通过精心饲养，出壳 20 天左右的乳鸽，体重能达 500 克，再经过 5 ~ 7 天育肥，体重可达 550 克以上，这时乳鸽的脂肪含量和体重已达到高峰，是出售的理想时期，亦是经济效益最高的时期。

第五节　留种童鸽的饲养管理要点

童鸽是指留种用的，一般在 30 天左右离开亲鸽开始独立生活的幼鸽。童鸽是从乳鸽中

经初选留作观察饲养后备种用的肉鸽，因此，必须从种用角度进行培育。要提供良好的生长环境，选用颗粒小，营养丰富易消化的配合饲料以及新鲜的保健砂。一般经保育床饲养15天后，移至网上平养，保证要有足够的飞翔和运动的空间。饲养密度以5~7对/平方米为宜。

一、编号

初选后戴上脚环及时做好原始留种档案记录资料。

二、30~45日龄的饲养管理

从30日龄的乳鸽到45日龄的童鸽是在亲鸽细心哺喂、照料下生活，并逐步过渡到自己独立生活的阶段，是一个重要的转折点。留作种用的乳鸽，尽量在亲鸽身边多留3~5天，使之顺利过渡到童鸽。可以建立保育舍，并且精心饲喂。

三、50日龄以后的饲养管理

童鸽50天后进入换羽期，第一根主翼羽首先脱落，往后每隔15~20天又换第二根。与此同时，副主翼羽和其他部位的羽毛也先后脱落更新。50~80日龄的鸽子发病率和死亡率是最高的，因此除做好防寒保暖工作和精心管理外，用适当比例抗生素，如环丙沙星、氟哌酸、土霉素等有效药交替使用预防童鸽此阶段的应激反应和呼吸道因受刺激而可能引起的细菌感染。要注意饲料的质和量，及时提高饲料中含硫氨基酸的含量以及保健砂中石膏粉比例，以促进其羽毛换新。

第六节 留种青年鸽的饲养管理要点

通常对两月龄以上的鸽子称为青年鸽，又称育成鸽和后备鸽。

一、实行雌雄分群饲养

童鸽在90日龄以后，童鸽对外界适应性及活动能力均有所加强，并逐渐转入性成熟阶段，为防止发生早配早产现象，应及时实行雌雄分群饲养。

二、合理配制营养饲料

一般以粗蛋白质含量达14%，能量达到11.495~12.970兆焦/千克的标准范围即能满足青年鸽生长期的营养需要。清洁足量的饮用水，确保每羽鸽的饮水量在夏季不少于100毫升/日，冬季50毫升/日。但要防止长得过肥和性早熟，留种青年鸽要限制饲养，限制饲养的日粮结构为：豆类饲料占20%，能量饲料占80%，后者占的比例较高，这对新羽毛的生长起到一种促进作用。每天喂2次，每只每天喂料量35克。5~6月龄的青年鸽，生长发育已经成熟，主翼羽脱换七至八根，此时，应把日粮结构调整为：豆类饲料占25%~30%，能量饲料为70%~75%，每天喂2次，每只每天喂40克。同时，增加保健砂、微量元素以及多种维生素。

三、充足的光照

对于全敞式青年鸽群养鸽舍，自然光照即可。夏季给予适当遮阳防暑降温。对于封闭式鸽舍，则需每日人工补充光照大于等于 7 小时，15 ~ 20 勒克斯强度即可。可避免青年鸽的早熟，有利于正常的成长发育。青年鸽阶段应采用离地网养的模式，力求让他们多晒太阳，尽情的运动。

四、良好的环境

应保持青年鸽舍及周边环境成为通风换气良好、干燥、卫生、安静、无氨味的适宜环境。饲养密度 10 ~ 15 羽/平方米为宜。杜绝非生产人员进入，不仅是减少外来应激因素，也是减少疾病的措施之一。

五、体内驱虫

在近 4 ~ 5 月龄时应及时投药驱虫。间隔 2 周后再投药一次，能较彻底驱除青年鸽体内的寄生虫，确保健康发育。

六、选种

青年鸽发育至 5 月龄时，要根据种鸽的标准进行系统的综合筛选，优胜劣汰，将不符合标准的青年鸽及时淘汰。

第七节　提高肉鸽生产率的措施

理想的高产种鸽应在一年内能孵化 8 对以上，生产乳鸽不少于 16 只。要使鸽场获得好的经济效益，必须提高肉鸽生产率。其措施有以下几方面。

一、提高产蛋率的措施

提高肉鸽产蛋的措施主要有：选择良种；采用并窝技术；幼鸽及早离窝人工育肥；提供完善全价的日粮及保健砂；加强免疫等。

①一只生产性能好的母鸽，年产蛋 8 ~ 10 对。因此，要选择产蛋率高的品种与个体，及时淘汰低产鸽、换羽过早和换羽时间过长的种鸽、老年鸽和病鸽。

②给予产鸽全价优质的饲料和保健砂，以提高其营养水平，提高其身体素质，尤其是育雏后期又快要产蛋的产鸽，要保证充足的蛋白质饲料，日粮中豆类应占 30%，在夜间最好加喂一餐。一般一只成年鸽每天需要维生素 A 200 国际单位，维生素 B_2 1.2 毫克，维生素 E 1 毫克，食盐 0.5 克，低于这个标准，产蛋率会下降。

③鸽舍要有适宜光照、通风、干燥，环境良好。

④发现产软壳蛋、砂壳蛋者，应给予抗生素治疗，同时，要补充骨粉等含钙矿物质。

⑤孵蛋后第 5 天照蛋。两个蛋均是无精蛋马上除去，如只有一蛋受精，则采取并蛋孵化，以促使无蛋可孵的母鸽早日产蛋。

⑥通过早期或中期并蛋，而且让一对种鸽一次孵 3 ~ 4 个种蛋，可以较多让出种鸽不孵蛋而进入次窝蛋的生产，是提高种鸽繁殖力有效措施。

⑦采用孵化机孵化种蛋，孵出后交由保姆鸽哺育，可提高部分种鸽产蛋效率。

二、提高受精率的措施

①喂给生产鸽的饲料要有标准：饲喂足量全价饲料，不能有什么饲料就投喂什么饲料。

注意补充维生素 E 和饲喂火麻仁。

②适度的光照和运动是提高受精率很重要的外因，尤其是笼养鸽舍，在建舍时要考虑采光因素。

③一般认为用新母鸽配老公鸽可提高受精率：老公鸽是指比初产母鸽大半岁至一岁的公鸽。

④公、母鸽配对后，多次产无精蛋，但又年轻健康者，可以拆散重新配对，有可能会提高受精率。

⑤公鸽性欲不强，用丙酸睾丸酮肌肉注射，一次注射 5 毫克，隔 2～3 天再注射 1 次。

⑥一般生产鸽以笼养为好：如群养也应以小群饲养为宜，在每对生产鸽的巢房门前设跳板，便于交配。这样才能减少交配时受其他公鸽的冲击与干扰。

⑦通常 2～3 岁是繁殖高峰期，4 岁后要开始淘汰：要及时淘汰性欲衰退的老公、母鸽及劣种鸽。

⑧应对产蛋常不受精，年产蛋低于 5～6 对的产鸽逐步淘汰，年淘汰率达到 15%～20%。

三、提高孵化率的措施

①按时照蛋和并蛋：孵化至第 4～5 天和第 10～12 天进行第一次和第二次照蛋，把无精蛋、死精蛋和死胚蛋及时剔出。把单个蛋的进行并窝，让提前终止孵化的鸽子能及早产蛋。

②尽量减少破蛋：造成破蛋原因有以下几种：蛋巢低而不平，使两蛋不能集中，容易被亲鸽踩破；巢内垫料不柔软造成；亲鸽感情不和，常常相啄，跳来窜去；饲养管理人员工作不细心或技术不熟练，使鸽受惊而踩破蛋；因保健砂营养价值不平衡，使亲鸽缺少某些微量元素而吃鸽蛋所致。要针对各种情况采取必要的饲养管理措施。

③生产鸽的饲料营养要全面：尤其是维生素和钙、磷、锌、锰、铁等微量元素不能缺乏。要防止饲料、保健砂配合上的单一化。

④要防止近亲繁殖，否则易出现较多的死胚蛋，而且后代的种质不良。

⑤孵化环境要安静，防止邻鸽及各种因素的干扰：寒冷季节孵化，要做好鸽舍保暖工作，防止贼风进入，室温尽量保持在 10℃ 以上，防止鸽蛋受冻。

⑥蛋巢及其周围要保持清洁干净，鸽蛋如被粪便污染时，要小心清除。

⑦孵蛋 18 天时，若有因胚弱而破壳困难者，应人工助产，否则雏鸽会闷死。

四、提高雏鸽成活率的措施

①初生雏鸽未长羽毛，注意保持鸽舍干燥：特别是春夏多雨季节，巢盆垫料切勿潮湿，否则病原微生物易于繁殖而导致疾病的发生；炎热盛夏，注意保持鸽舍通风散热，以免中暑；寒冷季节要注意鸽舍防风保暖，以免受凉生病。

②育雏的巢盆、垫料必须保持干燥：每天要清除其中粪便；若有鸽螨、鸽虱、蝇幼虫孳生于巢盆及周围时更要及时灭虫。

③严防邻鸽干扰打斗：初生幼雏，体小幼弱，亲鸽常孵育保护，此阶段切勿让邻鸽干扰打斗，否则亲鸽易于将幼雏抓伤踏死。此情况在铁丝笼养鸽较常见。

④注意饲料质量：8～25 日龄的乳鸽，生长发育最快，此阶段务必保证饲料的质和量，减少或去掉有壳谷料，增加绿豆、豌豆、小麦，并整天供应饲料、保健砂和清洁的饮水，晚

上亮灯喂料喂水一次，好让亲鸽尽量喂饱雏鸽。有条件最好饮水中添加复合维生素 B，可帮助消化，加速生长发育，增强抗病力。

⑤采取"预防为主，防治结合"的方针，着重做好平时的防治工作：不得使用陈旧变质饲料，饲料和饮水不让粪便污染；引入的种鸽需隔离 21 天，无病者才合群；搞好清洁卫生，勤清粪便，定期消毒；防蛇、防鼠，禁止外人、畜禽、野鸟进入鸽舍；每天细心观察雏鸽、亲鸽的精神状态、食欲、粪便，表现异常立即诊疗，留意发病苗头，务必早期治疗；亲鸽有病，雏鸽亲鸽同时给药；有鸽痘发生的鸽场，最好接种鸽痘疫苗；发生严重的传染病流行时，应马上采取紧急防疫措施；死鸽要烧毁、深埋，彻底消毒环境及饲养用具。

五、保姆鸽的选择和使用方法

保姆鸽要求选用体型适中，性情温驯，善于孵育后代的生产鸽。在肉用鸽生产中，保姆鸽的利用非常重要，有以下几种情况需要保姆鸽来完成孵化和哺育乳鸽的任务。①减少生产鸽的负担，提高生产率；②代替不善于孵化哺育的生产鸽；③充分发挥优良肉用种鸽的生产性能。

一般要求保姆鸽的选择应具备以下条件。

①没有疾病，精神状态较好；②要有较强的孵化、育雏能力；③要选择 1 岁以上、4 岁以内的生产鸽；④要求正在下蛋，正在孵化或正在育雏的生产鸽，被代孵的蛋或被哺育的仔鸽的日龄，与该保姆鸽的蛋或乳鸽的日龄相同或相近，只能相差 1～2 天，才能使育雏阶段的保姆鸽分泌的鸽乳浓度与乳鸽的需要相适应。

找到合适的保姆鸽后，就要把被孵化的蛋或乳鸽放入该鸽的蛋巢中，方法是：将蛋或乳鸽拿在手里，手背向上并稍挡住生产鸽，以防生产鸽啄破蛋或啄死仔鸽，趁鸽不注意时轻轻将蛋或乳鸽放进巢中，动作要快且轻。这样，保姆鸽就会把放入的蛋或乳鸽当做是自己的，继续孵化和育雏。

第七章　肉鸽生产中异常情况的处理

在肉鸽生产中，常因饲养员、环境、气候、饲料、药物等因素的影响，出现异常的生产情况，应针对异常情况，采取措施加以解决。

第一节　初配鸽存在受精率低、孵化率低的现象

初配鸽常存在受精率低、孵化率低的情况，其主要原因有以下几种。

一、鸽龄小

许多品种，尤其是重型品种的年轻种鸽，在产第一窝蛋时易产出无精蛋。在大鸽群中，第一窝蛋的无精蛋比例可达50%或更多。

处置方法：这种情况可随着年龄的增长而改善。

二、先天不育

无论公母鸽，都有少数个体是先天不育的，一般无法治愈。

处置方法：这种鸽子应予淘汰。当怀疑某羽鸽子不育时，可令其先后与3只不同的异性鸽交配，若3次交配都不产生受精蛋，则认为该鸽是不育的。

三、母鸽生殖道异常

有些母鸽常因生殖道异常而不受精。白垩质蛋壳的蛋几乎100%是无精蛋的，即使受精孵化率很低。

处置方法：该类母鸽应及时淘汰。

四、两窝蛋间隔时间过短

如果一对鸽子因某种原因失去了所产的蛋而很快又产下一窝蛋，该窝很有可能是无精蛋。

处置方法：对该类鸽子，应及时将其隔开或送给仔鸽寄养，否则可连续几窝都产无精蛋。为此，可让母鸽休息7~10天不产蛋，这种暂时的现象就会消失。

五、同性配对

在自然配对和人工强制配对中，都有可能出现同性配对现象，当一对母鸽结成伴侣时，两只母鸽都会产蛋，产下的蛋都是无精蛋。

处置方法：当一对鸽子连续产3~4枚蛋时，可判定其都是母鸽，应拆对重配。

六、弃孵

刚配对的青年鸽在孵其第一窝或第二窝蛋时，比年龄大的鸽子容易发生弃孵。此处的弃孵不是指对无精蛋孵化足够时间后不出雏将其遗弃，而是指在孵化受精蛋过程中不待其出雏，在不足孵化期所需时间时将其遗弃。遭遗弃的蛋会变冷而使其中的胚胎死亡。

处置方法：发现这种情况，可将鸽笼遮黑让鸽子安心孵化，待其安定后再摘取黑帘。若仍不行，可施行鸽蛋寄孵。

七、破蛋引起死胚

初配鸽常因缺乏孵化经验，踩破蛋壳，使胚胎在孵化中死亡。

处置方法：应及时照检，发现正在发育的胚蛋破裂，可用鸡蛋壳修补。

第二节　生产鸽同窝不和现象

一、配对不正确

配对时须细心鉴别公母鸽，保证准确配对；对难分辩的种鸽，可适当推迟配对。

处置方法：对配对 2~3 天还无法一起生活的鸽，需拆散后另配合适的鸽。

二、公母鸽性情不合

公母鸽因为体形、性情差别大，上笼后不和。

处置方法：需要重新选择体形、性情差别不大的公母鸽进行调配。

三、公母性欲不协调

公鸽的性欲过于旺盛，母鸽的性欲过于冷淡或相反，公母鸽得不到性满足引起不和。

处置方法：应调配性欲相当的鸽，避免性压抑引起公母鸽不和。

四、公母鸽发病

双方发生某些疾病时引起生理机能紊乱，性情发生改变导致公母鸽不和。

处置方法：应及时医治疾病，对治愈后仍不和者需重新调配给合适的鸽。

五、公母鸽在生产过程中一方过于疲劳

由于人为的并蛋并仔、过渡孵化、哺喂仔鸽，会加重公母鸽的负担，易引起疲劳；公母鸽中有一方过于懒惰，一方需长期负担孵蛋带仔的任务引起过度劳累。

处置方法：合理的进行并蛋并仔，对公母鸽一方过于懒惰的进行适当的调配，勤配勤、懒配懒，减少疲劳症的发生。

第三节　产蛋鸽停止产蛋现象

一、疾病

产鸽患慢性肠炎、鸽痘、念珠球菌病、慢性呼吸道病时引起停产。

处置方法：平时应搞好清洁卫生，定期预防，减少疾病发生，有病及时医治不得拖延。

二、过肥或营养不良

产鸽过肥时的处置方法：可在一段时间内减少料的饲喂量或寄仔鸽带喂，体质恢复正常时饲喂正常饲料量；

营养不良时的处置方法：重新调配配方组成成分，保证蛋白质、碳水化合物及维生素、矿物质等满足鸽需要；饲料用量也需保证，不多不少；对因营养不良而消瘦的产鸽，应补喂给合适的饲料。

三、产鸽负担过重，过于疲劳

高产鸽或连续孵化3个蛋、哺喂3只仔鸽的鸽易引起过度疲劳，体质机能降低，降低了生殖机能。

处置方法：对高产鸽可间隔的把仔鸽并给其他鸽带喂，减轻负担，平时合理并蛋并仔，避免引起种鸽过度疲劳。

四、生殖道炎症

卵巢等生殖道病引起卵巢分泌卵子机能停止或下降。

处置方法：应经常观察母鸽肛门的排泄物的形状，及时检查母鸽腹部并触摸其柔软度，发现异常情况及时处理，经治疗后无繁殖意义的需淘汰。

产鸽接种疫苗易引起生殖机能紊乱而停产一段时间。

处置方法：一般疫苗应在童年或青年鸽期间接种完。

治疗疾病的某些药物如磺胺脒等用量过大或长时间使用时易引起停产。

处置方法：治疗疾病时应尽量选用效果好且副作用较小的药物来代替，避免因应激作用引起生殖机能紊乱。

五、产鸽换羽阶段停产

属于季节性停产，一般在每年的9～11月期间换羽。

处置方法：尽量缩短换毛时间，加快换羽速度，缩短不产蛋的时间。在换羽期间让产鸽孵蛋哺喂仔鸽，充分利用鸽换羽的间隔期。

六、产鸽年龄过大

产鸽年老后生殖机能降低或消失。

处置方法：一般5年以上或年产仔鸽10只以下者均需淘汰；对年轻产单蛋或不产蛋者，在喂给卵黄素几天后还没有反应者需淘汰。一般母鸽的肛门变为紫蓝色并干燥呈石灰状时，这种鸽已无产蛋利用价值需淘汰。

第四节　产蛋异常现象

一、产砂壳蛋或软壳蛋

1. 钙磷比例不适或钙磷不足

处置方法：调配饲料及保健砂时需保证足够的钙磷，比例要合适，满足鸽的需要。

2. 生殖道疾病

处置方法：平时搞好清洁卫生，保证鸽舍及设备干净干燥，加强对大肠杆菌病、沙门氏菌病、脱肛、输卵管炎等疾病的预防工作。

3. 应激因素干扰

处置方法：平时天气变化过大时需作好保护工作，防寒保暖防潮湿，通风降暑，定时灭鼠，减少鼠害，保持环境安静，降低应激反应影响。

二、产双黄蛋或珍珠蛋

处置方法：配制合适的混合料，喂料充足，供给充足的营养，保持房舍四周环境安静，减少影响。

三、产单蛋

产鸽老化、疾病和应激反应时，均可发生产单蛋现象。

处置方法：对老龄鸽，除可挑选个别孵性好做保姆鸽以外，一律淘汰；发生疾病及时诊治；应激反应时清除外界干扰，保持安静，防止在产蛋期间受惊吓。

四、产变形蛋

有时候输卵管蛋壳分泌不正常或输卵管的峡部、子宫收缩反常，导致产生变形蛋。

第五节　产鸽不孵蛋

一、产鸽自身孵化性能差

处置方法：对产蛋性能特别好者可把蛋并给其余合适的鸽孵化，否则予以淘汰。

二、外界环境变化

处置方法：平时及时做好保护工作，防寒保暖，通风消毒，保证蛋及巢盆清洁干净，及时灭鼠减少鼠害，尽力保持四周环境安静。

三、产鸽发生疾病引起

处置方法：房舍内需通风透气，保持空气新鲜，保持舒适的生活环境，减少疾病的发生。有病鸽及时医治，不孵蛋者把蛋并给其他鸽代孵。

第六节　无精蛋增多

一、外界干扰刺激

天气剧变时应及时做好保护工作。定时灭鼠减少鼠害，平时留心观察配种周期，在配种时尽量少走动，保持环境安静。

二、鸽肛门四周羽毛过长

鸽肛门四周羽毛过长、过密会影响配种受精。

处置方法：剪掉。

三、保健砂或饲料不合格

缺乏蛋白质、维生素 A、维生素 D、维生素 E、维生素 B_1、维生素 B_2、维生素 B_6 及矿物质元素锰、锌、碘等时，鸽易产无精蛋。

处置方法：鸽饲料和保健砂必须保证质量合格，保证这些物质的需要量。

四、生殖道疾病

处置方法：积极预防生殖道疾病，降低发病率，平时注意母鸽腹部，有异常情况及时诊治，无使用价值者淘汰。

五、公鸽性欲差

处置方法：对性欲差的公鸽喂给丙酸睾丸酮，淘汰过劳无用的鸽。性未成熟鸽待性成熟后再上笼。过肥鸽减少喂料量或并给仔鸽带喂减肥。

第七节　死胎蛋增多现象

一、产鸽中途不孵蛋

处置方法：保持外界环境安静，减少兽害，预防疾病，保持鸽有旺盛的精力，不使鸽过度疲劳。

二、蛋巢及巢垫布肮脏潮湿，巢垫布不够厚

处置方法：保持巢垫布干净干燥，脏或潮湿时及时更换，保持清洁。冬、春天时巢垫布需足够厚，增加保温性，防止温度低冻死胚蛋。

三、维生素及矿物质不平衡

处置方法：配料需保证蛋白质、维生素及矿物质的需要量，保健砂的矿物质元素需平衡。常检查饲料及保健砂质量，发现质量差时及时纠正。

四、近亲繁殖及胎位不正，助产不正确

处置方法：引种或留种时需做好记录，防止出现近亲现象。外界刺激等因素会造成胎位不正，无法出壳。助产时需细心，需小心护理。

五、蛋壳过厚、过薄及种鸽年龄较老

处置方法：确保钙磷比例合适，无生殖道疾病，使蛋壳厚薄适宜。初产鸽孵化性能相对低，中龄鸽孵化性能好，较老鸽孵化性能低。加强对初产鸽及老鸽的检查，不孵化的种鸽需及时将种蛋合并给其他鸽孵化。

第八节　产鸽不肯喂仔现象

一、亲鸽哺喂性能差或同窝死仔1只

处置方法：对哺喂性能差的亲鸽需人工哺喂仔鸽，满足仔鸽营养需要。对死仔的亲鸽，观察 1~2 天有异常情况时及时并给其他鸽带喂，正常的可不并。

二、亲鸽或仔鸽有病（仔鸽有病时亲鸽少喂或不肯喂仔）

处置方法：应补喂营养性饲料，并及时医治好病。

三、亲鸽饥饿

处置方法：保证饲料质量和数量，特别是在带喂仔鸽阶段。

四、保健砂质量差或不足

处置方法：调整配方，平时按需要量添加，满足鸽的需要，配好的保健砂放于阴凉干燥的地方，保持新鲜干燥。

第九节　产鸽多病现象

一、饲料质量差，营养不平衡

鸽混合饲料需多样化，营养齐全，干净不变质，质量好。

二、管理不善，清洁卫生差

日常管理措施需做好，各种预防保护措施必须及时落实。

三、水质不干净或缺水

平时需保证水质稳定干净，常换水并清洗饮水器，定期用高锰酸钾消毒水器，保证供给足够的饮水，特别是在炎热季节。

四、保健砂质量差，矿物质不平衡

配制保健砂需确保质量和喂量，保证矿物质等能满足鸽的需要量。

五、蚊鼠等过多

定期灭鼠灭蚊，用电击或投毒饵法来灭鼠，用灭蚊灵来喷洒灭蚊或用蚊香灭蚊。用农药灭蚊或老鼠时，需预防肉鸽中毒，及时做好用药后残留物的处理工作，保证安全。

第十节　仔鸽消瘦现象

一、亲鸽哺喂仔鸽能力差

亲鸽不适合做保姆鸽。

二、饲料营养不平衡或喂法不当

鸽混合饲料各种成分比例要合适，坚持群喂与补喂相结合。对带仔产鸽，必须增加补喂的次数。饲料颗粒尽量小些。

三、仔鸽或亲鸽有病

及时医治疾病，补喂适宜的营养物和健胃助消化添加剂。

四、保健砂质量差或数量不足

平时常检查保健砂的成分是否齐全，含量是否充足；各种材料新鲜质量好，配合时各成分混合均匀，保管方法恰当；防晒防雨淋，保持新鲜干燥。用量必须充足，对带仔的产鸽尽量保持每天添加一次保健砂。

五、缺水

平时应保证足够的水给产鸽饮用，观察喂料前亲鸽喂仔的次数及喂料后亲鸽喂仔料的湿度，缺水时可人工灌喂适量水给仔鸽。

第十一节　青年鸽多病现象

一、密度过大

密度过大时造成环境卫生不好，易引发疾病。

处置方法：群养时以每平方米 10 只为好，笼养时以 50 厘米 × 50 厘米 × 65 厘米的单笼饲养 4 ~ 5 只为好。留种的数量要根据育种鸽房的面积来确定。

二、饲养管理不善

搞好清洁卫生，保持房舍清洁干净和干燥，定时预防疾病，定时驱虫，定期消毒房舍及地面。对有病鸽加强护理。平时需观察气候的变化情况，及时采取相应措施。防寒保暖，消暑降温，保证鸽舍适宜的温湿度，采光充足，空气新鲜。

三、饲料不合格

平时需保证饲料质量，防止变质、被虫吃或鼠吃。

四、水质不干净或缺水

平时需保证水干净并有足够的饮用水，并提供合适的水量供青年鸽沐浴用，保证鸽身体羽毛干净，有好的生活环境。

五、仔鸽过早离窝饲养和缺少保健砂

留种的仔鸽必须能独立生活后才能离开亲鸽进入育种鸽房。要求仔鸽强壮无病无残，保证质量。青年鸽必须按产鸽那样供给足够的保健砂。

第八章 蛋鸽高产关键技术

第一节 优质杂交蛋鸽配套系选育技术

一、商品鸽蛋的品质与性状

鸽蛋营养丰富，且具有极高的药用价值，被誉为"动物人参"，我国历代美食家更是将其与燕窝比肩，同列为"山珍海味"的"中八珍"之一。据中国医学科学院卫生研究所资料表明，鸽蛋含有多种人体必需的氨基酸和8种各类维生素，是高蛋白、低脂肪的珍品，而且鸽蛋还含有很高的人体生命活动所必需的胶原蛋白，具有增强人体免疫和造血的功能，对手术后的伤口愈合、产妇产后的恢复调理以及儿童的发育成长更具功效，是一种老少皆宜的药膳佳品。目前，市场需求旺盛，产品供不应求。

市面上流通的商品鸽蛋有：光蛋（无精蛋）、鲜鸽蛋、种鸽蛋。光蛋是在经过几天孵化并确定未受精的蛋。鲜鸽蛋是新鲜的鸽蛋，大多是经双母配对产的商品鸽蛋。种鸽蛋可用于孵化出幼鸽的鸽蛋，即受过精的鸽蛋。种蛋价格一般最贵，光蛋的价格相对便宜。

鸽蛋外形匀称，表面光洁、细腻、白里透粉。正常的鸽蛋形状呈椭圆形，与气室相对的一端稍小，但无明显的钝端和尖端；鸽蛋的大小随鸽种的不同而有很大不同，即使在同一家系中，鸽蛋的形状和大小有时也会有很大的不同；刚产下的鸽蛋呈白色，表面很光滑，在阳光下呈半透明状，没有在鸡蛋中较常见的粗糙的沙壳蛋。鸽蛋煮熟后，蛋白是半透明的。

二、杂交亲本的选择

1. 母本要求

母性强，产蛋量高，蛋型性状和蛋品质高，亲本体型中等。

2. 公本要求

亲本体型较大，后裔产蛋量较高，蛋重较大。

三、商品杂交蛋鸽配套系的选育

1. 二元杂交配套系

泰森♂×卡奴♀或泰森♂×落地王♀

2. 三元杂交配套系

卡奴和落地王二元杂交，选择其中各项性状优秀的杂交组合作母本与泰森公本进行第二轮杂交，其后裔即为商品代蛋鸽。

第二节 蛋鸽双母配对技术

由于鸽子特有的生理特性，传统一公一母配对模式和相关饲养技术的生产水平较低，一对蛋鸽平均每月仅能获取 3.5 枚鸽蛋，而且饲养成本也相对较高。

因此人们采用双母配对的模式进行商品蛋鸽的人工饲养，通过对两只母性蛋鸽的自然配对或人工强制配对，以"同性恋"的模式获取无精的商品鸽蛋，

蛋鸽双母配对方法，包括如下技术措施。

一、选择蛋用母鸽

在乳鸽饲养至 28 天左右时，采用早期公母鉴别措施进行筛选，母鸽留用，公鸽作商品处理，并连续对母鸽群进行观察和性别鉴定，以完全淘汰母鸽群中的公鸽。

二、自然配对

筛选出的母鸽饲养至 4.5 月龄时在大型散养青年鸽笼中进行自然配对；对未能实现自然配对的母鸽，进行强制双母配对。

三、强制配对

双母强制配对过程可分为 4 个阶段。

1. 缩小配对群，加强观察

将至少 10 只在大群中未能实现自然配对的青年母鸽放在一个较大的配对笼中，在一周内观察母鸽表现。

2. 精选配对母鸽，双母同笼观察

将两只经常喜欢挨在一起或能表示友好、不打斗的母鸽筛选出来，放在同一个蛋鸽笼中，继续观察母鸽表现；2~3 天后，如两只母鸽不打斗，则表示配对成功。

由于两只母鸽在一起时，容易产生对啄等打斗动作，强制配对是应采用连续观察的方式筛选出不发生打斗且比较依赖的母鸽进行配对，增加配对成功率。

3. 强制配对失败，母鸽拆开重配

如精心筛选出来两只放在同一蛋鸽笼中的母鸽出现打斗现象时，表示强制配对失败，应进行重新配对，即将两只母鸽再分开，分别放在其他大群配对笼中进行重新配对，直到配对成功。

4. 直接强制配对

也可以采用直接将两只母鸽放在一个蛋鸽笼中的方法，观察 2~3 天后，如两只母鸽不打斗，则表示配对成功。

第三节　无蛋巢蛋鸽笼

一、传统鸽笼

由于鸽子特有的生理特性，利用传统一公一母配对模式饲养商品蛋鸽，由于种鸽交配、孵化、哺乳等生理特点，其生产和生活过程离不开蛋巢，因此，所使用的鸽笼所占空间较大，一般长、宽、高分别为 50 厘米×60 厘米×50 厘米，目前，蛋鸽饲养所使用的鸽笼主要是此类鸽笼，包括群养式鸽笼、单笼和配对笼等。其中，群养式鸽笼主要用于饲养种鸽和产蛋鸽，其他鸽笼主要用于饲养青年鸽及配对、隔离等。

群养式鸽笼一般是在群养鸽舍内设置柜式鸽笼，又称巢房柜或群养式巢箱。柜式鸽笼可用钢丝、竹、木、砖等材料制成。规格多样，一般有4层和3层不等。每只鸽笼放置一对蛋鸽，并配置食槽、饮水器、巢盆、保健砂杯、栖架等辅助用具。

考虑到饲养工人的操作方便，此种鸽笼一般采用3层叠加，饲养密度较低，而且工人每天清理蛋巢、捡蛋等操作需反复打开笼门，劳动强度很大，而蛋巢的存在，还经常会造成鸽蛋的破损和污染，影响产品质量和养殖效益。

二、无蛋巢鸽笼

此类鸽笼主要对传统鸽笼进行了以下3个方面的改造。

1. 调整鸽笼设置，实现无蛋巢自动滚蛋

主要是调整了专用于蛋鸽饲养的鸽笼的设置主体，取消了传统饲养模式所使用鸽笼中的

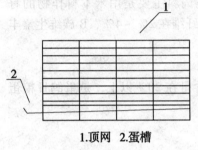

1.顶网 2.蛋槽

图21 无蛋巢蛋鸽笼（单层）

蛋巢和栖架，调整了专用笼的底网，使该底网与鸽笼主体的顶面以约1.5°的角度倾斜设置在鸽笼主体上，且一侧延伸于所述鸽笼主体之外约5厘米，延伸一侧的高度低于对侧高度并使其外侧端部向上翘起，形成一集蛋槽（图21）。

经过这一设置调整后，蛋鸽集中在鸽笼主体内的底网上活动，蛋鸽产后后，由于底网的倾斜设置，鸽蛋自动滚落到底网的集蛋槽，饲养人员可以轻松的观察到鸽蛋，并方便捡拾；而且由于去除了蛋巢，不但减轻了工人的劳动强度，还显著降低了鸽蛋的污染和破损。

2. 调整鸽笼规格，提高蛋鸽饲养密度

主要是调整了专用于蛋鸽饲养鸽笼的主体规格，使专用蛋鸽笼的长度为43厘米，宽度为55厘米，高度为34厘米，其所占空间比传统鸽笼减少87%（图22）。

经过上述结构调整后，与传统鸽笼比较，在相同空间面积的一组鸽笼笼架中，鸽笼叠层可增加到4层，且每层的笼位增加到了5笼，这样调整后，每组笼架的鸽笼数由传统模式的12笼位增加到了现在的20笼位，蛋鸽的饲养密度也由此提高了67%。

3. 调整鸽笼材料，降低鸽蛋破损率

本无蛋巢鸽笼摒弃了传统的鸽笼主体，在鸽笼主体内并不设置蛋巢，蛋鸽直接在底网上活动，产下的鸽蛋也直接落到底网上，并滚到外侧的集蛋槽，而传统模式由普通钢丝制成的鸽笼底网容易造成鸽蛋的破损。为此，本专用笼改造过程中，在选用传统材料制作鸽笼主体后，对由普通钢丝纵横交错制成的底网材料采用涂塑工艺处理，使底网表面涂覆有一层塑料，形成网状涂塑钢丝底网，可显著降低鸽蛋的破损率。

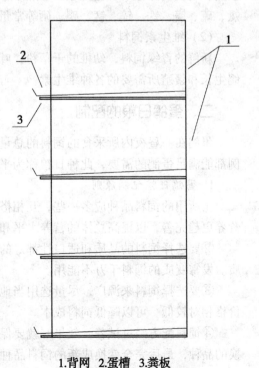

1.背网 2.蛋槽 3.粪板

图22 调整规格后蛋鸽笼（4层）

采用上述技术措施后，这一新型无蛋巢蛋鸽专用笼通过去除蛋巢、调整专用鸽笼规格、增加叠层和笼位等措施，显著提高了蛋鸽饲养密度；同时通过采用底网涂塑工艺、设置集蛋槽和倾斜安装方式，实现了自动滚蛋，便于集拾鸽蛋，且有效降低了鸽蛋的破损率，从而显著提高了商品蛋鸽养殖的生产水平和经济效益。

第四节　优质蛋鸽日粮的配制

一、蛋鸽常用饲料（原料）及营养成分

1. 蛋鸽主食饲料

（1）能量饲料

主要有玉米、小麦、糙米、小米（粟）、高粱等。这类饲料主要是用禾本科作物的籽实，含碳水化合物70%以上，含蛋白质在7%～12%，含粗纤维在2%～4%，B族维生素丰富，是蛋鸽日粮能量的主要来源。

（2）蛋白质饲料

主要有豌豆、绿豆、大豆等豆类作物的籽实。蛋白质含量在20%以上，是蛋鸽日粮蛋白质的主要来源。

2. 蛋鸽副食饲料

（1）矿物质饲料

主要有贝壳粉、熟（旧）石灰、石膏、蛋壳粉、骨粉、红土、沙粒、食盐等，也可直接用矿物质（常量和微量元素）预混料。矿物质饲料主要为蛋鸽日粮提供钙、磷、钾、钠、氯、硫、镁、铁、锌、锰、碘、硒等常量元素和微量元素。

（2）维生素饲料

新鲜的青绿饲料，幼稚的干草粉，叶粉，或直接用复合多维。维生素饲料主要是提供蛋鸽生长和繁殖所需要的各种维生素。

二、蛋鸽日粮的配制

蛋鸽在一昼夜内所采食的饲料的总量称为日粮。如果营养物质的种类、数量、质量、比例都能满足蛋鸽的需要，此种日粮称为平衡日粮或全价日粮。

1. 蛋鸽日粮配制原则

①所用的饲料品种应多一些，互相搭配使用，使用不同饲料的营养成分能互相补充，使营养更趋完善，以提高总体的营养水平和饲料利用率。

②要选择饲料的品质和适口性都好的，做到饲料新鲜、无杂质、无污染、无蛀虫、无变质。发霉变质的饲料千万不能用。

③要选择饲料来源广，尽量选用当地的饲料，因为当地的饲料有利于保证饲料的供应及价格相对较低，可以降低饲料成本。

④饲料配方经过试养，效果好就要保持相对的稳定。需要变换饲料时，要逐渐加进新变换的品种，最后完全变换成新的饲料品种。

2. 蛋鸽日粮配制方法

根据蛋鸽常用饲料和本地饲料资源情况，参照参考性饲养标准，初步确定所选用的饲料

所占的百分比。

①从饲料成分表中查出所配合的各种饲料的营养成分，用每种饲料所含的营养成分（如代谢能、粗蛋白质、粗纤维、钙、磷等）乘以所用饲料的百分数。

②与参考性饲养标准进行对比，即把同一项（如粗蛋白质）的各种饲料的乘积相加，与参考性饲料标准的规定营养需要对照比较。如果配合日粮与饲料标准相差不大，就可以使用。如相差很大，就要进行调整，使其达到或接近蛋用鸽饲料养殖标准规定的数值时为止。如果能量偏高，而蛋白质含量偏低，就增加含量高的蛋白质和豆类用量，而适当降低高能的谷类，这样进行几次调整后，是各项营养成分基本达到营养标准，就可以使用了。

三、蛋鸽颗粒饲料介绍

使用全价颗粒饲料的优点如下。

①可以使蛋鸽日粮中的粗蛋白质从原来的 13%～15% 提高到 18%～20%，并容易按需要添加氨基酸、微量元素和多种维生素等。

②因颗粒饲料营养配比全价，且易被消化吸收，可提高乳鸽成活率，提高蛋鸽产蛋率。

③使用颗粒饲料方便饲养管理，可以充分利用蛋鸽平时不喜欢吃的豆粕、豆饼等优质饲料。对比试验的结果表明，饲喂颗粒饲料的鸽群比原料饲料的鸽群提高生产率 15%，经济效益十分显著。

在使用蛋鸽全价颗粒饲料时，产蛋鸽饲料从饲料原料转向全价颗粒饲料必需经过起码 9 天的过渡阶段。第一天用 80% 饲料原料加 20% 颗粒饲料；第二天用 70% 饲料原料加 30% 颗粒饲料；依此类推，至第九天可采用 100% 的颗粒饲料。

需要提醒的是鸽场在使用全价颗粒饲料时仍一定要供给保健砂，试验证明，使用保健砂效果更好，这是因为鸽的肌胃需有一些粗砂粒帮助消化，增强消化功能，提高饲料的利用价值。

四、保健砂的配制与使用

1. 保健砂的配制方法

在配制保健砂时，对配料的选择和要求如下。

一是选用的各种配料必须清洁干净，纯净新鲜，没有杂质和霉败变质。

二是在混合配料时应由少到多，多次搅拌，一定要混合均匀。用少量的如氧化铁（红铁氧）、生长素等，可先取少量保健砂均匀混合，再混进全部的保健砂中。

三是在保健砂配制后，使用时间不能太长，否则会不新鲜、易潮湿变质或发生不良的化学变化，以免影响功效。一般可将保健砂的主要配料，如蚝壳粉、骨粉、砂粒、红土（黄土）、生长素等先混合好，其数量可供鸽群采食 3～4 天。

四是再把用量少及易氧化、易潮解的配料在每天喂保健砂前混入。这样，保健砂的质量和作用才能有所保证。

2. 保健砂的使用方法

正确掌握保健砂的使用是非常必要的，使用保健砂应注意如下问题。

①保健砂使用期：保健砂应现用现配，保证新鲜，防止某些物质被氧化，分解或发生不良的化学变化，以免影响功效。配好的保健砂要保管好，防止潮解。

②保健砂用量：每天应定时定量供给，一般可在上午喂料 2 小时后供给保健砂。

③注意保健砂的卫生：每星期应彻底清理一次剩余的保健砂，重新更换新的保健砂，以保证质量。

④掌握好保健砂的配方：保健砂的配方不是一成不变的，应根据鸽子的生理状态、机体需要及季节等情况有所变化，这样才能适应生产实际的需要。

第五节　日常饲养管理

一、产鸽应补充光照

光照会刺激性激素的分泌，促进卵子的成熟和排出，而且晚上给予光照，蛋鸽还能正常采食。产鸽每天光照应达到 16～17 小时，日照不足部分应人工补光。

二、制定合理的饲养制度

产蛋鸽投料的三定，即定时、定量、定质。青年鸽每天给料 2 次，于 8 时和 15 时各给料一次，每次数量不能太多，每只鸽每次给料量 15～20 克为宜；产鸽每天给料 3 次，即 8 时给料 1 次，11 时补充 1 次，15 时给料 1 次。

三、全天供应饮水

蛋鸽每天需水量平均 50 毫升左右，夏季饮水多一些。鸽子的饮水要清洁卫生，不变味，不变质，无病原与毒物的污染，饮用水的水温以自然温度为好。

饮水器经常清洗。根据鸽子的健康状况，可在饮水中加入少量保健药物，一般每次只加一种保健药物。

四、保持鸽笼清洁卫生、定期消毒和防病治病

笼养鸽由于不能运动降低了抗病能力。因此，搞好环境卫生是预防疾病的重要措施。

①保持鸽舍安静和干燥：鸽舍保持安静，是养好肉鸽的重要条件。要经常疏通舍内外的排水沟，每月用生石灰、漂白粉消毒，避免各种应激因素的产生，鸽舍出入口可用 10%-20% 的生石灰水作浅水池，供出入人员消毒。

②定期消毒：鸽舍地面、运动场、水沟、鸽笼要天天打扫，保持清洁；水槽、饲料槽除每天清洗外，每周要消毒 1 次。

鸽舍、鸽笼及用具在进鸽前可用福尔马林（甲醛）加高锰酸钾彻底熏蒸消毒；定期灭鼠，夏天定期灭蚊。

③做好防病治病工作：应根据本地区及本场的实际，对常见鸽病发生的年龄及流行季节等制定预防措施，发现病鸽及时隔离治疗。

五、观察鸽群动态

1. 观察采食、饮水情况

饮水量因气温变化而有不同，每只鸽子一般在 60～130 毫升。如果鸽子突然不采食或者食量突然下降、不饮水，表示鸽子有病或者饲料质量有问题。要及时查找原因，采取相应措施。

2. 观察精神状况

鸽子活泼好动，鸽群健康。鸽子不爱动、怕冷、羽毛松动等，说明鸽子生了疾病；

如果鸽翼尾收缩，眼有疲乏神态，或缩头缩颈静卧休息，或用嘴啄全身羽毛，安静自如，这是吃饱的表现；

如果鸽嘴巴张大，喉部抖动，气喘，在饮水旁转来转去，不思采食，这个是口渴举动；

如果不思饮食，精神不振，常蹲伏于鸽舍或笼舍的暗处、角落、眼半开半闭，羽毛松散无光泽，有时缩头，垂翼、拖尾，步态缓慢等这些是生病的现象。

要及时检查，如果有病鸽要隔离进行个体治疗。

3. 观察粪便

正常鸽子的粪便呈灰色、黄褐色或灰黑色，形状呈条状或螺旋状，粪的末端有白色物附着。不正常的粪便有：灰白色稀粪，绿色稀粪，有恶臭等。

4. 听声音

头部高举、鸣叫、追逐，两眼有神，昂头挺胸展翼，行动大步或互相追闹，这些是鸽子健康的表现。

如果发现鸽子有呼噜呼噜的声音，或者打喷嚏，或突然的咳嗽声，都是不正常的，要及时找出原因。

5. 闻气味

正常健康鸽子是闻不到什么异味的。如果发现恶臭或有其他刺鼻的腥臭味，应进一步观察，寻找原因。

6. 查看是否有天敌危害

如果发现有蛇、黄鼬、鼠等吃蛋、吃雏鸽，必须及时防范。

第四篇

野鸭饲养与繁育技术

第一章　概　述

野鸭是水鸟的典型代表，属鸟纲、雁形目、鸭科。广义的野鸭是多种野生鸭类的通俗名称，其数量和种类非常多；狭义的野鸭系指绿头鸭，是最常见的大型野鸭，也是除番鸭以外所有家鸭的祖先，是目前开展人工驯养的主要对象。

第一节　野鸭的生物学特性

一、形态特征

1. 成年野鸭

雄野鸭体型较大，体长 55～60 厘米，体重 1.2～1.4 千克；头和颈暗绿色带金属光泽（绿头鸭即因此而得名），颈下有一非常显著的白色圈环；体羽棕灰色带灰色斑纹，肋、腹灰白色，翼羽紫蓝色具白缘；尾羽大部分白色，仅中央 4 枚羽为黑色并向上卷曲如钩状，这 4 枚羽为雄野鸭特有，称之雄性羽，可据此鉴别雌雄。

雌野鸭体型较小，体长 50～56 厘米，体重约 1 千克；全身羽毛呈棕褐色，并缀有暗黑色斑点；胸腹部有黑色条纹；尾毛与家鸭相似，但羽毛亮而紧凑，有大小不等的圆形白麻花纹；颈下无白环，尾羽不上卷。

绿头野鸭的腿脚橙黄色，爪黑，故又称之为大红腿鸭。

2. 雏野鸭及其生长过程的形态特征

雏野鸭全身为黑灰色绒羽，脸、肩、背和腹有淡黄色绒羽相间，喙和脚灰色，趾爪黄色。

雏野鸭的羽毛生长变化有一定规律：15 日龄毛色全部变为灰白色，腹羽开始生长；25 日龄翅羽生长，侧羽毛齐、展羽；30 日龄翅尖已见硬毛管，腹羽长齐；40 日龄羽毛长齐，翼尖长约 4 厘米；45 日龄尾羽羽片展开；50 日龄背羽长齐，翼尖羽毛长约 8 厘米；60 日龄翼羽生长到 12 厘米，副翼的锦羽开始生长；70 日龄主翼羽长达 16 厘米，锦羽长齐，开始飞翔；80 日龄羽毛长齐，翼长达 19 厘米，具有成年鸭的形态特征。

3. 雌雄鉴别

成年野鸭，雄野鸭尾羽中央有 4 枚雄性羽，为黑色并向上卷曲如钩状，颈下有一非常明显的白色圈环。这些是成年雄野鸭最典型的特征，而成年雌野鸭则无这些特征。

雏野鸭可用以下方法鉴别。

①外观鉴别法：把雏野鸭托在手上，凡头较大、颈粗、昂起长而圆，鼻基粗硬，平面无起伏，额毛直立的为雄野鸭；而雌野鸭则头小，身扁，尾巴散开，鼻孔较大略圆，鼻基柔软，额毛贴卧。

②动作鉴别法：驱赶雏野鸭时，低头伸颈，叫声高、尖而清晰的为雄野鸭；高昂着头，鸣声低、粗而沉的为雌野鸭。

③摸鸣管法：摸鸣管，雄野鸭位于气管下部的鸣管呈球形，易摸到；雌野鸭的鸣管与其

上部的气管一样。

④翻肛门法：将刚出壳雏野鸭握在左手掌中，用中指和无名指夹住鸭的颈部，使头向外，腹朝上，成仰卧姿势；然后用右手大拇指和食指挤出胎粪，再轻轻翻开肛门。如是雄雏，则可见有长 3～4 毫米的交尾器，而雌雏则没有。

⑤按捏肛门法：左手捉住雏野鸭使其背朝天，肛门朝向鉴定者的右手。用右手的拇指和食指在肛门外部轻轻一捏，若为雄鸭，手指间可感到有油菜籽大小的交尾器官；若为雌性，就感觉不到有异物。

二、生活习性

1. 迁徙性

绿头野鸭为候鸟，在自然条件下，秋天南迁越冬。在我国，则常在长江流域各省或更南的地区越冬；春末经华北至我国东北，到达内蒙古、新疆以及原苏联等地。

2. 群集性

绿头野鸭喜结群活动和群栖。夏季常以小群的形式，栖息于水生植物繁盛的淡水河流、湖泊和沼泽；秋季脱换飞羽，迁徙过程中常集结成数百乃至千余只的大群；越冬时集结成百余只的鸭群栖息。在人工饲养条件下，采食、饮水、休息、睡眠、活动、戏水等多呈集体性，并且可以牧养，因此，在绿头野鸭的管理中可适当扩大群体规模；商品饲养中，一个饲养栏内饲养 3 000 只，饲养管理效果较好；当种鸭的群体达到 1 200 只时，群体的产蛋率和种蛋的受精率均获得理想效果。根据绿头野鸭的群居性，可以有效地利用房舍，节约管理成本和劳动力开销。

3. 杂食性

绿头野鸭的食性广而杂，常以小鱼、小虾、甲壳类动物、昆虫，以及植物的种子、茎、叶、藻类和谷物等为食。

4. 喜水性

绿头野鸭脚趾间有蹼，善于在水中游泳和戏水，但很少潜水，游泳时尾露出水面，善于在水中觅食、戏水和求偶交配，通过戏水有利于羽毛的清洁卫生和生长发育。在绿头野鸭的商品养殖中，不宜采用家鸭使用的旱养法，以免羽毛光泽度差，甚至折损严重，失去绿头野鸭羽毛的外观形象，降低出售市价。

5. 飞翔能力强

野生绿头野鸭翅膀强健，飞翔能力强。在 70 日龄后，翅膀长大，飞羽长齐，不仅能从陆地飞，还能从水面直接飞起，飞翔较远。在人工集约化养殖时，要注意防止飞逸外逃，对于大日龄的绿头野鸭所使用的房舍、陆地场和水上运动场都要设置网蓬。

6. 胆小，喜安静

绿头野鸭虽带有野性，但胆小、警惕性高，若有陌生人或畜、野兽接近即发生惊叫，成群逃避，如突然受惊，则拼命逃窜高飞。因此，野鸭饲养环境应安静，尽量免受人、畜干扰。

7. 适应性强

绿头野鸭不怕炎热和寒冷，在零下 25～40℃时都能正常生活，因而适养地域十分广阔。绿头野鸭抗病力强，疾病发生少，成活率高，更有利于集约化饲养。

8. 鸣叫

绿头野鸭鸣声响亮，与家鸭极相似。在南方，常用绿头野鸭和家鸭的自然杂交后代作

"媒鸭",诱捕飞来的鸭群。雄鸭叫声似"戛",雌鸭声似"嘎"。

9. 换羽

绿头野鸭一年换羽 2 次,夏秋间全换(即润羽)和秋冬间部分换羽。润羽换羽开始于繁殖期,至 8 月底结束。雄鸭换润羽时间约早于雌鸭 15~20 天,而冬季换羽几乎是同时进行。秋后部分换羽约 2 个多月。换羽顺序是先胸、腹、两肋、尾羽,头颈次之,最后是背羽。

10. 就巢性

绿头野鸭在越冬结群期间就已开始配对繁殖,一般一年有两季产蛋,春季 3~5 月为主要产蛋期,秋季 10~11 月时再产一批蛋。绿头野鸭多为筑巢产蛋和孵蛋,其营巢条件多样化,常筑巢于湖泊、河流沿岸的杂草垛,或蒲苇滩的旱地上,或堤岸附近的穴洞,或大树的树杈间以及倒木下的凹陷处,巢用本身绒羽、干草、蒲苇的茎叶等搭成。一般每窝产蛋 10 枚左右,蛋色有灰绿色和纯白色略带肉色,蛋长径约 5.7 厘米、短径约 4.2 厘米,蛋重 48.5~50 克。绿头野鸭的孵化由雌鸭担任,孵化期 27~28 天;雄鸭不关心抱孵,而是去结群换羽,交配繁殖期后与雌鸭分离,越冬期另选配偶。

第二节 野鸭的品种

我国的绿头野鸭主要在东北地区及新疆维吾尔自治区、甘肃、青海等省区繁殖。在国外主要分布于欧、亚、美洲等地的北部、格陵兰南岸、墨西哥北部以及美国佛罗里达州等地,越冬于亚洲南部、北美和中美一带,个别亚种还分布在夏威夷群岛,成为留鸟。

我国约有 10 个野鸭品种,每个品种均以雄野鸭的羽毛区别最大。

1. 针尾鸭

头深褐色,颈侧与下体连成鲜明白色,翼镜为暗铜绿色,中央尾羽特别长。

2. 绿翅鸭

体小,翼镜金属绿色,头部深栗,两侧有绿色带斑。

3. 花脸鸭

颈与尾下覆黑羽绒,胸两侧棕白,眼下和颈基各贯以黑纹,翼镜铜绿。

4. 罗纹鸭

头顶栗色,头侧和头后的冠羽铜绿,喉纯白色,前颈有一黑领,体羽发灰。

5. 斑嘴鸭

羽褐色,上嘴黑,端有黄斑,翼镜紫蓝。

6. 赤膀鸭

上体多暗灰褐色,杂以波状白纹,胸褐色有新月状纹,腹灰白,翼镜黑白两色。

7. 赤颈鸭

头顶棕白,头颈大都栗红,背灰白而带有暗色虫状纹,翼镜暗灰褐。

8. 白眉鸭

头顶与喉黑褐,具白眉纹,翼镜灰绿。

9. 琵嘴鸭

嘴前端扩大成铲状,头颈黑紫色,胸白,翼镜绿,腹红褐。

10. 绿头鸭

是最常见的比较大型的野鸭。雄鸭头和颈灰绿色,光彩夺目,故名绿头鸭。

自 20 世纪 80 年代开始，我国先后从德国和美国引进数批绿头野鸭，进行繁殖、饲养、推广，成为我国各地开发特禽养殖的新项目。近年来，在广州、南昌、上海、南京、北京、成都等地都已形成了绿头野鸭的繁殖生产基地。随着市场的经营扩展以及人们进一步对绿头野鸭的接受，绿头野鸭不仅在国内市场以及港澳地区大有销路，而且是日本、西欧等国际市场的一个消费新热点，深受大众欢迎。

开发绿头野鸭养殖已成为高产、优质、高效养禽业的新途径以及出口创汇的新产品。

第三节　野鸭的经济价值

一、食用价值高

绿头野鸭肉质鲜嫩、富含营养，其胸腿肌肉丰满、肌纤维细，清香滑嫩、野香味浓，特别是没有家鸭那种令人不愉快的腥骚味。市场普遍认为，绿头野鸭加工成食品后味道鲜美，而且具有良好的滋补药用价值，一年四季均可食用。

经测定，12 周龄的美国绿头野鸭屠宰率为 90%，全净膛率达 80%，每 100 克可食部分中含蛋白质 21 克、脂肪 4.3 克，且富含各种必需氨基酸。

二、饲料利用率高

绿头野鸭是一种适应性强、食性广、耐粗饲、容易饲养的特禽。在良好的营养与饲养条件下，生长速度快、饲料报酬高，60~70 日龄体重可达到 1.3 千克，肉料比为 1：3。

三、繁殖力强

种用绿头野鸭性成熟早，145 天即可开始产蛋，全年产蛋期长达 9 个月。在我国南方地区，春孵的绿头野鸭，在当年 10 月产蛋，冬季不休产，可连续产蛋到第 2 年 6 月末才结束，年产蛋可达 180 枚左右，种蛋受精率在 90% 以上。

四、羽毛质量好

绿头野鸭具有水禽的共同特点，羽毛生长快，成年鸭羽毛轻柔细软，手感极富弹性舒适，适宜作防寒保暖内衬材料。雄性绿头野鸭羽毛漂亮，可用作服饰及工艺加工品，市场潜力较大。

五、经济效率高

饲养绿头野鸭具有投资省、见效快、收益高的特点，是农户养殖致富的捷径。

第二章　野鸭养殖条件

第一节　场地与设备

一、场地选择

野鸭养殖场周边应无其他养殖场，既要考虑野鸭的生活习性及其环境条件的要求，还要考虑电源、饮用水源、道路和卫生防疫等条件；养殖场内应建有鸭舍、鸭滩、水面及其他配套设施。野鸭养殖场的场地选择应符合以下几个条件。

1. 环境

野鸭喜欢安静，对环境的噪音反应要比家禽敏感，因此，野鸭养殖场应建在较僻静的地方，远离噪音比较大的工厂、居民区、交通主干道等。

2. 地势

野鸭喜干怕湿，因此，野鸭养殖场应选择地势高燥、坐北朝南、通风向阳，有利于保温的地方。野鸭养殖场不宜建在通风不良的潮湿地区，也不宜建在周围有高大建筑物的地方。

野鸭养殖场内可利用现成的或人工开挖来建造一个较大的水域，并有一个坡度小于30°的坡地（鸭滩）。

3. 土质

野鸭养殖场应选择透水透气性好的沙质土壤比较适合，以便于设立地面运动场，以满足野鸭喜沙浴的习性。

4. 水源与水质

野鸭养殖场水源要充足，水质应符合畜禽饮用水标准，受工业污染的水不能用作池塘水，更不能用作饮用水，如打井取水则要作净化消毒处理。

5. 排污

养鸭场粪便排放历来是一个较麻烦的事情，因此，在建场时一定要考虑好排污设计方案，不能对环境造成污染。

6. 电力与交通

野鸭养殖场必须有可靠的电源。

野鸭养殖场应靠近消费地和饲料来源地，交通便利，以降低运输成本，保证鸭产品和饲料等运输。

7. 防疫条件

野鸭的抗病力相对于家鸭要强，但需预防野鸭发病，因此，场地最好选择没有饲养过畜禽的新地，且远离其他畜禽场、市场、屠宰场、家禽仓库、孵化房、居民点等。

二、场地规划

野鸭养殖场的建设规模应根据生产需要、资金投入情况等因素来确定。一般应有生活区、生产区和辅助区等。

1. 生活区

是工作人员生活休息的场所，应与生产区相距 200~300 米，并用清洁道路和防疫隔离设施把生活区和生产区连接起来，以利于防疫。

2. 生产区

（1）鸭舍

大中型野鸭养殖场的鸭舍可分为种鸭舍、育雏舍和育成舍。

鸭舍应根据主导风向，按孵化室、育雏室、中雏室、后备鸭舍和成年鸭舍的顺序来设置。把育雏舍放在上风头，成鸭舍放在下风头，这样能使幼雏舍空气新鲜，避免成鸭舍排出的污浊空气的侵入和病源的感染，从而减少幼中雏发病机会。

农户养殖时，鸭舍建造可因地制宜，因陋就简地利用空闲房舍进行改造和修建。

（2）鸭坪

鸭坪是连结鸭舍和鸭滩之间的陆上运动场地，是供野鸭在舍外采食、饮水、理毛和休息的区域。鸭坪面积以每平方米饲养 20 羽野鸭为宜来设计。鸭坪要平而坚实，并有 15° 的倾斜度，防止下雨时积水。鸭坪上应配置天网，有条件的野鸭养殖场可考虑设立遮阳设施。

（3）鸭滩

鸭滩是从水面到鸭坪的斜坡，坡度应掌握在 30°，可用混凝土修造，并在上面铺上草垫，起到防滑作用。

（4）水域

野鸭具有喜水性，因此，场内须具有足够面积的水域。

建鸭场时可利用现成的河、湖、塘，也可人工开挖。水池面积按每平方米水面 15~20 羽标准确定，池深 30~50 厘米，池内要建有供水和排水管道，以便经常换水而确保水质洁净。

3. 辅助区

（1）饲料加工贮藏库

饲料加工贮藏库要考虑到每天运送饲料而不宜建得太远，但又要考虑到防疫和降低机械噪音对野鸭的影响而不宜建得太近。

（2）堆粪场

堆粪场应建在生活区和生产区的最下风处，并建成封闭的粪池。堆粪场与生产区鸭舍间有污道连接。

三、鸭舍建筑

1. 鸭舍建筑要求

鸭舍是野鸭生活、栖息、生长和繁殖的场所，因此，无论是利用空闲的房舍改建、还是新建鸭舍都应考虑以下几点因素。

（1）保温隔热性能好

保温性是指鸭舍内热量少损失，以使野鸭在冬季不感到十分寒冷，利于野鸭生长和种鸭在春季提前下蛋。

隔热性是指夏天舍外高温不易辐射传入舍内，使鸭感到凉爽，从而提高鸭只生长速度和产蛋量。一般野鸭舍最适宜的温度是 18~25℃，而育雏室是 30~35℃。

（2）便于采光

舍内充足的光照是养好种鸭的一个重要条件。

光照可促进鸭子新陈代谢，促性发育。如光照强度和时间不足，则要进行补充人工光照。座向朝南的鸭舍有利于自然采光。

（3）通风

鸭舍内通风要良好，以降低舍内污浊空气含量，减少发病。

（4）有利于防疫消毒

鸭舍内地面和墙壁要光洁，便于清洗、消毒，同时，留好下水道口，以便污水排出。

（5）密闭性好

鸭舍密闭性好可防止鼠、猫等敌害的侵入和冬天寒风的侵入。

2. 鸭舍屋顶的式样

可根据鸭场的性质、要求和建设者的爱好等因素，选择适宜于自己的式样。

3. 各类鸭舍的建筑

（1）育雏室

刚出壳的幼雏，其生理机能尚不建全、体温调节能力差。因此，育雏室具备良好保温性能对于育雏就显得相当重要；同时，还应具备光照充足、通风良好等条件。

（2）育成舍

进入育成舍的野鸭体型较大，代谢也随之增加，对鸭舍通风换气的要求也相应提高。此时，可通过在棚舍顶上安装气窗，并配以调节器，以利于调节到最大通气状态，最大量排出污浊空气，保持舍内空气清新。

（3）种鸭舍

种鸭舍又称产蛋鸭舍，主要供野鸭交配和产蛋用，休产期种鸭一般也在其中饲养。种鸭舍要求有充足光照和保温性能。

种鸭舍一般每平方米饲养成年种鸭 3~4 羽，每间鸭舍 30 平方米左右，并在最远一角设产蛋间。有时可在舍外建采食棚，而在舍内减少放置食槽和饮水器的数量，这样有利于舍内清洁干燥。

（4）孵化室

具有一定规模的鸭场应建有孵化室，而一般的小型场和农户则不必专门建孵化室。

（5）蛋库（舍）

主要用于存放种蛋。要求蛋库（舍）通风良好，保温隔热性能好，并确保库（舍）内温度保持在 10~20℃。

（6）料库

料库要防潮、防鼠、通风好。

四、饲养设备及用具

1. 食槽

食槽要求平整光滑，既便于野鸭采食又不浪费饲料，还便于清洗消毒。

食槽材质可选用木、竹、镀锌板、塑料等制品，也可做成固定的水泥槽。不论是笼养或平养，采用何种食槽和给料方式，都必须合理安放，使食槽的高度与野鸭的胸部平齐。

（1）条形槽

用木、竹、铁或塑料等制成的长条形食槽，适用于笼养状况，造价便宜。

（2）圆形桶

桶形食具自流性能好，适用于采食干粉料或颗粒料，多用于育成阶段的野鸭。使用木桶可减轻劳动强度，操作也方便。

2. 饮水设备

野鸭的饮水设备形式多种多样，只要是清洁卫生和便于清洗即可。

（1）塔形真空饮水器

它由一个上部尖顶圆桶和底部比圆桶稍大的圆盘组成。

圆桶的特殊形状可以防止野鸭站立于饮水器顶部排泄而污染饮水。圆桶顶部和腰部不漏气，在基部离底盘2.5厘米处开1～2个小口。圆桶盛满水后当盘内水位低于小孔时，空气从小孔中进入而水自动流入盘中。当盘中水位高过小孔时，空气进不了桶内而水流不出。

该饮水器多用于平面散养。

（2）条形饮水器

又叫水槽。一般做成断面呈"V"或"U"字形。该饮水器做工简单，造价低，供水可靠，但水量浪费大，水质易污染。

（3）杯式饮水器

较适用于笼养模式。

（4）吊塔式饮水器

较适用于肉鸭饲养。造价贵，但饮用水质有保障。

3. 育雏保温设备

雏鸭自我调节体温的能力差，育雏时都需要相应的保温设备。

（1）电热式保温器

电热式保温器的温度易于调节，使用方便。一般一只保温器可供250～300羽幼雏保温。

（2）红外线灯

红外线灯安装简便、室内清洁。一般每只红外线灯可供给100～150羽保温。

4. 其他饲养设备

（1）防逃网

野鸭50日龄时，翼羽基本长齐，开始学飞。此时，须在运动场和水域架设防逃网，防止野鸭飞逃。

（2）栖架

栖架是野鸭蹲栖休息的木架。野鸭有登高栖息的习惯，在平养条件下，育成鸭舍和种鸭舍内运动场上均要设置栖架。

（3）捕捉工具

由于野鸭野性十足，且具有很强的飞翔能力，不易捕捉。因而要有捕捉的专用工具。一般有线网和围屏两种。

第二节 野鸭的营养需要和饲料配方

一、营养需要

野鸭的营养需要有明显的阶段性变化，并随生产目的不同而有异。如1~15日龄要求饲料中的蛋白质含量为20%~22%，15~40日龄为17%~18%。41~63日龄应降低营养水平，蛋白质含量一般降至10%~12%，同时，降低代谢能等营养水平，增加粗饲料，则可减轻野性发生。64~80日龄的育肥鸭，饲料中的营养水平应较高。而同期种鸭不需要较高营养水平，否则既浪费饲料，又使种鸭过肥，出现繁殖障碍。成年种鸭在繁殖期要求有适当的营养水平，饲料中的蛋白质含量要比蛋鸭料高，并要保证蛋氨酸、赖氨酸和色氨酸等必需氨基酸的供应。

野鸭对钙、磷的需要量较多，分别占日粮的0.8%~2.7%和0.4%~0.8%。食盐能提高饲料的适口性，对野鸭的生长活动起着重要作用，日粮中一般含量不少于0.3%，最多可达0.35%~0.4%。锰和锌是绿头野鸭所必需的矿物质，补充量分别为40~70毫克/千克日粮和70毫克/千克日粮。钾、镁、铁、铜、碘和硒等微量元素在日粮中的量较充足。而维生素又是一个较为重要的营养素，尤其是维生素A、维生素D、维生素K、维生素B_2、烟酸、胆碱等对野鸭生长发育和种蛋孵化率提高有很大作用，而且野鸭对维生素的需要量比一般家禽要高。

二、常用饲料

野鸭是杂食性水禽，其在野生状态下主要是采食草、植物籽实和昆虫类小动物等食物。

1. 植物性饲料

植物性饲料包括玉米、大麦、小麦、高粱、稻谷等谷物籽实和各种叶菜、青苜蓿、青草和水草等青饲料。大豆饼、花生饼、菜籽饼、棉籽饼等应经过加热或脱毒后给以饲喂。

2. 动物性饲料

动物性饲料包括鱼粉、骨肉粉、蚕蛹粉等，蝇蛆、黄粉虫、蚯蚓等也是优质动物性饲料。

3. 矿物质饲料

矿物质饲料是一些富含钙、磷及锰、锌、铜、铁、碘、硒等各种微量元素的无机盐。野鸭料中适当补充食盐可提高适口性。砂砾虽不是饲料但在日粮中添加有助于提高野鸭肌胃对饲料的研磨力，提高饲料的消化利用率。一般在日粮中可添加0.5%~1%。

4. 饲料添加剂

饲料添加剂包括维生素、微量元素和预防性药物添加剂。

三、配合饲料

根据野鸭的营养要求，配制饲料时必须注意以下几点：选用饲料既要考虑营养成分，又要考虑饲料价格。要尽量选用多品种饲料配制。可以利用不同饲料中氨基酸、维生素和其他营养物质的互补作用。注意饲料的品质、适口性和各种饲料的理化性质。由于饲料的理化性质不同，可能造成对另一种饲料中营养成分的破坏。如骨粉属碱性，不能与酵母、维生素

B、维生素 C 混合饲喂，否则后者会被破坏。

配制日粮时既要注意营养要求，又要根据野鸭在野生状态下的食性习惯来选择饲料种类。如雏鸭料中粗纤维不能过高，日粮要相对稳定，换料要有过渡期。

配制日粮要进行饲料的调制加工处理。生豆类饲料中的抗胰蛋白酶，须经热处理来降低酶活性，从而增加野鸭对蛋白质的吸收利用。棉菜饼和亚麻仁饼中含有毒素，要经过脱毒后方能饲喂，添加氨基酸、微量元素、维生素和食盐时应采用逐步稀释法进行配料以便能拌得更均匀些。

色氨酸、维生素 E 对提高种蛋受精率和孵化率有帮助，日粮中色氨酸含量可达 0.2% ~ 0.3%，鱼粉和饼粕类饲料中氨基酸含量较高，是种鸭的较好饲料。

第三章 野鸭的繁殖

第一节 种野鸭的选择与配种

种野鸭可通过从外引进种鸭或在自留后备鸭中进行选留而得到。

一、种野鸭的选择

对一般的野鸭来说应根据体形外貌和生理特征选择，公鸭要个大体长，羽色漂亮，雄性羽分明。背直而宽，胸骨长而正直，体型呈长方形，尾稍上翘，体态雄壮，活泼好动且灵活，阴茎发育正常，性欲旺盛。母鸭喙宽而直，头大宽圆，颈粗，中等长，胸部丰满前突，背长而阔，腹深，脚粗稍短。两脚间距宽，后躯宽大耻骨扩张，喜动，觅食能力强。公鸭体重不低于 1.25 千克，母鸭不低于 1 千克。一般饲养 5~6 世代后要重新引种，因为近亲繁殖后野性渐失。

二、野鸭的选配

母鸭群年龄结构：一般鸭群中 1 岁母鸭占 60%~70%，2 岁母鸭占 20%~30%。

公母比例：公母配比是 1∶（7~8）。

自然交配：大群自然交配的受精率较高。

野鸭在繁殖期不能与家鸭混养，以防止与家鸭杂交后生产性能退化。

三、野鸭繁殖的特点

1. 繁殖时间

由于野鸭的休产期是在炎热夏季，即 7、8、9 月。因此，如果选留春季孵出的雏鸭做种，则可于当年 10 月开产，并一直延续到翌年的 6 月夏季休产，年平均产蛋 120 枚以上，高的可达 146 枚之多，受精率在 90%以上。而选留初秋雏鸭留种则在翌年 3 月开产，开产不到 3 月就进入休产期，待到 9 月再产时产蛋量明显下降。

2. 种鸭性成熟期

公野鸭的性成熟比母野鸭晚约 1 周。性成熟与光照关系很大，掌握好适时开产很重要，冬季产蛋一定要补足光照时数。

3. 种鸭群体的大小

一般以每个配种群在 300~500 羽为宜。

4. 求偶行为

公母鸭交配行为多数是在水面上发生并完成的，求偶行为有 3 种：第 1 种为公母鸭点头互相求偶，公鸭行为较为主动；第 2 种母鸭单方面点头求偶；第 3 种公鸭追逐母鸭。

5. 交配

一旦求偶信号完成，公鸭将爬跨到母鸭背上完成交配。交配过程约需要 15~20 分钟。

每只公鸭每天可与 8～30 头母鸭交配，晴天与早晨交配较频繁，阴雨天气及 10 时以后交配次数减少。种鸭约在接近 11 时到 16 时回到地上栖息或产蛋，产蛋时间集中于 14 时至 17 时，17 时后又回到水中活动，直到晚上才回鸭舍。

第二节　种蛋的管理、贮存与孵化

一、种蛋的管理

1. 种蛋的挑选

入选种蛋要求保持野鸭蛋的正常颜色，蛋重不低于 50 克，蛋壳要求致密均匀。表面正常，厚薄适度，灯光照蛋时如发现散黄、蛋黄表面有血丝、蛋内容物变黑、气室歪斜等都不能做种蛋。蛋壳上不能有粪便、泥土、破蛋液或血迹等污物。蛋壳表面稍有点脏的蛋可用很细的砂纸擦拭即可。

2. 种蛋消毒

种蛋在贮存和孵化前要进行消毒，常见的消毒方法有 5 种：高锰酸钾溶液浸泡法、碘溶液浸泡法、新洁尔灭溶液浸泡法、福尔马林熏蒸法、福尔马林溶液浸泡法。

二、种蛋的贮存

种蛋在送去贮存或孵化前必须晾干，种蛋愈新鲜，贮存时间愈短，蛋内营养物质变化小，胚胎生命力就强，孵化率也就高，出壳整齐，雏鸭健壮、活泼，成活率高。一般种蛋保存时间不超过 7 天，如采用低温（10℃）保存，种蛋保存时间也不要超过 2 周。

种蛋应贮存在清洁阴凉、通风、光线柔和的房间里，种蛋贮存前应对贮存间进行消毒，贮存间卫生条件要保持良好，要防止鼠蝇进入，以免种蛋遭破损。种蛋不能与农药化肥等有害物质存放在一起。

种蛋贮存的环境温度以 10～15℃为宜，超过 25℃胚胎便开始发育，孵化时会造成死胎增多。低于 5℃易冻坏种蛋。如贮存时间不超过 1 周，则以 15～16℃为宜；如贮存时间为 1～2 周，以 12℃为宜；贮存 2 周以上则以 10℃为宜。

种蛋保存的适宜空气湿度为 65%～75%。

码蛋时应将大头朝上，并使蛋的长径方向与地面成 45°。种蛋存放不超过 1 周的可以不翻蛋。如超过 1 周则每天要以小于 45°翻蛋一次，以免发生蛋黄与蛋壳黏连。

种蛋保存期间要注意通风换气，保持舍内空气清新。

三、种蛋的孵化

参考第二篇第九章第二节"山鸡种蛋的孵化"部分内容。

第四章　野鸭的饲养管理

第一节　野鸭饲养管理的特点

野鸭在饲养管理上与家鸭虽基本相同，但也有一些不同点。

一、营造适合野鸭生活习性的饲养环境

为了使野鸭在家养条件下仍保持野生鸟类的天性，防止退化，露天放养是十分重要的。

二、饲料要满足野生食性的需要

雏鸭在 7 日龄后应喂些小鱼小虾类鲜活动物，以满足其野生食性的需要，从而发挥野鸭的特点。

三、适时换料

野鸭在 30 日龄以后，要将饲料中蛋白质含量降到 10%，粗饲料逐渐增至 15% ~ 20%，同时，要喂足青绿饲料，便于野鸭长大骨架，推迟野性发作并节省饲料。

四、防止"吵棚"

"吵棚"是指 60 ~ 70 日龄的野鸭，由于体内脂肪增加或生理变化，使野鸭野性发作，激发飞翔。预防方法有：限制饲喂，增加粗饲料的喂量；饲养人员进鸭舍穿着固定工作服，决不能穿花衣服；避免惊扰，尤其是外来人员免进。

五、适时育肥上市

用作上市的肉鸭，在 65 天前后进行快速育肥上市。

第二节　育雏期的饲养

野鸭的育雏期是指雏鸭出壳至脱温为止的生长阶段，是野鸭养殖过程中饲养难度最大的阶段。育雏的好坏不仅直接影响到雏鸭的成活和生长发育，而且影响到将来的生产性能。

一、雏鸭的特点

雏鸭有以下特点。

①刚出壳的雏鸭个体小，绒毛稀，体温较低，且体温调节机能较弱；②雏鸭生长发育迅速；③雏鸭的嗉囊和肌胃容积小，消化机能差，消化系统需要逐步发育完善；④雏鸭非常胆怯；⑤雏鸭易感染禽类多种疾病，尤其是肠道和呼吸道疾病；⑥雏鸭自卫能力弱，育雏舍要有防卫设施。

二、育雏方式

野鸭的育雏方式主要有箱式育雏、地面平养、网上平养和立体笼养4种。一般农村多采用经济方便的地面平养方式。

地面平养是在铺有垫料的地面上饲养雏鸭，此法经济、简单易行，但因雏鸭直接与垫料和粪便接触而易感染疾病，且占用较大房屋面积，也较费劳动力。地面平养要用育雏围栏在育雏室内围成若干小区，围栏作用是将雏鸭限定在一个较小且固定范围内栖息活动，这样雏鸭不会因走离保温器而受寒，又容易找到饲料和饮水，以后随着日龄增长、自我调节体温的能力增强而逐渐扩大围栏的范围。育雏栏的高度以雏鸭跳不出为宜，一般在50厘米左右。育雏栏围成小区的长与宽依保温设备及每群育雏数量而定。地面平养所需的垫料可采用新鲜、不发霉、清洁干燥的锯屑、细刨花和稻壳等，地面平养一般采用更换垫料和加厚垫料育雏两种方法，更换垫料育雏是将被粪尿污染的垫料用新垫料及时予以更换，而加厚垫料育雏是当垫料被粪尿污染后及时加铺一层4~5厘米厚的新垫料，直到育雏结束。此法省去频繁更换垫料所费劳力，减少野鸭应激，也利用了垫料发酵产生的热量。

三、育雏前准备

①首先要制定育雏计划；②再维修打扫育雏舍；③维修安装取暖保温和饲养设备；④准备好充足垫料和前期饲料；⑤进雏前一周大消毒；⑥最后育雏舍进行预热保温。

四、野鸭育雏的要点

1. 温度

野鸭育雏温度较家鸭高，一般开始是37~38℃，以后每2天降0.5℃，1周龄后每3天降1℃。掌握育雏温度主要还是对雏鸭的仔细观察。温度适当时，雏鸭活泼好动，均匀地分布在育雏器周围，睡眠安静，互不挤压，温度过高则雏苗张口呼吸，喘气，翅膀张开，抢水喝，采食量减少，远离热源，易患呼吸道疾病或引起啄趾啄羽等恶癖。温度过低则雏苗拥挤在热源附近，缩颈闭眼尖叫，扎堆而造成挤压死亡。

2. 湿度

育雏时的环境湿度也很重要，湿度过大，雏苗水分蒸发和散热困难，食欲不振，易患白痢、球虫、霍乱等病；湿度过低，雏苗体内水分蒸发过快，这会使刚出壳的幼雏腹中蛋黄吸收不良，羽毛生长不好，出现啄毛、啄肛现象。育雏适宜湿度是1周龄内育雏室内相对湿度是65%~70%，2周龄内是60%~65%，2周龄后是55%~60%。

3. 通风换气

育雏舍内温、湿度高，饲养密度大，雏鸭生长快，代谢旺盛，要有充足的新鲜空气。另外，粪便发酵产生大量氨气、二氧化碳和硫化氢，污染室内空气。在保证温度的前提下，应适当通风换气，增加室内新鲜空气，排出二氧化碳、氨等不良气体。一般以人进入育雏舍内无闷气感觉，无刺鼻气味为宜。

4. 光照

适宜的光照能提高雏鸭的活力，促进生长发育。一般1~7日龄的雏鸭需光照24小时，8~14日龄的16小时，15日龄以后要13小时。光照强度每平方米2瓦灯泡即可。

5. 密度

饲养密度过大，影响采食饮水，造成群体发育不齐，死亡率升高。一般以体型大的种类密度应小些，反之则大些，日龄小可密些，日龄大宜疏些，冬季可密，夏季宜疏。此外，野鸭幼雏比家鸭幼雏对环境刺激反应敏感，应保持环境安静，否则造成雏鸭群骚乱而相互挤压死亡。

6. 开饮与开食

野鸭出壳后 24 小时内应先饮水，及时供给饮水对提高育成率和健壮生长有重要作用，第一次饮水最好是用温水，并在水中加入适量药物或添加剂，同时，通过教饮使其学会饮水。适时开食有助于雏鸭腹内蛋黄吸收和胎粪排出，出壳后 14 ~ 24 小时开食较合适。开食方法，在开食前 1 ~ 2 小时开饮，使雏鸭渐渐活动开来，并有类似啄食动作，这时开食恰到好处。

7. 卫生防病

做好经常性卫生工作，包括用具卫生、饲料清洁及环境卫生。并按计划做好疫苗接种工作。

8. 日常管理

野鸭生性胆怯，但可以通过诱导使之能适应饲养环境。需经常观察雏鸭情况；检查温、湿度和换气情况；按时投料换水，打扫卫生；做好育雏记录，以便能更好管理野鸭。

9. 放水

野鸭有喜水的生活习性，应适时放水。

（1）放水时间

一般以 10 日龄放水为好。

（2）放水方法

首次放水应在浅水盆中进行，且时间不长，3 ~ 5 分钟，同时，注意保护。

第三节　育成期的饲养

育成期是指 31 ~ 60 日龄阶段，此期野鸭生长发育最快。60 日龄进行选种，一般成鸭和淘汰鸭的体重均接近于种鸭，故可作为肉用成鸭上市。

一、鸭舍建筑

应选择地势稍高、背风向阳、临近水源处建舍，多为半敞开式鸭舍，外有运动场和水面。每间鸭舍长 6 米，宽 4 米，高 2.5 米，前墙开门。鸭舍、运动场和水面三者的面积比为 1：2：3。正常密度为 10 ~ 15 只/平方米。

二、架设防逃网

50 日龄时野鸭的翼羽基本长齐，开始学飞，因此，必须在运动场和水面周围、顶部架设金属或尼龙网罩，网眼以 2 厘米×2 厘米为宜，以防飞逃。水栏竹竿或金属网要深及河底，以防潜逃。饲养员要穿素色衣服，杜绝外人进入鸭舍惊扰鸭群。

三、精心饲喂

采用配合饲料，坚持定时定喂，日喂 3 次，并随体重逐步增加喂量（日投料量为其体重的 5%）。如果是作为后备种鸭，应酌情增加青绿多汁的饲料，用量约占总喂料量的 15%，以适当控制体重。产前 30~40 天，青料可增至 55%~70%，粗料占 20%~30%，精料占 10%~15%。

四、科学管理

每天清理鸭舍，勤换垫草和通风换气，保持水源清洁卫生。要确保每只野鸭都有采食位置。定期称测体重，并酌情调整饲粮，使种用育成鸭达到标准体重，使肉用成鸭及时上市。

五、充分放牧

40 日龄后，除恶劣天气外，均应实行放养，一方面可以使其保持野性，另一方面也锻炼其合群性。克服配合饲料营养的不足，对提高野鸭体质和种用价值大有裨益。对肉用成鸭则应减少放养或全部舍饲，增加蛋白质喂量，增添某些饲料添加剂，促进生长，提高肉质。

第四节　种野鸭的饲养

人工培育条件下，野鸭在 170 日龄左右达到性成熟，公鸭略早于母鸭。母鸭全年平均产蛋量 120 个左右。

1. 种鸭选择

公鸭要求头大、体壮、活泼、头颈翠绿色明显，交尾能力强。母鸭则要求头小、颈细长、眼大。公鸭体重不能低于 1.25 千克，母鸭不能低于 1 千克。公鸭一般利用 1~2 年。

2. 配种比例

公母鸭配种比例以（1:5）~（1:10）为宜，视天气和种蛋受精率，适当调整配比。

3. 精心饲养

产蛋期间及时添加骨粉、贝壳粉；产蛋高峰来临前，应提高蛋白质含量，日喂 4 次。早晚补充人工光照 2~3 小时，使每天光照时间达到 15 小时。产蛋期要注意配合饲料的稳定性，不要轻易改变；如需改变，应有 7 天的过渡期。

4. 科学管理

鸭舍要保持清洁卫生，要在舍内铺垫稻草，多设一些蛋窝，以利母鸭产蛋。注意天气的剧烈变化，冬季防寒，夏季防暑。同时，还应保持养鸭环境的安静，防止各种应激。秋冬季晚上要撵鸭，以防鸭体肥胖。饲养密度为 8~10 只/平方米。

第五篇

特禽常见疾病综合防控措施

第一章　疾病防控技术

第一节　诊断技术

一、临床检查技术

临床检查是指为发现和收集作为诊断依据的症状、资料，常需采用各种特定的检查方法，对病（特）禽进行客观的观察与检查。临床检查包括群体检查和个体检查。

临床检查的方法很多，最基本的是应用问、视、触、听、嗅等检查方法对患病特禽进行临床直接检查，对病情复杂的病禽有时需辅以特殊检查方法，这类特殊方法往往需要特殊的仪器、设备及条件，如实验室检查等。

1. 问诊

是听取饲养人员对发病情况及经过的介绍的检查方法。

检查的主要内容包括现病史、既往病史和饲养管理情况 3 个方面。

2. 视诊

是兽医以视觉直接或间接（借助光学仪器）观察病禽（群）的状况与病变的检查方法。检查的主要内容包括以下几种。

①观察病禽（群）的体格、发育、营养、精神状态、体位、姿势、运动及行为等。②观察体表、头面部及翅肢等部位有无创伤、溃疡、疱疹、肿物以及它们的部位、大小等特点。③观察与外界直通的体腔：如口腔、鼻腔、泄殖腔等，注意分泌物、排泄物的量与性质。

3. 触诊

是检查者以手或工具触摸病禽各部位及某些器官进行检查的一种方法。检查的主要内容包括：检查体表状态以及通过体表检查内脏器官等。

4. 听诊

是指检查者通过人的听觉直接听取特禽群在生理或病理过程中产生的声响的一种检查方法。主要用于听取患病禽群的呼吸、咳嗽、鸣叫等。

5. 嗅诊

是指检查者用鼻嗅闻禽舍、病禽呼出气体、口腔分泌物及排泄物的特殊气味来判断疾病的方法。

6. 其他检查方法

（1）体温检查

是指检查者借助体温计对病禽测量体温的检查方法，是个体临床检查中最常用的一种检查方法。特禽的体温检查方法一般以翼下温度为准。正常情况下，特禽的体温恒定在一定的生理变动范围内（41~42.5℃），早晚可有较小的差别。

在测体温前，先要将体温计水银柱甩至35℃以下，检查者用手臂将特禽抱于怀中，并使特禽尾略向右上方，然后将体温计放于特禽翼下并保持 3~5 分钟，取出读取温度指数。检查完成后，应甩动体温计使水银柱下降至 35℃ 以下，并擦拭消毒备用。

（2）尸体剖检

尸体剖检可提供临床诊断的第一手资料，为实验室诊断提供临床病理信息，以便为病例的准确诊断奠定可靠的基础。

在对特禽的尸体进行剖检前，首先应对病死特禽的生前临床症状、流行病学和饲养管理状况等进行必要的了解。

尸体剖检时，一般应按照先体表、后体内的顺序，首先进行尸体的外部检查，然后再进行尸体的内部检查。

检查者在进行剖检时，可根据患病特禽的疾病情况，选择性进行临床剖检，并选取具有特征性病变的器官组织，从而达到快速和有效的目的。

二、实验室诊断技术

1. 细菌的分离培养和鉴定

特禽细菌性疾病的种类很多，危害也很大，常见的有白痢、霍乱、结核、伤寒、副伤寒、大肠杆菌等。其中，有的疾病可以一目了然，易于诊断；有的则一时难以确诊，而更多的细菌病是并发或继发感染的。为了能及时、正确地诊断疾病，特禽饲养场有必要开展细菌的分离、培养和鉴定工作，同时，还可以将分离出的细菌，通过抑菌试验筛选敏感性强、疗效好的抗菌药物进行治疗。

细菌学检查的内容主要包括病料的采集、细菌的分离培养、形态观察、生化试验和动物接种试验、血清型鉴定等。

在掌握了细菌学的检查技术后，养殖场还可开展对禽舍消毒效果的测定以及饮用水和饲料中的细菌学检查等项工作。

2. 粪便的显微镜检查

本法是借助显微镜观察粪便中的寄生虫卵和幼虫，同时，也可了解到被检特禽的消化能力和胃肠道有无炎症病变。

常用的方法有直接涂片法、饱和盐水漂浮法等。

3. 琼脂扩散试验

琼脂扩散试验（AGP）是使抗原和抗体在含有电解质的琼脂凝胶中扩散相遇，形成肉眼可见的线状沉淀的试验技术。

琼脂扩散试验（AGP）分单相扩散和双相扩散两个类型。将抗体或抗原一方混于琼脂中，使另一方直接接触和扩散与其中和者称为单相扩散；而使抗原和抗体双方同时在琼脂凝胶中扩散而相遇成线者，称为双相扩散。

4. 直接凝集试验

直接凝集试验（QAT）是指细菌等颗粒性抗原和抗体在玻片上直接结合而产生凝集的操作方法。可分为平板凝集试验（玻片法）和试管凝集试验（试管法）。

在实际应用时，一般玻片法都用于抗体或抗原的定性检查，试管法则主要用于定量试验。

5. 免疫酶技术

免疫酶技术（EIA）是将抗原抗体反应的特异性与酶的高效催化作用有机结合的一种方

法。它以酶作为标记物，与抗体或抗原连结后，与对应的抗原或抗体作用，通过底物的颜色反应作抗原抗体的定性和定量检测，亦可用于组织中抗原或抗体的定位研究，即酶免疫组织化学技术。

EIA 既可用于抗原检查，也常用于血清抗体的检测，基本类型有酶联免疫吸附试验（ELISA）和斑点酶联免疫吸附试验（Dot-ELISA）两种。

6. 免疫金标技术（IGL）

胶体金是免电荷的疏水胶，其颗粒呈单个散在的，直径从几纳米至几十纳米不等，呈橘红色，是免疫测定的极好标志，它积聚在含抗原的位置，颜色对比明显，有利于肉眼观察。如用白质包被胶体金，方法简便，速度快，重复性好，敏感性高，不需特殊仪器，仅 5 分钟就可完成操作，易于现场进行。

7. 聚合酶联反应（PCR）

PCR 技术于 1985 年创建，是近年来不断开发和成熟的体外快速扩增 DNA 的技术。

通过 PCR 技术，可以简便、快速地从微量生物材料中用体外扩增的方式获得大量特定的核酸，并且有很高的灵敏性和特异性，可用于微量样品的病原学检测。

PCR 技术适用于检测慢性感染、隐性感染和难于分离培养的病原体的诊断和检测。

第二节　免疫技术

一、免疫前的准备工作

1. 宣传与培训

免疫前，应对实施免疫人员进行相关法律法规及专业理论知识和操作技术的培训，使他们掌握动物免疫学、兽用生物制品（疫苗）等基础理论知识、免疫前的准备工作、免疫技术、免疫后工作以及免疫的注意事项等基本技能。

2. 制定免疫计划或程序

（1）制定免疫计划

免疫前应当对当地和邻近地区、现在和既往动物传染病流行情况、流行特点和防治情况等进行调查了解，弄清当地和邻近地区、现在和既往流行传染病的种类、流行的特点、流行的范围、流行的因素、防治情况和危害程度等情况，然后依据这些情况，经过综合分析制定免疫计划，内容包括免疫区域范围、免疫动物种类、使用疫苗种类、免疫时间、免疫数量、免疫方法、免疫剂量等，然后有计划、有组织地进行免疫。

（2）制定免疫程序

一个地区、一个动物饲养场可能发生多种传染病，而可以用来预防这些传染病的疫苗的性质又不尽相同，免疫期长短不一。因此，一个地区、一个动物饲养场往往需用多种疫苗来预防不同的传染病，也需要根据各种疫苗的免疫特性来合理地制定预防的次数和间隔时间，这就是所谓的免疫程序。也就是根据当地传染病流行情况和流行特点、相关疫苗的特性和用法，制定的动物从出生到屠宰或淘汰全过程中、各种疫苗首次免疫和重复免疫的日龄（月龄、年龄）或日期的程序。

免疫程序内容包括：免疫疫苗的种类、免疫时间或免疫动物的日龄、免疫方法、剂量、不同疫苗之间的间隔时间、同一种疫苗两次免疫间隔的时间等。

但应注意没有适用于各地区及各饲养场固定的、统一的免疫程序，免疫程序执行一段时间后应根据免疫效果和情况变化而作适当的调整，不存在一成不变的免疫程序。开展抗体监测，依据抗体水平制定免疫程序是最科学的方法。

3. 准备疫苗、器械、药品等

（1）疫苗和稀释液

按照免疫计划或免疫程序规定，准备所需要的疫苗和稀释液。

（2）器械

包括免疫器械，如注射器、针头、镊子，刺种针，点眼（滴鼻）滴管，饮水器、玻璃棒、量筒、容量瓶、喷雾器等。消毒器械，如剪毛剪、镊子、煮沸消毒器或高压蒸汽灭菌器等。保定动物器械，如保定绳、保定栏等。其他，如带盖搪瓷盘、疫苗冷藏箱、冰袋、体温计、听诊器、洗手盆、毛巾等。

（3）药品

包括注射部位消毒药品，如75%酒精、5%碘酊、脱脂棉等。人员消毒药品，如75%酒精、2%碘酊、来苏儿或新洁而灭、肥皂等。急救药品，如0.1%盐酸肾上腺素、地塞米松磷酸钠、盐酸异丙嗪、5%葡萄糖注射液等。

（4）人员护服用品

工作服或防护服、工作帽、胶靴、口罩、护目镜等。

（5）其他

免疫登记表、免疫卡、耳标钳、耳标等。

4. 阅读疫苗使用说明书并稀释疫苗

免疫前，要认真阅读疫苗使用说明书，熟悉疫苗的主要成分与含量、物理性状、作用与用途、用法与用量、使用注意事项等。然后按疫苗使用说明书注明的头（只）份，用规定的稀释液，按规定的稀释倍数、稀释方法稀释。如无特殊规定，可用生理盐水、蒸馏水或无离子水稀释疫苗。

稀释时先除去稀释液和疫苗瓶口的火漆或石蜡，再分别用酒精棉球消毒稀释液和疫苗瓶的瓶塞，然后用注射器抽取稀释液，注入疫苗瓶中，充分振摇，使疫苗完全溶解，补充稀释液至规定量。如使用灭活疫苗等液体疫苗，不需稀释，但注射疫苗前应先将疫苗放置室内预温，使之达到室温（15～25℃）。

5. 人员消毒和个人防护

免疫人员要剪短手指甲，用肥皂、消毒液（来苏儿或新洁尔灭溶液等）洗手，再用75%酒精消毒手指，穿消毒工作服、鞋、帽。

6. 器械消毒

注射、刺种、点眼、滴鼻等器械，在用清水彻底清洗干净，用纱布包好后放入高压蒸汽灭菌器或煮沸消毒器内灭菌。灭菌后放入无菌带盖搪瓷盘内备用。高压蒸汽灭菌的器械保存期为1周，煮沸消毒的器械当日使用。超过保存期或打开后，需重新消毒，方能使用。

注射器和针头禁止使用化学药品（酒精、来苏儿等）浸泡消毒。饮水器和喷雾器在用清水刷洗干净、用消毒液浸泡消毒后再用清洁卫生的流水认真冲洗干净，不能有任何残留。喷雾器还应试喷并调节流量和雾滴大小，以便掌握喷雾免疫时来回走动的速度。

二、免疫的方法

免疫途径有注射、刺种、点眼、滴鼻、饮水、口服、气雾等，采用哪一种方法进行免疫，既要考虑免疫操作简便、经济合算，更要考虑疫苗特性、生产需要和免疫效果。

1. 注射免疫

是将疫苗或免疫血清用注射器注入动物肌肉、皮下、静脉等，使之获得免疫力的免疫方法。包括肌肉注射、皮下注射和静脉注射等。

（1）肌肉注射

肌肉注射应选择肌肉丰满、血管少、远离神经干、活动少、易于注射的部位。特禽宜在胸部或腿部、翅膀基部等部位，一般多采用胸部肌肉注射。注射时，针头与胸肌成30°～45°倾斜的角度，在胸部中1/3处向背部方向刺入胸肌0.5～1厘米。操作时进针角度不能超过45°，以免刺入胸腔，伤及内脏。如进行腿部肌肉注射应在腿部外侧肌肉丰满处注射。操作流程包括：稀释疫苗、吸取疫苗、消毒注射部位和注射疫苗等。

（2）皮下注射

皮下注射应选择皮薄、被毛少、皮肤松弛、皮下血管少的部位。特禽宜在翼下或颈背部后1/3处，操作流程同肌肉注射。注射疫苗时，左手食指与拇指将皮肤提起呈三角形，右手持注射器，沿三角形基部刺入皮下，确认无回血后将疫苗缓慢注入。

（3）静脉注射

适用于注射免疫血清，进行紧急预防或治疗。该方法见效快，可以及时抢救患病动物。特禽的注射部位一般在翼下静脉。

操作时首先保定动物，局部剪毛消毒后，看清静脉，用左手指按压注射部位稍下（后）方，使静脉显露，右手持注射器或注射针头，迅速准确刺入血管，确认有回血后，缓慢注入免疫血清。

2. 刺种免疫

是将疫苗刺种于禽翅膀内侧皮下，使之获得免疫力的接种方法。如山鸡的鸡痘活疫苗、禽脑脊髓炎活疫苗等接种。刺种免疫应选择禽翅膀内侧三角区无血管处。

操作方法是：疫苗稀释好后，操作员一手固定特禽的翅膀，一手持刺种针，将刺种针浸入疫苗中，待针槽充满疫苗后，将刺种针轻靠疫苗瓶内壁，除去附在刺种针上多余的疫苗，然后刺种于特禽翅膀内侧无血管处翼膜内（皮下），拔出刺种针，稍停片刻，待疫苗被吸收后，将特禽轻轻放开。再将刺针插入疫苗瓶中，蘸取疫苗，准备下次刺种。

3. 点眼、滴鼻免疫

是将疫苗点入特禽眼结膜囊或滴入鼻孔内，使特禽获得免疫力的接种方法。点眼、滴鼻这两种方法的免疫效果相同，优点是比较方便、快速，每羽特禽均能得到免疫，并且剂量基本一致；疫苗可直接刺激鼻腔黏膜下淋巴样组织或眼部的哈德尔氏腺和眼结膜下淋巴样组织，可产生良好的局部和全身免疫应答反应；可以避免或减少母源抗体的干扰。据报道在鸡新城疫免疫中，点眼、滴鼻产生的抗体水平比饮水免疫高4倍，而且免疫期也长。缺点是需逐只进行，费工、费力。

4. 口服免疫

是将可供口服的疫苗混入饮水或饲料中，使特禽通过饮水或采食而获得免疫力的免疫方法。这种方法适用于规模养殖场的群体免疫。实施口服免疫的疫苗必须是活疫苗，其优点是不用抓取或保定特禽，简单、方便、省工、省力；应激小或无应激，对产蛋禽群尤为适用；既可产生全身免疫，又可产生局部免疫。缺点是疫苗用量大；由于个体饮水或采食量的差异，每羽特禽所获得的疫苗量有差异，产生的免疫力水平参差不齐，免疫效果较差；不适于初次免疫。

口服免疫分为饮水、口腔注服和拌料口服等，实际操作中饮水比拌料口服效果好，因饮水时疫苗不仅接触消化道，还可与口腔黏膜、扁桃体等接触，这些部位都有丰富的淋巴组织，可产生局部免疫应答效应。

5. 气雾免疫

是通过气雾发生器，用压缩空气将稀释的疫苗喷射出去，使之形成雾化微粒，均匀地悬浮在空气中，使特禽将雾化粒子（疫苗）吸入肺内，而获得免疫力的接种方法。

喷出的雾滴在 50 微米以上者，称为喷雾，其雾滴沉降速度较快，不能进入特禽的呼吸道深部，只能落入特禽的眼睛或鼻孔内。喷出的雾滴在 20 微米（也有人定为 40 微米）以下者，称为气雾，其雾滴可悬浮在空气中，呈布朗运动，可以进入特禽呼吸道深部，甚至可达肺泡。

气雾免疫是一种比较方便的免疫方法，适用于集约化养殖场特禽群体免疫。气雾免疫只能使用活疫苗，它的优点是方便、省工、省力；而且较其他免疫方法产生免疫力快 24 小时以上；比饮水免疫效果好，不仅可产生全身免疫，而且也可产生局部免疫。缺点是技术要求比较严格，如果操作不当，免疫效果差，并容易激发潜在的慢性呼吸道疾病等。这种激发作用与粒子大小成负相关，粒子越小，激发的危险性越大。所以在存在有慢性呼吸道疾病（支原体病）和大肠杆菌病的禽群，应慎重使用气雾免疫。

三、免疫后的处置工作

1. 填写免疫档案

免疫后，要及时、准确填写免疫档案，内容包括：畜主姓名、动物种类、品种、年（月、日）龄、免疫日期、疫苗名称、疫苗批号、生产厂家、免疫头数、免疫剂量、防疫员签字等。

2. 清理器材

免疫后，要将使用过的注射器、针头、刺种针、滴管、饮水器、喷雾器、工作服、鞋、帽等器材清洗干净，消毒灭菌，准备以后使用。

3. 处理疫苗

开启和已稀释的疫苗，当天未用完者应消毒后，废弃。未开启的疫苗，放入冰箱，在有效期内下次免疫时首先使用。

4. 处理废弃物

用完的空疫苗瓶，用过的酒精棉球、碘酊棉球等废弃物要消毒后深埋。

5. 观察反应

免疫后，受免疫山鸡可能发生一般反应或过敏反应等。因此，在免疫后，免疫人员要对受免疫特禽反应情况进行认真观察，观察其饮食、精神、食欲及大小便等情况，并抽查体温。

6. 开展免疫抗体监测

免疫后应抽取一定比例的特禽进行免疫抗体监测，了解免疫效果，为制定和改进免疫程序提供科学依据。

第三节　消毒技术

消毒是指杀灭物体中的病原微生物的方法。

消毒只要求达到消除传染性的目的，而对非病原微生物及其芽孢、孢子并不严格要求全部杀死，其目的是预防和阻止疫病的发生和传播蔓延。

根据环境对微生物作用的方式和消毒的手段不同，特禽养殖场常用下述的主要消毒方法。

一、畜禽舍消毒

特禽舍内要定期进行消毒，每周一次。特禽舍转群时要进行消毒。每批特禽调出后，舍内要严格进行清扫、冲洗和消毒，并空圈（棚）7～14天。

1. 清扫和洗刷

舍内坚持每天进行机械清扫，主要清除粪便、垫料、剩余饲料、灰尘及墙壁和棚顶上的蜘蛛网、尘土等，保持料槽、水槽、用具干净，地面清洁。扫除的污物集中进行焚烧或生物热发酵。污物清除后，如是水泥地面，还应进行清水冲洗。

2. 消毒药喷洒或熏蒸

特禽舍清扫和冲洗干净后，即可用消毒药物进行喷洒或熏蒸。喷洒时，消毒液的用量每平方米1升，泥土地面、运动场为每平方米1.5升左右。消毒时应按一定顺序进行，一般从离门远处开始，以墙壁、顶棚、地面的顺序依次喷洒一遍后，再由内向外将地面重复喷洒一次，关闭门窗2～3小时，然后打开门窗通风换气，再用清水冲洗饲料槽、地面等，将残余的消毒剂清除干净。

舍内严重污染时，先用2%热碱水冲洗，作用8小时后，把粪便污物彻底清除干净，然后选用有效消毒液喷洒消毒，维持24小时后再重复进行一次。

二、淋浴室、更衣室的消毒

进入生产区前要淋浴后更换衣鞋。更衣室的紫外灯应固定吊装在天花板上，距地面2米左右，按8立方米空间用1支15瓦紫外灯管的要求安装。灯管每2个星期要用酒精棉擦拭一次。工作服应保持清洁，定期清洗，用紫外灯照射消毒，照射时每10～15分钟翻动一次。接触或可能接触传染源的衣帽、鞋等，先用有效浓度的消毒剂浸泡，再清洗、晾干。

三、运载工具消毒

装运健康特禽及其产品的运载工具，机械清扫后用60～70℃热水喷洒；装运一般病原菌所污染的特禽及其产品的运载工具，在机械清除后，用热水或含有5%有效氯的漂白粉或4%苛性钠的消毒液洗涤；受芽孢污染的运载工具，应先用消毒药喷洒，然后机械清除，再选用合适的消毒剂进行消毒，半小时后再用热水喷洒，之后，再重复进行一次上述消毒过程。

四、禽体消毒

大多采用喷雾消毒方法，要注意气候变化和防止中毒，也可选择无毒、无害、无刺激性的消毒药液进行药浴。

1. 健康禽群的预防性消毒

选择对皮肤刺激小、浓度低的消毒药，如季铵盐类消毒药品。

新产下的种蛋用甲醛熏蒸消毒，温度要求在 20~25℃，相对湿度 65%~75%，每立方米空间的甲醛用量为 42 毫升，高锰酸钾用量为 21 克，熏蒸时间为 20 分钟。种蛋装入孵化器后，立即在温度 32℃、相对湿度 65%~75% 条件下，用甲醛熏蒸消毒。

2. 发生传染病时的体外消毒

选择 2~3 种可以带禽消毒的药物，每 3 天消毒 1 次，每 7 天换另 1 种不同的消毒药，直到疫情平息，再按正常的消毒程序进行。

五、地面土壤的消毒

特禽养殖场内的道路和环境保持清洁卫生，因地制宜地选用高效低毒、广谱的消毒剂，定期进行消毒。如有芽孢杆菌污染的场所，要严格加以消毒处理，方法是首先用含 2.5% 有效氯的漂白粉溶液喷洒地面，然后将表层土壤掘起 30 厘米，撒上干漂白粉（每平方米加漂白粉 5 千克），将漂白粉与土混合，加水湿润后原地压平。一些小面积的污染或一般性传染病时，可用有效消毒剂喷洒。

六、饮水和空气消毒

常用的饮用水消毒方法为化学消毒法，一般选用溶于水又无毒性的含氯消毒剂。饮水器、水管及水箱可用有效氯 20% 以上的漂白粉，稀释成 3% 溶液，浸泡或冲洗消毒。空气消毒最简便的方法是通风，其次是利用紫外线杀菌或甲醛气体熏蒸等化学药物进行消毒。

七、消毒池的管理

特禽养殖场大门入口处要设置宽与大门相同、长等于大型机动车车轮一周半长水泥结构的消毒池，池内灌满消毒药，深度为 25~30 厘米，池内药物要及时更换，使用时间一般不超过一周，并保持其有效浓度。消毒池旁应铺设供过往行人消毒鞋底的消毒垫，并保持湿润状态。

八、粪便的消毒

1. 掩埋法

将患病特禽的粪便与漂白粉或新鲜生石灰混合，然后深埋于地下 2 米左右。

2. 化学消毒法

常用的有含 2.5% 有效氯的漂白粉溶液、20% 石灰乳、5%~10% 硫酸、苯酚合剂及 0.5%~1% 过氧乙酸等，最好用 5% 的氨水液喷湿粪便，充分搅拌拌匀，作用 2~6 小时以上。

3. 发酵法

包括发酵池法和堆粪法两种方法。

（1）发酵池法

根据粪便的多少垒一个大小适宜的池子，边缘用砖砌，砌后抹石灰，底部夯实、铺砖、抹灰，使之不漏水不透气。倒入污染的粪便，密封作用 1 ~ 3 个月。

（2）堆粪法

此法适用于干涸的粪便。在地面挖一浅沟，堆放欲消毒的粪便、垫草等，密封处理 3 个星期至 3 个月。

九、污水的消毒

如污水量少，可拌洒在粪中堆积发酵。如水源被污染，根据情况可以永久或暂时地封闭，或进行化学处理，方法是每立方米水体加入漂白粉 8 ~ 10 克，充分拌匀，经数日后方可启用。

十、特禽尸体的处理

1. 掩埋法

选择远离住宅、农牧场、水源、草原及交通要道的偏僻地方，土质干燥、地势稍高、地下水位低，并避开水流冲刷。掩埋坑的长度和宽度以能容纳下尸体为度，深度为尸体表面到坑缘的高度不少于 1.5 ~ 2 米。掩埋前，将坑底先铺垫上 2 ~ 5 厘米厚的石灰，尸体投入后（将污染的土壤、捆绑尸体的绳索等一起放入坑内），再撒上一层石灰，填土夯实。

2. 焚烧法

大型养殖场可以建筑符合公共卫生标准的焚烧炉。简易的养殖场以土法焚烧。选择远离村镇、下风的地方，在可控制的焚尸坑内进行。自制焚尸炉，可选择十字坑、单坑和双层坑等形式，底部放置燃料（干草、木材或加少许煤油或柴油助燃剂），放好尸体后，从底部点燃，一直将尸体烧成黑炭为止，烧后就地掩埋在坑内。

3. 发酵法

将尸体抛入尸体坑内，利用生物热的方法进行发酵，从而起到消毒灭菌的作用。

十一、人员的消毒管理

①饲养、防疫、检疫等人员进入生产区时，应穿专用的工作服、胶靴等，并对其定期消毒。②所有进入生产区的人员，必须坚持"三踩一更"的消毒制度。即：场区门前踏3%火碱池、更衣室更衣、消毒液洗手，经生产区门前消毒池及各特禽舍门前消毒设施（盆）消毒后方可入内。条件具备时，要先沐浴、更衣，再消毒才能进入特禽舍内。③本场外出人员和车辆，必须经过全面消毒后方可回场。

第四节　治疗技术

在生产过程中，一个特禽养殖场可能会发生各种疾病，其中有些疾病可用疫苗进行预防和防治，但许多疾病还尚未研制出有效的疫苗，因此，对于这些疾病，除了加强日常的饲养管理和搞好常规的防疫卫生外，还应使用一些特定的药物来进行治疗。

由于目前市场上用于禽类的药物很多，因此，在使用时应针对不同的疾病对症下药。

在给特禽进行药物治疗时，应根据不同的药物特性和特禽的病情、生理特点，选用不同的给药方法，以提高药物的吸收速度和利用程度，缩短药效的出现时间及延长药物的维持时间。特禽常用的给药方法有以下几种。

一、混饲给药

此法适宜于需长期、连续投服的药物或是不溶于水以及在加入饮水中后可能会使适口性变差甚至影响药效的药物，是一种特禽最常用的给药方法。常用于抗球虫药、生长促进剂以及某些抗菌药物的给药。

在通过混饲给药方式使用药物时，应采取逐级混合（混合次数不能少于5次）的方式搅拌药物，以确保药物与饲料混合均匀，尤其是对于某些容易引起中毒的药物，应特别注意这一点。

二、饮水给药

是将药物溶于水中，通过特禽自由饮水来达到预防和治疗的目的。此法简单易行、操作方便，适用于不进行饲料加工的特禽养殖场及某些药物的短期用药。

在实施饮水给药时，要求所采用药物易溶于水。如水溶性较差的药物，必须在投药过程中不断地加以搅拌以确保均匀溶解；添加药物后的饮水，则必须在半小时内饮用完毕，以确保药效。

三、注射给药

常用于特禽的预防接种和疾病治疗。注射给药的方法很多，常用的有肌肉注射和皮下注射。采用肌肉注射方式给药，药物的吸收速度快，出现的药物作用也较稳定。而当使用油乳剂药物（疫苗）或注射剂量较多时，则常用皮下注射的方式给药。

在实施注射给药时，应注意注射部位的局部消毒，特别是在疫病流行时，应注意针头的经常更换。

第五节　传染病的日常预防措施

动物传染病的预防性措施是指以预防动物传染病的发生为目的、平时经常性进行的措施。由于动物传染病具有传播、扩散的特点，而且一旦蔓延，其扑灭的难度就显著增加，不但需要相当长的时间和耗费大量的人力、财力和物力，有时还会给人类的健康和国民经济的发展带来灾难性的后果，因此，对于动物传染病，首要的工作是坚决贯彻"预防为主"的方针，大力加强动物传染病的预防工作，采取各种措施防止其发生和流行。只有确实地做好各项预防工作，才可收到事半功倍的效果。

按照动物传染病的流行必须具备传染源、传播途径和易感动物这3个必备条件的特点，我们只要从控制和消灭传染源、切断传播途径及增强易感动物的免疫力这3个方面入手，就能取得显著的预防效果。

一、控制和消灭传染源

1. 隔离饲养

将特禽饲养控制在一个有利于生产和预防的地方称为隔离饲养。隔离饲养的目的是防止或减少有害生物（病原微生物、寄生虫、虻、蚊、蝇、鼠等）进入和感染（或危害）健康禽群，也就是防止从外界传入疫病。

为做好隔离饲养，特禽饲养场应按照相关要求选择地势高燥、平坦、背风、向阳、水源充足、水质良好、排水方便、无污染的地方，远离铁路、公路干线、城镇、居民区和其他公共场所，特别应远离其他动物饲养场、屠宰场、畜产品加工厂、集贸市场、垃圾和污水处理场所、风景旅游区等。

2. 特禽饲养场建设应符合动物防疫条件

特禽饲养场要分区规划，生活区、生产管理区、辅助生产区、生产区、病死禽和粪便污物、污水处理区等应严格分开并相距一定距离；生产区应按人员、动物、物资单一流向的原则安排建设布局，防止交叉感染；栋与栋之间应有一定距离；净道和污道应分设、互不交叉；生产区大门口应设置值班室和消毒设施等。

如果条件允许，特禽养殖场应建立完善的繁育体系，否则，至少应建有相应的良种繁殖场和商品繁殖场。

3. 建立严格的卫生防疫管理制度

制定各类规章制度，做到有章可循，认真实施，严格管理人员、车辆、饲料、用具、物品等流动和出入，防止病原微生物侵入饲养场。常见的制度有消毒制度、门卫制度、岗位责任制度、考核制度、疫情报告制度等。

认真做好各项防疫工作的档案记录，为疫病追溯提供有效依据。各类防疫档案包括：生产繁殖记录、免疫纪录、诊疗记录、疫苗和药物领用记录、饲料领用记录、无害化处理记录、检测记录等。

4. 严把引进动物关

凡需从外地引进（种）特禽，必须首先调查了解原产地传染病流行情况，以保证从非疫区健康特禽群中购买；再经当地动物检疫机构检疫，签发检疫合格证后方可启运；运输过程中应尽量避免经过疫区，如必须经过时应注意快速通过，不得在疫区内饲喂、饮水和添加饲料；运回后应隔离观察30天以上，在此期间进行临床观察、实验室检查，确认健康无病，方可混群饲养，严防带入传染源。

5. 定期开展检疫和疫情监测

特禽养殖场应定期进行常见的血清学和病原学检测，根据检测结果，可及时揭露和发现患病特禽及病原携带者，及时了解和掌握本场的主要疫病及危害程度，以便及时清除，防止疫病传播蔓延，为制定合理的免疫程序及防疫措施提供技术依据。

目前，特禽的疫病复杂多变，临床症状呈现非典型化、多样化，而且往往是多病原混合感染，很难凭经验作出及时、准确的诊断，因此，必须借助于实验室的各项检测，才能进行正确诊断。

6. 科学使用药物预防

使用化学药物预防特禽群疾病，可以收到有病治病、无病防病的功效，特别是对于那些目前没有有效的疫苗可以预防的疫病，使用药物预防是鸡群保健的一项重要技术措施。

如在饲料中适当添加某些抗菌药物，不仅可以抗病，而且对提高饲料转化率和特禽的生长也有一定效果。常用的药物添加剂有杆菌肽、土霉素、泰乐菌素和金霉素等。但是某些药物在使用后可能会产生副作用，因此，应严格按照国家规定的药物使用原则、范围和剂量使用。

7. 定期驱除寄生虫

驱虫是预防和治疗寄生虫病，消灭病原寄生虫，减少或预防病原体扩散的有效措施。选择驱虫药的原则是广谱、高效、低毒、价廉、低残留。

驱虫时，要严格按照所选药物的说明书规定的剂量、给药方法和注意事项等使用。

二、切断传播途径

1. 消毒

消毒是指杀灭物体中病原微生物的方法，其目的是预防和阻止疫病的发生和传播蔓延。消毒不能消除患病动物体内的病原体，因而它仅是预防、控制和消灭传染病的重要措施之一，应配合隔离、免疫接种、杀虫、灭鼠、扑杀、无害化处理等措施才能取得成效。

特禽养殖场的消毒方法很多，具体的操作方法可参考本章第三节。但在实施消毒时应注意以下事项。

（1）注意选择消毒药

消毒药对微生物有一定的选择性，并受环境温度、湿度、酸碱度的影响。因此，应针对所要杀灭的病原微生物特点，消毒对象的特点，环境温度、湿度、酸碱度等，选择对病原体消毒力强、对人畜毒性小、不损坏被消毒物体、易溶于水、在消毒环境中比较稳定、价廉易得、使用方便的消毒剂。

（2）注意选择适宜的消毒方法

根据消毒药的性质和消毒对象的特点，选择洗刷、浸泡、喷洒、熏蒸等适宜的消毒方法。

（3）注意消毒剂的浓度

一般来说，消毒剂的浓度和消毒效果成正比，即消毒剂浓度越大，其消毒效力越强（但是70%~75%酒精比其他浓度酒精消毒效力都强）。但浓度越大，对机体、器具的损伤或破坏作用也越大。因此，在消毒时，应根据消毒对象、消毒目的的需要，选择既有效而又安全的浓度，不可随意加大或减少药物的浓度。

（4）注意环境温度、湿度和酸碱度

环境温度、湿度和酸碱度对消毒效果都有明显的影响，必须加以注意。

一般来说，温度升高，消毒剂的杀菌能力增强。湿度对许多气体消毒剂的消毒作用有明显的影响。而酸碱度可以从两个方面影响杀菌作用，一是对消毒剂作用，可以改变其溶解度、离解程度和分子结构；二是对微生物的影响，微生物生长的适宜 pH 值范围为 6~8，pH 值过高或过低对微生物生长均有影响。

（5）注意把有机物清除干净

粪便、饲料残渣、污物、排泄物、分泌物等，对病原微生物有机械保护作用和降低消毒剂消毒效果的作用。因此，在使用消毒剂消毒时必须先将消毒对象（地面、设备、用具、墙壁等）清扫、洗刷干净，再使用消毒剂，使消毒剂能充分作用于消毒对象。

（6）注意要有足够的接触时间

消毒剂与病原微生物接触时间越长，杀死病原微生物越多。因此，消毒时，要使消毒剂与消毒对象有足够的接触时间。

（7）注意剂量

喷洒消毒时，应根据消毒对象、消毒目的等计算消毒液用量，一般是每平米用 1 升消毒液，使地面、墙壁、物品等消毒对象表面都有一层消毒液覆盖。熏蒸消毒时，应根据消毒空间大小和消毒对象计算消毒剂用量。

（8）消毒操作要认真、细致

消毒剂只有接触病原微生物，才能将其杀灭。因此，喷洒消毒剂一定要均匀，每个角落都喷洒到位，避免操作不当，影响消毒效果。

2. 杀虫和灭鼠

虻、蝇、蚊、蜱等节肢动物是特禽疫病的重要传播媒介，而鼠类更是很多种人、畜传染病的媒介和传染源，因此，杀灭这些有害昆虫和鼠类，消灭其孳生地和栖息地，对于预防特禽传染病的发生和流行具有重要意义。

3. 实行"全进全出"饲养制

同一饲养单元只饲养同一批次的特禽，并且同时进、同时出的管理制度称为"全进全出"。同一饲养单元的特禽出栏后，经彻底清扫，认真清洗，严格消毒（火焰烧灼、喷洒消毒药、熏蒸等），并空舍半个月以上，再进另一批特禽，可消除连续感染、交叉感染。

特禽养殖场内应禁止饲养鸡、鸭、狗、猫等除所饲养特禽以外的其他畜禽。严防饲料、饮水被病原微生物污染。

三、提高易感动物的抵抗力

1. 科学饲养

科学饲养，喂给全价、优质饲料，满足特禽生长、发育和繁殖等各阶段的营养需要，增强体质。同时，充分利用先进的饲养设备，改善饲养环境。

当前正在推广的先进饲养设备为以下几种。

①监控设备：多点视频系统；②降温设备：滴水、喷雾、湿帘等；③通风设备：轴向通风、屋顶风机通风等；④保温设备：地热保温、太阳能保温等；⑤其他设备：立体笼养设备、粪污处理设备等。

2. 科学管理

（1）加强饲养管理，提倡先进的饲养理念和模式

根据特禽的不同生理生长阶段，进行科学饲养，倡导"全进全出"、"立体笼养"和"人工授精"等先进饲养管理模式，以保证特禽的正常发育和健康生长。

（2）搞好环境卫生，创造良好的饲养环境，保持特禽舍清洁卫生

特禽舍应保持适宜湿度、温度、光照和通风，保持空气新鲜，给禽群创造一个适宜的生长环境，增强它们的免疫力和抗病力，这样既有利于特禽的生长，又可减少疫病的发生。

3. 预防接种

预防接种是防控特禽传染病发生的关键措施。通过给禽群接种疫苗，能使机体产生特异的免疫力，使易感禽群转化为不易感染禽群，减少和控制疫病的发生。

开展预防接种时，应根据本地区和本场的疫病流行情况，有针对性地选择免疫疫苗的种类，制定科学合理的免疫程序，并按此免疫程序进行预防接种，使特禽群保持较高的免疫水平。

第二章　山鸡常见疾病的防治

第一节　常见传染病防治

一、禽流感

禽流感又称真性鸡瘟或欧洲鸡瘟，是由 A 型流感病毒引起的一种急性、高度致死性传染病，也是目前养禽业中危害最大的传染病。养殖场一旦发生此病极难控制，且可传染给人，故国际兽医局将其列为一类传染病。

1. 流行特点

①易感动物：除家禽外，山鸡、鹧鸪、火鸡、野鸭等均易感。②传染源：病禽和尸体是主要传染源，被病毒污染的禽舍、用具、饲料、饮水等都可成为传染源。③传播途径：主要通过消化道和创伤感染，也可经呼吸道或眼结膜感染，有时也可通过种蛋垂直传播。④死亡率：高致病力毒株感染时，发病率和死亡率均可达到100%。

2. 病状及剖检

①根据禽类的不同种、年龄以及状况和环境因素的差异，病症有所不同。②急性爆发时，病鸡未见任何症状即死亡，病程一般为 1~2 天，有的仅为几个小时。③多数病鸡表现严重的呼吸道症状，如咳嗽、喷嚏、呼吸困难、流泪等，外观可见面部发绀、坏死以及脚鳞出现紫色出血斑等症状。④剖检可见胸腿肌、胸骨内及心冠脂肪等点状出血，腺胃、肌胃及十二指肠出血，实质性器官有黄色坏死灶。

3. 诊断

根据临床症状、流行特点及剖检可初步诊断，确诊需进行病毒分离鉴定和血清学检验。

4. 防治

本病无有效治疗方法，扑杀鸡病是唯一有效的根治方法。因此，山鸡养殖场应严格做好日常的预防措施，发生疫情时应立即按要求做好各类扑杀、消毒措施。

二、山鸡新城疫

鸡新城疫又叫亚洲鸡瘟或假性鸡瘟，是由副黏病毒科的新城疫病毒引起的一种急性、败血性传染病。本病广泛分布于亚洲地区，在世界各地也多有流行。

1. 流行特点

①易感动物：家鸡、山鸡、鹌鹑、鹧鸪、鸵鸟等均可感染本病。②传染源：病鸡及被污染饲料、用具和周边环境都可成为传染源。③传播途径：除通过消化道、呼吸道及创伤等的直接接触外，飞鸟、老鼠、昆虫及人等也能机械传播病毒。④潜伏期：一般为3~5 天。

2. 症状

本病的临床症状可表现为最急性、急性、慢性和非典型4个类型。

①最急性型：突然发病，未见任何症状突然死亡。②急性型：可见呼吸困难、精神委

顿、食欲减退或消失、体温升高可达 43～44℃、缩颈低头、双翅下垂、眼圈发紫、嗉囊充满液体或气体，按压或将山鸡倒提可从口腔流出有刺鼻酸臭味液体，下痢、粪便呈绿色、灰色或黄色，一般 2～5 天死亡，死亡率高达 95% 以上。③慢性型：病初症状与急性型相同，后转为神经症状，表现为典型的观星状或钻地状。④非典型型：病鸡不表现典型症状，仅表现精神沉郁、食欲减退和明显消瘦等症状。

3. 剖检

①消化道出血是本病典型症状，其中，腺胃、肌胃底部、十二指肠等尤为明显。②胸肌及心冠脂肪等出血，个别病例心包有积液。③有呼吸道症状时可见器官黏膜明显出血及水肿。

4. 诊断

从流行特点、临床症状及剖检可作初诊，确诊则需作病毒分离鉴定，即采集病料作鸡胚培养后进行血凝试验。

5. 防治

本病目前无特效治疗药物，唯有采用预防免疫和综合控制措施方能得到较好控制。

（1）定期做好预防接种工作，增强山鸡的特异性免疫力。

雏山鸡 7～10 日龄用新城疫 L 系滴鼻点眼，三周后饮水 1 次，60～70 日龄时加强饮水 1 次，120 日龄时用 I 系苗肌肉注射 1 次，成年鸡每 6 个月用 I 系加强免疫 1 次。

（2）规范落实各项日常预防措施

加强消毒管理和引种隔离，控制人员流动，提高饲养水平，增强山鸡抗病能力。

（3）一旦发生本病，立即采取紧急措施。

对病鸡群要隔离、封锁，防止疫情扩大；加强消毒，对死鸡实行无害化处理；实行紧急预防接种后两周内无新的病例发生，经终末消毒后，解除封锁。

三、禽痘

禽痘是由痘病毒引起的一种急性、接触性传染病。本病一年四季均可发生，但以秋冬季发病率较高。全世界几乎所有国家都有流行。

1. 流行特点

①易感动物：家鸡、山鸡、火鸡、鸵鸟、鹌鹑等均易感，中年或成年山鸡易发。②传染源：病鸡以及脱落的痘痂或痂膜是主要传染源，被污染的饲料、饮水和用具也可成为传染源。③传播途径：直接接触是本病主要传播途径，血吸虫及某些体表寄生虫也可传播。

2. 症状

鸡痘的临床症状可分为 3 种类型。

（1）皮肤型

病鸡头部、眼圈、耳等无毛处，首先发疹，开始时如高粱粒大的灰白色水泡，最后形成突出于皮肤表面的痂皮，3～4 周后脱落形成白色斑痕。此型病变一般病鸡无全身症状，严重者可表现出精神委顿、食欲减退、消瘦等症状。

（2）白喉型

又称黏膜型，病初在病鸡口腔和咽喉黏膜上可见一些黄白色的小结节并突出于黏膜表面，后结节迅速增大并融合成片，形成一层白色的伪膜，故称为白喉；此时病鸡表现呼吸困难、打呼噜等现象，食欲减退，迅速消瘦，精神萎靡，死亡现象增加。

（3）混合型

就是皮肤型和白喉型两种症状同时发生，此时病鸡的死亡率可达50%左右。

3. 剖检

除外部可见病变外，白喉型口腔黏膜的病变有时可蔓延到气管、食道，有时黏膜上可出现溃疡，肠黏膜有时可见小点出血。

4. 诊断

一般通过临床诊断即可初步诊断，确诊需经实验室鸡胚或其他动物接种试验。

5. 防治

（1）接种鸡痘疫苗是预防本病的最好方法，一般采用针刺法对1月龄以内山鸡进行免疫。方法是用洁净的钢笔尖蘸取鸡痘弱毒苗后，刺种在山鸡翅膀的内侧无血管处皮下，如一周后刺种处出现痘症反应，说明免疫成功，否则，需要重新接种。

（2）本病无特效疗法，只能对症治疗以减轻病鸡的症状和防止并发症。发病时可结合病鸡口服抗菌素或磺胺类药物，也可在发痘处涂以碘酊、青霉素软膏等，喉部发痘时可将发痘处的干酪样物取出后涂以碘甘油或碘酊。

（3）鸡群发生鸡痘时，应对病鸡隔离，对鸡舍及所有用具彻底消毒，对病死鸡作无害化处理，并对其他鸡群进行紧急免疫。

四、鸡马立克

山鸡马立克病是由马立克病毒引起的，该病毒属B型疱疹病毒，在山鸡的机体组织内是与细胞结合生存的。

1. 流行特点

①易感动物：家鸡、山鸡、火鸡、鹌鹑、鸭、鹅、鸽子等禽类易感本病，山鸡的幼雏尤为明显。②传染源：带毒鸡及病鸡的羽毛、皮屑和被污染的分泌物、排泄物、垫料、用具等是本病的主要传染源。③传播途径：本病主要通过空气传播，吸血昆虫也是本病的主要传播媒介，消化道、呼吸道直接或间接接触是本病传播的主要途径。④本病潜伏期较长，山鸡3~4周龄是本病的多发阶段。

2. 症状

本病可分为神经型、内脏型、眼型和皮肤型4种类型，也有多种类型混合发生现象。

（1）神经型

主要特征是病鸡的运动发生障碍，特殊姿势是一条腿伸向前方、一条腿伸向后方，呈"劈叉"姿势。

（2）内脏型

表现为厌食、进行性消瘦、贫血及下痢等症状，死亡率最高可达80%。

（3）眼型

病鸡可能发生失明、眼睛出现同心球状、斑点状或弥漫的灰白色，又称为"青白眼病"。

（4）皮肤型

在山鸡皮肤上有小结节或瘤状物。

3. 剖检

本病以神经病变为特点，剖检可见病变神经肿大，呈灰白色或黄白色，神经表面有时可看到小的结节，使神经变得粗细不匀。内脏型病鸡可见单个或多个的淋巴性肿瘤病灶，肝、脾、胃等肿大非常明显，颜色变淡。皮肤型病鸡在皮肤上可见痂癣样、表面淡褐色的结痂，有时还可见到较大的肿瘤结节。

4. 诊断

根据临床症状和剖检即可作出诊断，确诊需实验室采用鸡胚接种和血清学检查的方法。

5. 防治

本病目前无特效治疗药物，以预防为主，常采用火鸡疱疹病毒（Ⅲ型）疫苗对出壳24小时内的雏山鸡颈部皮下注射0.2毫升/羽，即可获得坚强免疫力。

山鸡群一旦发现有马立克病鸡时应立即作无害化处理，以消灭传染源，同时做好药物驱虫、驱蚤工作，并预防球虫病的发生。

五、白痢

山鸡白痢是由白痢沙门氏菌引起的一种常见细菌性传染病，雏山鸡感染本病常呈急性败血症经过，发病率和死亡率都很高，是对山鸡危害最大的疾病之一。

1. 流行特点

①易感动物：各种禽类易感，且以幼龄鸡最易感，3周龄后发病减少。②传染源：病鸡及带菌成年鸡的粪便是本病主要传染源。本病带菌鸡体内含有大量病菌，因此，产出的蛋和粪便均含有细菌，可通过种蛋孵化垂直传播给雏山鸡，并污染孵化器等。③传播途径：主要是通过消化道传播，另外，交配等也能传播本病。

2. 症状

本病雏鸡和成年鸡的临床症状有明显差异。

（1）雏鸡

感染本病的种蛋孵出的雏苗，通常在出壳后不久即告死亡而不表现明显症状；雏山鸡出壳后感染本病，其传染速度较快，一般在5～7日龄即可达到极点，此时病雏表现体温升高、呼吸困难、聚堆怕冷、两眼紧闭、翅膀下垂、食欲减退，排黏稠白灰土样、气味恶臭粪便，并多黏在肛门周围的羽毛上，最后因极度衰竭而死亡。

（2）成年鸡

成鸡感染本病后常成为隐性带菌者而不表现临床症状或临床症状不明显，有时可见排出青棕色稀粪，也有急性病鸡表现一定的全身症状，母鸡可表现产蛋逐渐减少或终身不产蛋等症状。

3. 剖检

肝、脾肿大，并有灰白色坏死点或小结节；输尿管显著扩张，肾脏充血，盲肠充满白色干酪样物；雏鸡卵黄吸收不全，呈淡黄色黏油样；成鸡可见卵巢萎缩，腹膜炎和腹腔脏器黏连；成年公鸡表现睾丸极度萎缩和输精管增大。

4. 诊断

雏山鸡根据临床症状即可诊断，成鸡则需采用全血凝集试验（白痢检疫）检出病鸡，但白痢检疫不能作为诊断本病的唯一依据，因为其他沙门氏菌会对检疫结果产生干扰。

5. 防治

由于本病治愈后的山鸡仍可成为病原携带者，因此，对本病的治疗价值不大，主要是采取预防措施进行有效控制。

本病最有效的预防措施是建立无白痢病的山鸡种群，方法是：每年春、秋两季对种山鸡群进行白痢检疫，发现阳性反应的山鸡立即淘汰；其次是做好山鸡场日常消毒工作，尤其是孵化过程中的种蛋消毒；如雏鸡群中发现白痢时应立即抓出烧掉，并严格消毒。

六、大肠杆菌病

山鸡大肠杆菌病是由大肠杆菌的某些血清型引起的一种细菌性传染病。

1. 流行特点

①易感动物：各种禽类均易感本病，幼禽常于气候多变季节发病，30 日龄左右的山鸡易发，且常呈急性，成年鸡则常呈慢性经过。②传染源：存在于肠道、鼻腔、气囊或生殖道中的大肠杆菌是本病的潜在传染源。③传播途径：本病的发生与饲养管理不当及卫生条件差有关。主要是由于山鸡直接接触到污秽潮湿的鸡舍而传播，但禽类之间的相互接触并不传染，故本病是一种环境性疾病。

2. 症状

（1）一般性症状

多数情况下，病鸡表现饮食欲减少或废绝、精神萎靡、拥挤怕冷。

（2）种蛋感染或孵化后感染雏鸡

常呈急性发病，孵出后几天内因败血症而大批死亡。

（3）青年鸡

常表现呼吸困难、甩鼻、有啰音，出血性肠炎时表现为口、鼻出血，粪便呈黑水样、长久不愈。

（4）成年鸡

易发关节滑膜炎、输卵管炎、腹膜炎等。

3. 剖检

常见病变是肠炎和下痢，有时可见气囊炎、心包炎和肝围围炎；成年鸡常见腹膜炎、输卵管炎和子宫炎等，有时可见大肠杆菌肉芽肿和肿瘤样增生物。

4. 诊断

根据临床症状和剖检病变可作出初诊，确诊需进行大肠杆菌的分离培养和血清定型。

5. 防治

①平时应强化饲养管理，采取严格的消毒措施，定期消毒禽舍、场地及用具。②入孵前的种蛋和孵化器要彻底消毒。③在饮水和饲料中可定期添加抗生素药物进行预防。④发生本病时可用抗生素药物治疗，但治疗方案的制定需从环境、饲料以及饮水等卫生措施开始，而且用药应连续一个疗程以上，方能收到满意效果。

第二节 常见寄生虫病的防治

一、球虫病

本病是由艾美尔属的多种球虫感染引起的一种传染性强、死亡率高的疾病。

1. 流行特点

①易感动物：几乎所有禽类都能感染本病，其中，以 3 个月内的山鸡最易感，特别是在

梅雨季节最易暴发本病。②传染源：带虫鸡是主要来源，另外，被病鸡粪便污染的饲料、饮水、用具及周围环境也可成为本病的重要传染源。③传播途径：消化道是本病的主要传播途径，而一些飞鸟、苍蝇、甲虫也可成为机械传播者。

2. 症状

（1）幼龄山鸡

典型症状是排出血便或血丝样粪便，病鸡精神沉郁、体温升高、扎堆怕冷、羽毛松乱、食欲减退、嗉囊膨大，病程稍长时表现消瘦、贫血，最后因食欲废绝而亡，死亡率可达30%～50%。

（2）青年山鸡

常呈慢性经过，表现为消瘦、间隙性下痢，病程可达数周至数月。

3. 剖检

盲肠、小肠肠壁肿胀，有严重的炎性变化，两盲肠壁增厚，内充满多量血凝块，呈棕红色或暗红色，有时盲肠内容物呈干酪样混有血液的坏死物。

4. 诊断

根据病鸡排出的血便或血丝样便以及剖检盲肠的病理变化可作出初步诊断，确诊需实验室检查球虫卵囊。

5. 防治

①加强饲养管理，保持育雏舍干燥，鸡群密度合理，同时给予营养全面的日粮。

②搞好鸡舍的卫生，定期消毒。

③定期应用药物预防，药物的预防量应为治疗量的一半。

④本病治疗药物较多，使用时，各种药物应交替使用，并注意药物使用的时间。

二、蛔虫病

山鸡蛔虫病是由禽蛔虫引起的一种常见寄生虫病。

1. 流行特点

①易感动物：各种禽类均易感，以3～4月龄的幼禽易感。②传染源：含有感染性虫卵的饲料、饮水或者是含有感染性虫卵的蚯蚓等。③传播途径：主要是消化道，若饲料中蛋白质或维生素 A、维生素 B 族不足时，可增加易感性。

2. 症状

①一般情况下，山鸡体内都有少量的蛔虫寄生，且不表现临床症状。②大量感染时，病山鸡表现贫血、消瘦、眼帘苍白、肠炎、腹痛、下痢，有时粪便中可见到虫体。③严重感染时，可将肠壁挤破而导致山鸡死亡，或因极度消瘦死亡。

3. 剖检

小肠黏膜发炎水肿、充血出血、肠内有大量蛔虫虫体。

4. 诊断

剖检发现虫体即可作出初步诊断，显微镜检查发现虫卵即可确诊。

5. 防治

①鸡舍、笼舍及运动场的粪便必须每日清扫，并保持环境卫生。

②每年定期对山鸡群进行1～2次驱虫。用于山鸡驱线虫的药物很多，如驱虫净、驱蛔灵、左旋咪唑、抗蠕敏等均有很好的驱虫效果，但应注意交叉使用。

③驱虫时最好在第一次投药后 2 周再投一次药，以提高驱虫效果。

三、鸡虱

鸡虱是山鸡的一种常见体表永久性寄生虫，其种类很多，以山鸡的羽毛、皮屑及皮肤损伤部位的血液为食。

1. 流行特点

①传染源：鸡虱寄生在山鸡羽毛的根部，雌虱产卵于羽毛上，经 5 ~ 7 天孵出幼虫，2 ~ 3 周后发育为成虫。②传播途径：本病通过相互接触传播，传播速度很快，有一只感染便很快传遍全群。③发病季节：本病一年四季均可发生，但以秋冬季发病较为严重。

2. 症状

病鸡表现食欲减退、精神不振、常用嘴去啄羽毛、鸡体消瘦、羽毛脱落、生长减缓或产蛋量降低。

3. 诊断

根据临床症状和发现虫体即可确诊。

4. 防治

（1）平时搞好舍内外卫生，防止麻雀等飞鸟进入笼舍

（2）产蛋鸡进入笼舍前要彻底消毒笼舍并喷洒驱虫药物

（3）发生本病后的治疗方法

①药浴或砂浴：常用药物：2% ~ 3% 除虫菊粉或 0.05% 蝇毒磷。②喷雾：常用 0.4% 的溴氰菊酯或 0.5% ~ 1% 敌百虫喷洒鸡体和鸡舍。

（4）应在第一次用药后的 7 ~ 10 天加强一次用药

以巩固治疗效果，同时要对鸡舍、用具及周围环境进行药物喷洒，以彻底消灭病原体。

第三节　其他疾病的防治

一、中毒症

引起山鸡中毒的物质很多，常见的有黄曲霉素中毒、食盐中毒和药物中毒等。

1. 发病原因

①饲料原料如玉米、麸皮、鱼粉等或全价配合饲料霉变。②食盐添加过量或搅拌不均匀以及饮水不足等。③药物用量过大或搅拌不匀或使用时间过长等。

2. 症状与病变

（1）黄曲霉素中毒

病鸡表现精神沉郁、肢翅无力、衰弱贫血、拉稀血便，腿和脚部皮下出血、呈紫红色，死前常呈角弓反张，多发于 2 ~ 6 周龄幼鸡。死亡率可达 100%。

剖检时，肝脏具有特征性病变，表现为肝脏肿大、呈淡黄色、有坏死灶或出血斑点、肝囊充盈、肾脏稍肿大、色苍白偶见出血点、胃肠道充血，有时溃疡；慢性中毒时常见肝硬化、体积缩小，颜色变黄并有米粒状结节。

（2）食盐中毒

病鸡表现精神萎顿、食欲不振或废绝、饮欲增加、水样下痢、运动失调或瘫痪、后期呼

吸困难、肌肉抽搐、极度衰竭，最后虚脱死亡。剖检可见病变主要在消化道，可见腺胃充血、肠黏膜充血出血，心脏出血点，肺水肿，血液黏稠。

（3）药物中毒

初期往往表现食欲减退、饮欲增加，有的表现兴奋不安，有的表现精神沉郁，步态不稳，共济失调，最后抽搐死亡。剖检可见肝肾肿胀淤血、胆汁充盈、心肌变性有出血点，病程较长者肠道有出血性或卡他性炎症。

3. 诊断

根据病史调查，结合临床典型症状和剖检特征性病变即可确诊。

4. 防治

①平时加强饲料管理，坚决不喂发霉饲料，发现中毒病鸡立即更换饲料，并用盐类腹泻药口服；供给充足青绿饲料和维生素 A，同时采取对症疗法。

②发现中毒后，立即更换饲料，加强饮水并添加维生素合剂，严重时可静脉注射 5% 葡萄糖盐水急救。

③用药前，必须精确预计算药物用量，药物一定要充分混合，使用时应注意观察鸡群反应，发现有中毒现象时，立即停止用药。鸡群供给充足饮水并适量添加维生素，严重者可静脉注射 5% 葡萄糖溶液和维生素 B_1、维生素 C 抢救，以减少损失。

二、维生素缺乏症

山鸡是一种驯化时间较短的动物，其生理特性仍保留着较强的野性，特别是生长发育过程中对维生素的需要较高，人工饲养较易发生缺乏症，常见的有维生素 A、维生素 D、维生素 B_2 等。

1. 发病与原因

①饲料配方单一或配制不合理造成缺乏某种维生素。②全价饲料存放时间过长或长期在阳光下暴晒。③饲养过程中未饲喂青绿饲料或鱼肝油等。④山鸡缺少运动和光照。⑤某些疾病造成吸收和利用障碍。

2. 症状与病变

（1）维生素 A 缺乏症

雏山鸡一般在 2~3 个月开始出现症状，表现食欲不振、消瘦无力、趾爪蜷缩、不能站立、常用尾支地。病鸡鼻孔和眼睛有多量水样分泌物是特征性症状，上下眼睑黏在一起，眼内结聚乳白色干酪样物，有时可表现失明症状；如种鸡缺乏维生素 A，则孵化后的雏鸡一周内即可表现特征性症状。剖检可见消化道黏膜肿胀，表面凹陷形成溃疡，上消化道有白色小脓疱，有时可蔓延到嗉囊，鼻腔内充满水样分泌物。

（2）维生素 D 缺乏症

雏山鸡常发，表现两腿无力、爪歪向一侧、行走困难、常以飞节蹲伏或行走，站立时则两腿发颤甚至不能站立，喙变软或弯曲，采食困难、骨骼柔软、肿大、变形。母鸡表现产软壳蛋且产量急剧下降，有时表现卧地不起、不能站立和行走。剖检可见骨骼特别是胫骨和股骨钙化不良，椎肋与脊椎连接处肿胀，与胸肋连接处肿大或向内弯曲，形成特征性的串珠状和肋骨内弯现象。

（3）维生素 B_2 缺乏症

雏鸡主要表现生长缓慢、消瘦、皮肤干燥、肌肉松弛、趾爪内蜷、二肢瘫痪、飞节着地并展开双翅以保持平衡，最后因行走不便，采食困难而死亡；成年山鸡则常主要表现产蛋量和种蛋孵化率明显下降。

剖检时内脏病变不典型，有时可见肝脏肿大，脂肪量增多或表现肠炎症状，肠内有多量的泡沫状内容物，有的病鸡可见坐骨神经大于正常鸡 4~5 倍。

3. 诊断

根据病因调查，临床症状及特征性病变即可作出诊断。

4. 防治

①合理配制和保存饲料，并应注意饲料原料的多样性。

②饲喂时，应适量添加鱼肝油和青绿饲料。

③加强运动，增加光照时间和强度。

④发现鸡群中有病鸡出现时，应在采取个体治疗的同时进行群体预防性用药。

⑤治疗时可对应采用口服鱼肝油或肌肉注射维生素 D_3 或口服盐酸核黄素等。

三、啄癖

啄癖是由于饲养管理不当引起的一种代谢性疾病，常见的有啄趾癖、啄蛋癖等现象。

1. 发病原因

①日粮配合不当，饲料中缺乏含硫物质（蛋白质或某种氨基酸）、无机盐（食盐、钙、磷）、维生素、粗纤维等。②饲料颗粒过细或未添加砂粒。③鸡群密度过大或外界干扰影响采食、运动和正常的交配、产蛋。④某些疾病如鸡虱等。⑤个别具有天生啄癖鸡只的带动作用。

2. 症状

（1）啄趾癖

多见于雏鸡，表现为啄脚趾，引起出血或跛行，严重时会将一些雏山鸡的脚趾啄掉吃光。

（2）啄羽癖

多发于青年鸡和成年山鸡，表现啄食其他山鸡或自食自身羽毛的现象。

（3）啄肛癖

任何年龄的山鸡群均可发生，一般是一只山鸡的肛门被啄破出血后，其他山鸡便一拥而上，群起啄之，直至将该山鸡的直肠、甚至内脏啄出吃光。

（4）啄蛋癖

表现啄食其他鸡产下的蛋或自食其蛋。

3. 防治

加强饲养管理是控制山鸡啄食癖的根本途径。

①根据具体情况，合理配制日粮，适当增加蛋白质饲料和粗纤维含量，注意补充矿物质饲料。

②饲料中添加 2%~3% 的羽毛粉。

③适时断喙和佩戴眼罩，及时驱除体内寄生虫。

④疏散饲养密度，增加食、水槽数量。增设砂盘或砂池。

⑤保持环境安静，减少鸡只之间的干扰。

⑥加强对鸡群的日常观察，发现有啄癖或被啄的山鸡，立即将其提出，单独饲养。

⑦勤拣蛋或给母鸡备足产蛋箱。

第三章　肉鸽常见病的防治

在各种禽类中，鸽子是一种具有较强抵抗力的动物，不易感染可能导致全群覆灭的烈性传染病。但是，随着当今肉鸽生产大都采用规模化、集约化饲养，群体规模和饲养密度越来越大，使得鸽子种群也会不可避免地、经常性地遭到各种疾病的侵袭，对鸽子的健康和生产性能产生较大的影响。因此，搞好鸽病的防治工作，对肉鸽场来说是一项极其重要的工作。

而鸽病的防治，首先要坚持"预防为主"的方针，只有通过采用各种方式，尽力减少各类疾病的发生，才能使肉鸽养殖取得较大的效益；而一旦发生疾病后，不但将影响到肉鸽的生产性能，而且还要消耗大量的药物，造成严重的损失。

第一节　鸽的病态表现及识别方法

一、鸽的病态表现

①精神不振，懒于行动，愿独自呆在僻静角落或暗处。
②颈部羽毛翘起，颈蜷缩，全身羽毛蓬松，不愿行动，如行动也非常迟钝。
③眼睛暗淡无光，经常双眼闭合，眼帘张合反应缓慢，羽毛蓬乱不齐。
④粪便稀而黏，颜色发蓝或发绿带有红色，并有异味。
⑤肛门红肿，周围羽毛被粪便黏糊。
⑥食欲不强，检查口中有淡黄色黏物，并有异味。
⑦全身羽毛不整齐、不清洁，头部或颈部有斑秃现象。
⑧手握鸽子，感到格外轻飘，龙骨似刀刃，胸部肌肉消瘦。
⑨两足干枯，失掉鲜艳的色彩。
⑩大量饮水，不愿吃食，并有呕吐、咳嗽。

二、识别的方法

1. 看粪便
（1）健康
粪便呈灰黄色、黄褐色或褐色，呈条状或螺旋状，末端有白色物附着。
（2）病态
①稀烂的软粪：提示：可能是消化不良或卡他性肠炎。
②粒状粪：提示：可能是发热或缺水或便秘。
③肉状粪：提示：可能是肠道寄生虫或卡他性肠炎。
④稀烂恶臭带白色黏液或绿色的稀粪便：提示：可能是胃肠炎或副伤寒以及鸟疫、丹毒、球虫或某些食物中毒症状；如果粪便由绿色转为黑绿色，表明上述病症恶化或进入后期。

⑤粪便带白色或红色黏液（下痢）：提示：可能是出血性肠炎或球虫病。

⑥黑色粪便：提示：可能是胃或小肠前段出血。

2. 看饮食

（1）健康

食欲强，采食动作敏捷迅速，吃饱后立即饮水。

（2）病态

减食或不食，大量饮水，停止哺喂雏鸽。

3. 看动态

（1）健康

神态自然，行动敏捷，两眼有神，羽毛平滑光亮。

（2）病态

过度兴奋或沉郁，羽毛松乱，眼无神，呼吸次数增多，有喘鸣或喉气管处有异常声响，离群独居，呆立不活动，体质消瘦。

4. 看洗浴

（1）健康

喜洗浴，拍水有力，水花四溅，浴后在水面上有一层粉状漂浮物。

（2）病态

不愿洗浴或洗浴后无粉状的漂浮物。

5. 看换羽

（1）健康

秋季换羽，新羽清洁、发亮、发光，毛羽紧密，排列整齐。

（2）病态

不换羽或换羽中途停止，毛羽污秽不洁，松乱无光泽。

第二节　鸽的个体检查方法

通过饲养人员认真细致的观察，对表现病态症状的不健康鸽子，应及时采用以下方法进行检查，确诊病情后对症治疗。

一、眼的检查

1. 健康

两眼清亮，炯炯有神，结膜呈粉红色，角膜清晰，瞳孔深邃。

2. 病态

①眼睛发炎、红肿，产生分泌物：提示：鸟疫、副伤寒、霉形体病及维生素 A 缺乏症等。

②结膜潮红，血管扩张：提示：发热。

③结膜苍白：提示：贫血，营养不良。

④结膜蓝紫色：提示：严重肺炎、丹毒。

二、鼻瘤的检查

1. 健康

①成年鸽：鲜白色且干净。

②雏鸽：肉色。

③童鸽：肉色逐步转成白色。

2. 病态

污秽，潮湿，白色减退，色泽暗淡，都是疾病的表现，尤其是在患感冒、呼吸道系统疾病、鸟疫、副伤寒等病时，鼻瘤上的上述变化更为突出。

三、呼吸道系统的检查

1. 健康

鼻腔无分泌物，次数 30～40/分钟，无咳嗽、喷嚏、喘气或张口呼吸的现象，呼出气体无异味，无啰音。

2. 病态

①呼吸发出异常声音，鼻瘤污浊，流鼻液，咳嗽、喷嚏、喘气等：提示：鸟疫、毛滴虫、喉气管炎、支气管炎等。

②张口呼吸，呼出气体带臭味：提示：严重的坏死性肠炎。

四、口腔检查

方法：把鸽子的嘴张开，观察口腔黏膜的颜色及咽喉部状态及口腔气味。

1. 健康

口腔黏膜呈淡粉红色，无异味，咽喉部无异常。

2. 病态

①口腔黏膜潮红，咽喉部出现溃疡与黄白色假膜：提示：咽喉炎、毛滴虫病、白喉型鸽痘。

②口腔有粟粒大小的灰白色结节：提示：维生素 A 缺乏。

③口腔呼出带酸臭气体：提示：软嗉病。

五、嗉囊检查

1. 健康

①采食后，嗉囊中结存有多量的饲料和水。

②采食 3 小时后，嗉囊明显缩小。

2. 病态

①进食 3 小时后嗉囊仍胀大而坚实：提示：硬嗉囊炎。

②不食而嗉囊胀满，软而有波动态，倒提流出多量酸臭液体：提示：软嗉病。

六、肛门的检查

1. 健康

四周无粪便污染，翻开肛门，泄殖腔无充血、出血和坏死现象。

2. 病态

肛门四周被粪便黏污，泄殖腔充血或有出血点。提示：肠炎或副伤寒病。

七、腹部检查

方法：轻轻按摩腹部，并将手轻轻从胸骨端开始往耻骨方向移动，留意手的感觉。

病态：

①肠内有黄豆状粪便：提示：便秘。

②肝肿大或硬实：提示：肝炎或肝硬化。

③腹部胀大下垂，手摸有软而波动的感觉：提示：腹腔炎。

八、皮肤检查

方法：观察皮肤颜色，检查有无丘疹、损伤及肿瘤；另外，还应检查皮温是否正常。

病态：

①皮肤呈紫蓝色：提示：严重肺炎、亚硝酸盐中毒、鸟疫、丹毒及血液缺氧。

②皮温升高：提示：发热表现。

③皮温降低：提示：虚寒症或重病甚至濒死的表现。

九、骨关节脚的检查

方法：当出现跛行或翅下垂时，应检查相关的骨和关节，同时，应特别注意检查胸骨。

病态：

①跛行、翅下垂：提示：骨折、关节脱臼、关节炎。

②胸骨软而畸形：提示：维生素 D 或钙缺乏。

十、体温检查

方法：温度计小心插入肛门内，测温 5 分钟，早晚 2 次。

1. 健康

正常体温 40.5～42.5℃，平均41.5℃。

2. 病态

体温超过 42.5℃。提示：感冒、肺炎、鸽痘、副伤寒。

第三节　鸽疑难病症的处理

疾病诊断有非常多的困难，主要的困难和难题是不同的疾病有相同的症状或一个鸽在同一时间内，可能有两种或更多疾患，并且一些轻的症候群可能掩盖着严重的疾患；有时预防性治疗也可抑制着某些特征性症状的表现。

当未知性质的疾患同时发生在几个鸽子时，饲养者应进行以下几方面检查。

①检查饲料、保健砂和水的质量与清洁程度。

②检查饲料、保健砂和水是否被粪便或其他排泄物污染，是否被鸽子弄脏。

③检查鸽房是否干燥，有无漏水处、潮湿处，有无异常粪便或气味。

④检查鸽笼是否干燥，有无泥浆或腐烂的东西，尤其是饮水器下面或浴架周围。

⑤检查鸽子和它的巢箱的卫生，有无寄生虫或虫害存在。

如果这些都不能提供一个线索，并且饲养者仍不能判定的话，那么病鸽应迅速地搬迁，将病鸽隔离饲养在另一单独区域的小笼内（大约 12 厘米×12 厘米×12 厘米，有铁丝网底），给予适当的营养以及优质、充足的饲料、保健砂和水，并让鸽安静休息，这对病愈是具有积极作用的。在许多情况下，通过以上措施，有些病鸽没有经过任何治疗也可自行康复。如果是具有传染性的，还可及早地预防其蔓延。

第四节　常见传染病的防治

一、鸽流感

鸽的流感主要是由 A 型流感病毒引起的一种急性、高度接触性传染病。鸽具有较高的易感性，各年龄段的鸽均易发，但以 2~4 月龄的青年鸽发病率高、发病急、损失大。

本病主要通过空气、呼吸道、消化道以及直接接触传播，一年四季均可发生，但以秋冬季多发。

气候突变、寒流侵袭、饲养密度过大、通风不良、应激等是主要的诱发因素。

本病潜伏期一般 3~5 天。发病初期常呈最急性，表现无任何症状，即突然暴发，出现大批死亡，发病急、死亡快。

病程稍长的病鸽体温可升高至 44℃，表现精神不振、食欲下降或废绝、咳嗽、流鼻液、两眼肿胀流泪、结膜潮红、有黏稠分泌物、有时可将上下眼睑黏合，并出现严重的呼吸道症状，鼻瘤失去正常的色泽，有的可出现灰绿色下痢。

后期出现不同程度的神经症状，常在发病后数天至数小时死亡。

最急性病例一般见不到明显的变化，稍缓的病例可见胸肌及各种黏膜有不同程度的出血点；病程稍长者，颈部和胸部皮下水肿，肝、脾、肺等处出现有灰黄色的小坏死灶；病程更长者则表现机体消瘦、卵巢和输卵管退化。

本病目前尚无有效的治疗药物，唯有通过加强饲养管理和综合性防治措施，搞好环境卫生和日常消毒，做好预防性免疫接种，消灭传染源、切断传播途径，才能有效控制本病的发生。

二、鸽新城疫

鸽新城疫是由新城疫病毒引起的一种急性、败血性传染病。鸽新城疫病毒与鸡新城疫病毒同为一属，并具有高度的交叉免疫原性。

本病一年四季均可发生，不同年龄段的鸽都可感染本病，但以幼鸽和青年鸽的感染率为高，死亡率也较高。

本病主要通过呼吸道和消化道传播。病鸽是本病的主要传染源。

急性发病常未表现症状就突然死亡。但一般情况下，鸽的发病没有鸡表现急性，也不像鸡新城疫的症状典型，但可出现下痢和神经委顿、拉黄白色或绿色带有多量黏液的稀粪；发病 2~3 天后出现神经症状，表现歪颈、共济失调，一侧或二侧翅或腿麻痹，最后衰竭死亡，病程都在一周左右，发病率可达 50%~80%。

鸽群发生本病后，通常不会集中在短时间死亡，而是每天死亡几只或几十只，连续 2~

3 周或更长时间。

病理解剖可见食道、腺胃及腺胃与肌胃交界处出现少量出血点或出血斑，小肠黏膜充血并出现溃疡，泄殖腔充血，肺脏充血、出血、水肿，肝脏肿大、有出血点，卵巢出血，卵黄变性、呈污浊的黄绿色。

本病目前尚无特效药物治疗，除搞好饲养管理与卫生消毒工作外，使用鸽 I 型副黏病毒灭活疫苗（鸽新城疫）是较为理想的预防措施；而如使用鸽新城疫疫苗加注新城疫 L 系弱毒苗，则可迅速控制疫情，效果更为理想。

免疫程序：7~10 日龄乳鸽颈部皮下注射 1 羽份；1 月龄加注 1 次；5 月龄时再加强免疫 1 次；成年鸽 1 年加强免疫 1~2 次；商品乳鸽则不必使用疫苗进行免疫。

一旦发生本病时，应及时做好隔离和消毒工作。对轻微病例，早期可使用高免血清或高免卵黄抗体肌肉注射，10 天后再使用新城疫疫苗免疫，可收到一定的治疗效果。

三、鸽痘

鸽痘是由鸽痘病毒引起的鸽的一种常见传染病。病变特征是在体表无毛或少毛处、口腔黏膜、眼结膜等处出现痘疮。

本病呈季节性流行，夏秋季多发；几乎所有鸽都可感染本病，但幼鸽较成年鸽易发，且病情重、死亡率高。

本病根据痘疹发生部位的不同，可分为皮肤型、黏膜型和混合型。发病初期，痘疹部位呈现米粒状黄色突起，后逐渐增大并向周围扩散，且很快肿胀流黄水。若不及时治疗，会很快漫及全身，使鸽的体质逐渐衰弱，直至死亡。

本病无特效治疗药物，发生本病后可采用对症疗法：皮肤痘疹可剥除痂块，伤口处涂擦紫药水或碘酊；口腔、咽喉部可用镊子除去伪膜，涂敷碘甘油；眼部可把蓄积的干酪样物挤出，用2%的硼酸冲洗干净后，再滴入口服适量抗生素片。

搞好预防接种工作：用鸽痘弱毒苗稀释后抽入注射器内，在鸽的鼻瘤上滴一滴疫苗后，用 5 号针头刺破 3~5 针即可。

另外，搞好环境卫生，定期消毒杀虫，消灭蚊子及吸血昆虫以及加强饲养管理，改善环境条件等，都是预防本病发生的有力措施。

四、鸟疫

鸟衣原体为致病微生物，经食物、饮水、空气及哺乳而感染，飞禽、动物、昆虫、寄生虫为传播媒介。

主要症状为精神不振，厌食腹泻，饮水增加，肛羽污染，眼患结膜炎，畏光流泪，眼睑肿胀，流出黏液，并发鼻炎、肺炎等，肌肉皮肤呈蓝色，剖检见肝脏、脾脏肿大。

本病治疗用药为肌注土霉素 0.5 毫升/只，1 次/天，连续 2 天；口服土霉素每天 10 万单位/只，连续至病愈；每天金霉素（红霉素、罗红霉素）50~100 毫克/只连续口服 5 天，停 2 天，再服 5 天。

预防应加强饲养管理，隔离消毒。

五、念珠菌病

白色念珠菌为病原体，鸽舍潮湿、阴暗、肮脏，饮水及饲料污染，消化道损伤，易染此病。

主要症状为口腔、咽喉、嗉囊炎症、肿胀或形成假膜，呼出酸臭气味，呼吸障碍而致死。

本病用药棉蘸明矾水抹去口内分泌物，然后涂抹碘甘油，口服土霉素，10～20毫克/次，2～3次/天，连续7天；反复灌入2%的硼酸溶液数毫升，以冲洗食道与嗉囊病灶；口服制霉菌素10～15毫克/次，2次/天，连续用3～5天；0.01%的龙胆紫液或0.05%的硫酸铜溶液。

预防应保持鸽舍干燥卫生，1：1 500硫酸铜饮水进行大群预防。

六、副伤寒

副伤寒是由沙门氏菌所致，饮水、饲料污染，鼠类、飞禽、蝇虫及带菌鸽为传播媒介，受凉、卫生不善、营养不良等易暴发。

主要症状为发育不良、肠炎、腹泻、绿黑色便溺，膀腿麻痹、翅膀下垂拖地，精神不振，食欲减退，头颈歪斜，离群独居，发生在关节处时则出现关节炎和关节肿大，患脚常悬起，死亡率较高。

本病治疗用药为口服青霉素2万单位/只，或用0.05克/千克体重链霉素，2次/天，连用3天；肌肉注射青霉素2万单位/只，或用链霉素每千克体重0.05克，或用卡那霉素每千克体重10～30毫克，或用庆大霉素2万单位/只，2次/天，连续用3～5天；或用磺胺二甲氧嘧啶0.2%～0.4%拌料，连续喂3～5天；或用2万单位/升的庆大霉素饮水，连续用5～7天。

预防应加强饲养卫生管理，定期消毒。

七、禽霍乱

禽霍乱是由多杀性巴氏杆菌引起，经病鸽排泄物污染的饲料、饮水和笼具及与病鸽接触而传染，密集饲养和长途运输的鸽子易暴发此病。

主要症状为最急型突然死亡，不见任何症状；急型者羽毛松乱，精神不振，缩颈闭眼，离群呆立，体温高于42℃，食欲减退或废绝，口渴暴饮，嗉囊无食而充满液体，甚至口流黄色黏液，呼吸加快，张口喘息，病鸽下痢，粪便稀黄或绿色，1～2天死亡；慢性型者，除上述症状外，逐渐消瘦，贫血，跛行，关节肿胀。

本病治疗用药为口服或肌肉注射青霉素、链霉素、卡那霉素、庆大霉素等，用法与剂量同副伤寒；肌肉注射磺胺嘧啶每千克体重0.1毫克、磺胺二甲嘧啶每千克体重0.1克或磺胺甲基异恶唑每千克体重10毫克，每天1～2次，连续用3天；0.01%强力霉素、0.01%红霉素、0.1%～0.2%磺胺二甲嘧啶及0.05%的其他类磺胺药物拌料或饮水。

预防应严格防疫制度及免疫管理措施，每升水中加入700单位链霉素饮水，进行紧急性短期预防，禽霍乱疫苗免疫接种。

八、曲霉菌病

曲霉菌病是由烟曲霉和黄曲霉菌所致，鸽舍潮湿，饲料发霉，鸽误食或吸入而患病。

主要症状为呼吸困难，喘气而无啰音，精神不振，少食消瘦，不断打喷嚏，后期下痢，有的发生曲霉性眼炎而眼球肿胀，流泪，有分泌物，嘴上腭或皮肤长出黄色结痂或鳞片样斑点。

本病治疗用药为口服制霉菌素 1 万～2 万单位/只，每天 2 次，连续用 5～7 天；若内脏感染，可用 0.05% 硫酸铜溶液灌服 3 毫升/只。

预防应保持鸽舍干燥，杜绝霉变饲料喂鸽，1∶2 000 的硫酸铜水溶液饮水。

九、溃疡性肠炎

肠道梭菌为病原，阴雨潮湿条件易发生。

主要症状为病鸽精神萎靡，目光迟钝无神，饮水多而腹胀，腹泻下痢，粪便由白色水样转为绿色或褐色黏糊状，少食或不食，体质瘦弱，甚至步态踉跄，10 天内死亡。

本病治疗用药为链霉素 3 万单位/只，加青霉素 1 万单位/只于水中，连续饮水 3～5 天；青霉素 1 万单位/只，链霉素 3 万～5 万单位/只，庆大霉素 8 000～10 000 单位/只，肌注或口服。

预防为搞好舍内外环境卫生。

十、支原体病

鸡败血支原体为病原微生物经呼吸道感染而致，寒冷季节易发生。

主要症状为鼻腔、口腔、咽喉及气囊均有炎症，可见灰色积囊物，有恶臭味，鼻流出黏液性、化脓性分泌物，打喷嚏、咳嗽，夜间常可听到"咯咯"的喘气声。

本病治疗用药为 0.02% 的红霉素，或 0.08% 的泰乐菌素饮水给药，连续用 3～5 天；0.04%～0.08% 的金霉素或土霉素拌料，或每只口服 50 毫克/天，连续服 4 天；链霉素每千克体重 100 毫克，肌肉注射。

预防为红霉素、泰乐菌素拌料或饮水。

十一、鸽传染性鼻炎

鸽传染性鼻炎由嗜血杆菌感染引起。

主要症状为两眼结膜炎并有黏液性分泌物，眼睑极度肿胀，头如猫头鹰状，眼、鼻有卡他性症状出现。

本病治疗用药为增效磺胺（SD＋TMP）、SMD＋TMP 等，用量 0.02%～0.04% 拌料连用 3～5 天。首次量加倍或 30～50 毫克/千克体重喂服。

预防应减少、消除应激因素，尽量避免应激。并可用上述药物预防。

十二、其他几种细菌性感染

主要是由葡萄球菌、大肠杆菌、巴氏杆菌、丹毒杆菌引起的感染。

主要症状为葡萄球菌感染与沙门氏菌感染相似，肠道中有脓肿状结节。大肠杆菌感染可见气囊炎、心包炎、肝周炎，表面有纤维素性渗出物。巴氏杆菌感染大多呈急性败血型，并有下痢、突然死亡，剖检心冠脂肪有出血点。

如果是葡萄球菌、丹毒杆菌、链球菌等革兰氏阳性菌感染，可肌肉注射注射青霉素 1 万～2 万单位/只，林可霉素 50 毫克/千克体重肌肉注射，或用红霉素 0.02% 拌料。大肠杆菌等革兰氏阴性菌感染治疗方法同沙门氏菌感染。巴氏杆菌感染可用联合磺胺药等治疗。

预防应改善卫生条件，遵守一般预防原则，减少应激反应。

第五节 常见寄生虫病的防治

一、鸽球虫病

鸽球虫病是由鸽艾美尔球虫和唇豆艾美尔球虫感染引起的一种最常见的寄生虫病。本病通常在发热多雨的季节流行，地面散养鸽易感，3~4月龄的青年鸽发病率和死亡率最高。

青年鸽一般多呈急性症状，表现为拉带黏液的水样或带血稀粪，精神不振、食欲减退或废绝，剖检小肠黏膜充血或坏死、肝脏肿大或有黄色坏死点。

成年鸽一般多呈慢性经过，有时可出现轻微的上述症状，有时拉稀和便秘交替出现，经久不愈，成为本病的病原携带者。

预防本病主要是要经常地彻底清理、消毒鸽舍与用具，注意鸽舍通风，保持环境干燥；鸽粪与垫料应发酵处理。药物预防是防止本病的必要措施，可在饲料中加入适量的抗球虫药物。

二、鸽羽虱

鸽羽虱是鸽最常见的一种体外寄生虫，属于昆虫，寄生于鸽的体表，取食鸽体的羽毛或皮肤鳞屑。少量寄生时一般不见明显症状；大量寄生时，鸽子表现精神不安、不停啄痒、影响采食、饮水和休息；严重者可表现为羽毛脱落、消瘦甚至死亡，拨开羽毛可见到羽毛间有鸽虱在钻动。

预防本病主要是搞好环境卫生：鸽舍经常清洗与消毒，能较好地防止本病的发生。一旦发生本病，可用8毫克/千克的溴氰菊酯进行鸽体喷雾，隔7~10天再用1次；也可使用杀灭菊酯等喷雾；在对鸽体喷雾的同时，也要用上述药物对地面、垫料、用具、笼具等进行喷洒处理。

三、毛滴虫病

由毛滴虫引起，经过黏膜损伤、饲养管理不当，换羽和哺乳接触感染。

主要症状：咽型：咽喉部见浅色分泌物或黄豆大干酪样沉积物；脐型：脐部皮下形成炎症或肿块；内脏型：上消化道表面有白色小结节，肝脏亦有结节或圆形病灶，病鸽羽毛松乱，腹泻消瘦，食欲减退，饮水增加，呼吸受阻。

本病治疗药物为0.05%的结晶紫溶液或1:1500的碘液饮用3天；每千克水500毫升的灭滴灵饮水1~2次。

预防为注意饲养管理，定期驱虫。

四、蛔虫病

由蛔虫引起，鸽误食被感染性虫卵污染了的饲料、饮水而生病。

主要症状为体蛔虫较多时，鸽生产速度、生产性能和食欲明显下降，甚至出现麻痹症状；久之则体重减轻，明显消瘦。

本病治疗药物：驱蛔灵或驱虫净口服1/2片/只，每晚1次，连续2晚；或按每千克体重200毫克溶于40毫升水中饮水；或用驱虫灵1/4片/只，1天1次，连用2天；或用槟榔片煎煮饮服。

预防应注意卫生与粪便管理，定期驱虫。

第六节 常见普通病的防治

一、感冒

鸽的感冒多是由于气候突变、过于寒冷或者是通风不畅、贼风侵袭等因素，使鸽上呼吸道感染所致。以幼乳鸽多发。

病鸽主要表现食欲不振、精神委顿、不愿活动、流泪流涕、咳嗽、喷嚏、体温升高0.5℃以上、呼吸急促，如不及时治疗，极易发展为气管炎或肺炎。

本病的预防，主要是应注意寒冷季节的通风与保温，防止贼风侵袭；气候突变时应注意防护和保温；发现病鸽时应及时采取抗菌素消炎和解热镇痛疗法；可肌肉注射复方氨基比林注射液或安痛定注射液或柴胡注射液，也可口服感冒胶囊、克感敏、阿司匹林等。

二、嗉囊结食

造成嗉囊结食的原因很多，主要有以下几点。

①鸽子吃了霉变或不易消化的饲料。

②饮水不足或饮用了污水。

③保健砂不足或砂粒太少。

④过食或食入难以消化的东西（羽毛等），致使消化道阻塞。

⑤消化道功能障碍，患有某些疾病。

本病多发于乳鸽和童鸽，病鸽表现食欲减退、嗉囊胀大、触摸有结实感、内充满饲料，即使1天不给饲料，嗉囊内的饲料仍不消化或消化很少，饮水多、排粪少，口气酸臭，粪便稀烂或硬结，病鸽逐渐消瘦。

本病的预防主要是针对不同的病因采取相应的预防措施。

发生本病后，应及时治疗，首先要冲洗嗉囊，可用0.5%高锰酸钾或生理盐水灌入嗉囊内，然后用手轻轻挤压嗉囊，使嗉囊内的食物发软，然后将鸽头朝下，将嗉囊内的食物和水一同挤出，最后再冲洗2次，喂给2片酵母片和1片乳酶生片，并适当停食。

第四章 野鸭常见疾病的防治

野鸭的抗病力比家鸭强，疾病较少。但在人工驯养条件下，由于经常接触家禽、家畜，有传染疾病的机会，因而也经常会患病。野鸭疾病的发生取决于两个因素：一是致病因素的强弱程度和是否存在；二是野鸭机体抵抗力的强弱。因此，实施科学的饲养管理，树立"防重于治"的思想，采取必要措施，消灭传染源，断绝传染途径，建立健康群体，是鸭病防治的根本。

第一节 鸭 瘟

鸭瘟又叫鸭病毒性肠炎，是由疱疹病毒引起的一种急性接触性败血性的传染病，不同龄期和品种的鸭均可感染，多见于育成鸭和成鸭，但近来 10 ~ 15 日龄的雏鸭亦时有发生，是鸭、鹅、天鹅、雁等水禽的一种急性、高死亡率的传染病，也是养鸭业危害最为严重的一种传染病。

一、发病原因

鸭瘟的发生主要是购入病鸭或病鸭群中带毒的鸭，其排出病毒传染健康鸭群；或者是由于健康鸭群与病鸭群同群放牧，经感染的水源与食物而传染；亦可能是由于使用被病鸭排泄物如粪便污染的用具、运输工具、装过病鸭毛的口袋、与疫区或疫场人员的往来等都可能造成鸭瘟的传播。鸭子食入或饮入被污染的饲料或饮水经口感染，也可能经呼吸道吸入污染的空气感染发病。本病一年四季均可发生，但以春夏之交和秋季养鸭相对旺季时易流行，尤其是水网地区。

二、症状

潜伏期一般为 2 ~ 4 天，病初体温急剧升高到 43℃ 以上，这时病鸭表现精神不佳，头颈缩起，食欲减少或停食，但想喝水，喜卧不愿走动。病鸭不愿戏水，漂浮水面并挣扎回岸。流泪、眼周围羽毛沾湿，甚至有脓性分泌物将眼睑黏连。鼻腔亦有分泌物，部分鸭头颈部肿大，俗称"大头瘟"。病鸭下痢，呈绿色或灰白色稀粪。病后期体温下降，精神极差，一般病程为 2 ~ 5 天，慢性病例可拖至 1 周以上，消瘦，生长发育不良，体重轻飘。

三、剖检

解剖病死鸭，病变主要在消化道，即口腔咽喉头周围可能有坏死灶，食道内有条纹状的溃疡，泄殖腔黏膜（即肛门内侧）有出血或溃疡，小肠有出血环，这些都是鸭瘟的特征病变。此外，肝脏微肿胀，有淤血和出血斑点，心脏有出血点等。

四、防治

不从鸭瘟疫区进鸭，如果必须引进时，一定要经过严格检疫，经隔离饲养两周以上证明健康后，方能与原来鸭群合群饲养。同时，注意不要到鸭瘟疫区水域放牧，平时严格执行对鸭舍、运动场、管理用具、运鸭车辆和鸭笼等消毒。可用 0.3% 的过氧乙酸或 0.2% 的火碱水或用 5% 的漂白粉液消毒。

对受鸭瘟威胁的鸭群，可注射鸭瘟弱毒苗，疫苗对 20 日龄的小鸭安全有效，免疫期可达 6 个月，成年鸭注射疫苗后，免疫期可达 1 年，免疫的母鸭可以通过蛋将抗体传给雏鸭，雏鸭到 13 日龄时，抗体大多消失，即无免疫力。雏鸭 1 日龄时注射疫苗，免疫期最多 1 个月。一个地区，一旦发生鸭瘟，必须对鸭群进行全面检疫，并采取严格封锁措施，进行隔离消毒和紧急预防接种，每只鸭注射 1 毫升疫苗。此时禁止病鸭外调或出售，停止放牧，病死鸭深埋或焚烧。粪便、羽毛、污水须经消毒，垫草宜烧掉，不再重复使用。

第二节　病毒性肝炎

鸭病毒性肝炎是由鸭肝炎病毒（DHV）引起幼鸭及其他水禽的一种急性传染病。本病主要发生于 5~25 日龄雏鸭。特征是潜伏期短，肝脏肿大出血呈斑驳状，病程短，致死率高。该病毒通过接触经消化道和呼吸道感染，冬季及早春易流行，发病率为 100%，死亡率为 50%~90%。

一、病原

本病的病原为鸭肝炎病毒。

二、流行特点

本病主要发生于 3 周龄以内的雏鸭。成年鸭也可感染但不发病，而是此病的带毒者。被病毒污染的鸭舍、饲料、饲养用具、水、人员、车辆等都可成为本病的传播媒介。

其传染途径是通过咽和上呼吸道或消化道感染。传染源主要是患病雏鸭及带毒成年鸭。病愈康复鸭的粪便中，能继续带毒 1~2 个月。鸭蛋内不传递病毒。

此病一年四季都可发生，但多数在冬季或早春暴发。

三、临床症状

潜伏期 1~4 天。有些雏鸭没有任何症状而突然死亡。病程进展迅速，常常不超过几小时。病鸭离群，缩头拱背，行动呆滞，不久即伏地不能走动，食欲废绝，眼半闭呈昏迷状态。有些病鸭有腹泻，以后出现神经症状，运动不协调，双脚呈痉挛性运动，头向后仰像游泳样，翅膀下垂，呼吸困难。死前头颈扭曲于背上，腿伸直向后张开，呈角弓反张姿势，俗称"背脖病"，这是本病死亡时的典型体征。康复的雏鸭生长缓慢。

四、病理解剖

特征性病理变化为肝脏肿大，质脆，呈淡红色或斑驳状，表面有出血点或出血斑，有的肝脏有坏死灶。胆囊肿大，充满胆汁。脾脏有时也肿大，有斑驳状花纹。肾发生充血肿胀；

心包发炎。

五、诊断

通常根据流行特点、临床症状与病理解剖，进行综合分析，可作出初步诊断。

实验室诊断：

1. 动物接种

用病鸭的肝组织悬液或血液，加抗生素处理后，经尿囊腔接种于 10 ~ 14 日龄鸭胚，经 24 ~ 72 小时死亡，鸭胚皮下出血和水肿，肝肿大呈淡绿色，且有坏死灶。从胚的肝或尿囊液再分离病毒，接种敏感雏鸭，观察其症状和病变，即可确诊。

2. 分子技术

用直接荧光抗体技术在肝组织上作快速、准确诊断；或用酶联免疫吸附试验进行病毒鉴定。

六、预防

平时应做好预防工作，严格孵化室、鸭舍及周围环境的卫生消毒。不从有发病史的鸭场引进雏鸭。用鸭病毒性肝炎疫苗，免疫效果良好：无母源抗体的雏鸭，于 1 ~ 3 日龄皮下注射 20 倍稀释的疫苗 0.5 毫升；有母源抗体的雏鸭（即母鸭曾注射过鸭病毒性肝炎疫苗或该鸭群曾患过本病），于 7 ~ 10 日龄皮下注射疫苗 1 毫升。免疫力可保持 6 周以上。

七、防治方法

可采用康复病鸭血清每只肌注 0.5 毫升，也可注高免种鸭的蛋黄液。

第三节　鸭传染性浆膜炎

鸭传染性浆膜炎由鸭疫默里氏杆菌引起，曾被称为"新鸭瘟"、"鸭败血症"、"鸭传染性浆膜炎"、"鸭疫莫拉克氏菌病"和"鸭疫巴氏杆菌病"。本病已在世界许多集约化养鸭的国家发生，给养鸭业造成了很大损失。

一、病原

病原为革兰氏阴性的鸭疫默里氏杆菌，其血清型有 12 个，但在我国的分离株属血清 I 型。本病主要感染家鸭，野鸭亦有易感性。

二、流行情况

本病主要感染幼鸭，以 2 ~ 3 周龄的小鸭最易感染。本病主要经呼吸道和皮肤感染。一年四季均可发生，但以低温阴雨、潮湿寒冷的冬春季节发病和死亡最为严重。一般发病率多在 30% 以上，有时可高达 90%，死亡率在 5% ~ 80% 不等。本病易与大肠杆菌混合感染，致使死亡率增高。

三、临床表现

本病从临床上可分为最急性、急性和慢性三种类型。当鸭群刚开始发病时常出现最急性，表现病鸭突然死亡，看不到明显的症状。急性型病例表现为精神沉郁，不食或少食，不愿下水，闭目嗜睡，行走不稳；明显表现咳嗽、打喷嚏，眼有浆液性或黏液性分泌物，常使眼周围羽毛黏连，形成"眼圈"；鼻孔流出浆液或黏液，分泌物干后常堵塞鼻孔，表现出呼吸困难；排出绿色、黄绿色或黄白色稀粪，气味很臭。死前出现痉挛、摇头或点头等神经症状。慢性型病例表现为拉稀、消瘦、步态不稳。部分病鸭有神经症状。

四、剖解变化

本病最特征的病理变化是浆膜表面的纤维素性渗出物，尤以纤维素性心包炎、纤维素性肝周炎和纤维素性气囊炎最明显。纤维素性心包炎表现为心包液增多，内混纤维素，呈絮状，心外膜表面覆有纤维素，使心包膜增厚，表面粗糙。病程较久者，心包膜与心外膜或胸壁发生黏连。纤维素性肝周炎症状为肝脏表面覆盖有一层灰白色或灰黄色纤维素膜，肝呈橙红色或土黄色，质脆，胆囊肿大。脾脏肿大、充血斑驳。气囊炎的特征是气囊膜浑浊或增厚，有纤维素丝或块状渗出物。有时见鼻窦内黏液脓性渗出物。

五、诊断

根据发病特点、临床症状与剖解变化，一般可做出初步诊断。若要确诊，必须进行病原分离与鉴定。

六、预防措施

1. 加强饲养管理

减少应激因素，特别注意育雏环境的卫生条件，保持干燥通风，注意防寒，防止密度过大。地面育雏要勤换垫草，用具、饮水器、料槽等要定期清洗消毒。要注意气候和环境温度的变化，防止暴晒、雨淋、寒冷以及饲料中的营养不足等。

2. 疫苗接种

目前，国内已研制成功传染性浆膜炎铝胶苗，在7日龄免疫小鸭，可保护4周龄以内鸭群不发病；若在首免后1~2周进行第二次接种，则能保护肉鸭至上市日龄不发病。

3. 药物预防

当鸭群受到应激或有发病势头时，可在饮水中加入"鸭浆灵"可溶性粉（重庆市养猪科学研究院动物药品研究中心研制），每100克（1包）对水10~20千克，给鸭群饮用，每日2次，连用3~5天，有良好的预防效果。

七、治疗方法

（1）"鸭浆灵"注射液（重庆市养猪科学研究院动物药品研究中心研制），2~3周龄小鸭每只0.2~0.5毫升/次，肌肉注射，每日2次，连用3天。

（2）"鸭浆灵"可溶性粉，每包（100克）对水10千克，给鸭群饮用，每日2次，连用3~5天。

（3）青、链霉素各3 000~5 000单位/次，混合肌肉注射，每日2次，连用2~3天。

（4）用2%环丙沙星注射液，2~3周龄小鸭肌肉注射0.3~0.5毫升/次，每日2次，连用3天。

（5）用5%硫氰酸红霉素可溶性粉，混饮，每升水添加2.5克，连用3~5天。

（6）交替使用庆大霉素、新霉素及林可霉素亦能显著降低死亡率。

第四节　鸭霍乱

鸭霍乱又称鸭出败，是一种危害家鸭和野鸭的接触性传染病，也是危害养鸭业最重要的传染病之一。本病许多国家都有发生，所以也是重要的检疫对象。

一、病原

鸭霍乱的病原是多杀性巴氏杆菌禽型菌株，它是一种不溶血的革兰氏阴性小杆菌，新分离的细菌有荚膜，呈两极染色。培养菌荚膜消失，两极染色也不明显。多杀性巴氏杆菌按荧光性分类有 3 个型。

1. FG 蓝绿色荧光型

对猪、牛是强毒，对家禽毒力弱。

2. FO 橘红色荧光型

对家禽是强毒，对猪、牛、羊毒力微弱。

3. 无荧光的 NF 型

无毒力，也可以按菌体和荚膜的血清型分类。

菌体抗原分为 1～12 的 12 个血清型，荚膜抗原分为 A～E 的 5 个血清型，菌体抗原与荚膜抗原再组合又构成 16 个血清型，对鸭等禽毒力较强的是，5：A，8：A，9：A 等血清型。各血清型对动物的致病性不同，各型之间可以互相转变，荧光性也可转变，其毒力也随着改变。

本菌抵抗力弱，直射阳光下数分钟即死亡，一般消毒药数分钟可杀死，但在腐败禽体中可生存 1～3 个月。本病对各种家禽如鸭、鸡、鹅、鸽、火鸡和野鸭、海鸥、天鹅等飞鸟都有易感性。病鸭和其他病禽是本病的传染来源。本病的流行有不明显的季节性，南方多发生于秋季。从发病的年龄看，各种日龄鸭均可发生，但 1 月龄以上鸭发病率较高。

二、临床症状

潜伏期长短不一，最短的只有几个小时。按病程长短可分为最急性、急性和慢性 3 种类型。

1. 最急性型

临床上最急性的常不见症状而突然死亡，少数可见短时体温升高，精神极度萎顿而死亡。

2. 急性型

病鸭多呈急性经过，主要特征是高热、败血症和剧烈的腹泻，病程 1～3 天，主要表现为以下几种。

①病鸭体温升高至 43～44℃，精神沉郁，羽毛松乱，缩头闭目，食欲减退，渴欲增加。②病鸭脚软无力，走路摇摆，常伏地不动。③病鸭怕水，不愿下水活动，或独自浮在水面不动。④病鸭呼吸困难，口鼻流出带泡沫的黏液，常出现摇头症状。⑤病鸭剧烈腹泻，肛门四周羽毛黏粪，羽毛潮湿。最后衰竭死亡。

3. 慢性型

病鸭消瘦，贫血，持续腹泻，冠和肉髯肿胀发硬，腿和翅关节发炎肿大，甚至化脓。病菌侵害呼吸道时，喉头可被纤维素性物阻塞，引起呼吸困难，甚至死亡，鼻窦肿大，内含纤维素性物，并流出有臭味的黏液，病程长达数周至数月。有时可见产蛋鸭病死在产蛋窝内。雏鸭多为慢性，多见多发性关节炎，脚麻痹，发育迟缓。

三、病理变化

主要为败血性病理变化，肉眼可见的表现为浆膜和黏膜上有小点出血，具有诊断意义。可见肝脏表面有针头大小、灰白色、边缘整齐的坏死点，脾脏肿大、表面有大小不等的坏死点，心冠沟、心内膜、心外膜出血和心包积液，肺充血和出血，十二指肠和直肠黏膜出血，腹腔内、胃和肠系膜脂肪表面出血。

四、预防措施

本病的病原菌有一定的条件致病性。通过搞好清洁卫生、彻底消毒，定期使用敏感药物防止病原进入，加强饲养管理，消除可能降低机体抵抗力的因素和定期的预防注射提高机体免疫力，可有效地防止本病的发生。

（1）预防本病的关键在于做好饲养管理

做到雏鸭、中鸭、成年鸭分群饲养，不从疫区引进鸭。鸭在非疫区引进后要先隔离饲养15～20天，确认无病后才能转入场内。周围地区发生疫情时，应停止放牧，并立即接种禽霍乱疫苗。

（2）保持鸭舍干燥、清洁、卫生，提高家禽抗病力

一旦发病，应立即封锁鸭群，对全群鸭及可疑病鸭及时隔离并治疗，用药量要足。

（3）应用疫苗是预防本病的有效方法

目前，用于禽霍乱的疫苗有亚单位苗、弱毒苗和灭活苗三大类。各种疫苗用于预防本病均有一定的效果。

①亚单位苗是用菌体荚膜抗原蛋白制成，用于20日龄以上鸭，免疫期为5.5个月，效果好但价格贵，一般用于雏鸭首免，5日龄即可注射，皮下注射1头份。二免于20～30日龄进行，皮下注射弱毒苗或灭活苗1头份，种鸭每年注射2次，剂量每次1～2头份。

②油乳剂灭活苗，用于2个月龄以上鸭皮下注射1毫升。注射2周后产生免疫力，免疫期为9个月。

③弱毒疫苗是弱毒菌株（G190E40）制成，对3个月以上鸭肌肉注射鸡3倍量（即6 000万个活菌），注射后3天即可产生免疫力，免疫期为3.5个月。

④有疫情发生时，病鸭立即隔离治疗，及时采用灭活苗作紧急预防接种，同时，使用抗生素加强近期防治，经15～30天后，以弱毒疫苗加强免疫1次，或使用荚膜亚单位苗，每鸭注射1毫升，可迅速控制本病的流行，免疫力也可维持到上市。

五、治疗方法

发病后应及时用抗生素和磺胺类药物治疗，且要保证足够药量和坚持疗程。

1. 抗生素类药物

青霉素：每只鸭肌肉注射5万～10万单位，每日2次，连用2～3天；

链霉素：每只成年鸭肌肉注射10万单位，每日2次，连用2～3天；

土霉素：每只鸭喂土霉素粉0.15～0.2克，加水稀释灌服，或用土霉素片（25万单位）每天1片，连用3～5天，或饲料中添加0.05%～0.1%土霉素，连喂数天。

2. 磺胺类药物

在饲料中添加 0.5%～1% 的磺胺二四基嘧啶；或按 0.1% 的比例添加在饮水中，连喂 3～4 天；或用复方新诺明及长效磺胺，每只成鸭用 0.2～0.3 克，每日 1 次。

此外，也可用喹乙醇按鸭每千克体重 30 克的剂量拌于饲料中混服，每天 1 次，连服 3～5 天即可获得良好的疗效。

六、如何鉴别鸭瘟、鸭霍乱

鸭瘟及鸭霍乱是危害养鸭生产的两大传染病。鸭瘟是由滤过性病毒，鸭霍乱是由禽巴氏杆菌引起，此两种病均有体温升高，精神萎靡、羽毛蓬松等相似症状。鸭瘟目前尚无有效药物治疗，而鸭霍乱用药物治疗效果很好。鸭群发病后，应针对两病各自的显著特征，鉴别诊断。分别采取相应措施治疗。

临床上鉴别两病的关键之点。

1. 看病势

鸭瘟一般流行面广，病情来势缓、死得较慢；而鸭霍乱是零星散发，来得急、死得快。

2. 看传染情况

鸭瘟不传染鸡、鹅、猪；而鸭霍乱能传染鸡、鹅、猪。

3. 看头颈

鸭瘟头肿、颈肿（群众又称摇头瘟）。

4. 看脚部

鸭瘟软脚，故农村又称鸭瘟叫"软脚瘟"；而鸭霍乱只是关节发炎肿胀跛行。

5. 看嗉囊

鸭瘟嗉囊虚而无物，手摸时感觉松软；而鸭霍乱嗉囊充满食物，手摸感觉硬实。

6. 看肛门

鸭瘟病鸭肛门充血、水肿，严重时黏膜外露；而鸭霍乱没有这些症状。

7. 看粪便

鸭瘟病鸭拉白灰色、灰色或铜绿粪便；而鸭霍乱拉红色或淡红色或棕色恶臭粪便，常污染泄殖腔外羽毛。

第五节　曲霉菌病

一、病原

鸭曲霉菌病（又称曲霉菌性肺炎）主要是由烟曲霉菌等真菌引起的鸭呼吸道传染病。其特征是在呼吸器官组织中发生炎症，尤其是在肺和气囊出现灰黄色的结节，胸腹部气囊也可能有霉菌斑。此病主要发生于雏鸭，多呈急性经过，发病率高，可造成大批死亡，成年鸭多为散发。

二、临床症状

病初见雏鸭精神不振，眼半闭，羽毛松乱无光，食欲减退或废绝，随着病情发展，病鸭气喘、呼吸困难、加快，胸膜部明显扇动，渴欲增加，嗜睡，常呆立或伏卧在地喘气，口腔和鼻腔常流出浆液性分泌物，粪便稀薄，呈白色或绿色，急剧消瘦直至死亡。

三、剖检变化

剖检病死鸭，主要病变在肺和气囊，肺充血、切面流出红色泡沫液，肺实质中有大量大头针帽或小米粒大小的灰黄色结节，有的在胸部气囊也可见，病程稍长的鸭肺部结节融合成更大的黄白干酪样结节，结节切面呈明显的层状结构，气囊增厚、混浊，肝脏轻度肿大，肠黏膜充血，有的可见腹膜炎。

四、实验室诊断

取肺病灶的霉菌结节或霉菌斑少许于玻片上，加 10% 氢氧化钾溶液 1~2 滴，混匀透明后，加盖玻片，在高倍镜下观察，可见有分枝和横隔的曲霉菌菌丝及孢子。

五、治疗

立即更换新鲜的饲料，更换垫料，并把垫料下的土铲去一层，同时，配合药物治疗。投喂制霉菌素，按每 80 只雏鸭 1 次用 50 万单位，每日 2 次，连用 4 天。饮水中添加葡萄糖、速补，防止应激和缓解肝肾损害，同时，用恩诺沙星等抗菌素药防继发感染。使用 0.3% 的过氧乙酸，彻底消毒鸭舍和运动场。鸭群按以上方法治疗 5 天后症状逐渐消失，但是仍有个别病重鸭死亡。

六、预防

曲霉菌广泛存在于自然界，常污染垫草和饲料，其孢子可随空气传播。健康鸭通过吸入含有霉菌孢子的空气或采食染菌饲料而经呼吸道或消化道感染，另外，在种蛋孵化过程中，霉菌还可穿透蛋壳而使初生鸭感染。因此，要防止曲霉菌病的发生，应注意以下几点。

①加强饲养管理：此病目前还没有特效治疗办法，重在预防，特别要注意鸭舍的通风和防潮湿。

②搞好环境卫生，及时清理鸭粪，更换垫料，不垫发霉的垫料。

③加强饲料贮存和保管工作，不喂已霉变的饲料。

④鸭舍、饲槽、饮水器等器具要定期消毒。

⑤喂料时要少喂勤添，避免料槽中饲料积压。

⑥如果鸭群已被污染发病，病鸭要及时隔离，清除垫料和更换饲料，鸭舍要彻底消毒。

第六节　鸭衣原体病

衣原体病又称鹦鹉热，是家禽的一种接触性传染病。各种家禽、野禽、哺乳动物包括人均易感，是一种人畜共患病。

一、病原

病原为鹦鹉热衣原体。该衣原体对外界环境抵抗力不强，一般消毒药物能迅速将它杀死。56℃ 5 分钟即可将其杀死，但能在干燥的粪便中保持数月的感染性。

二、流行病学

不同品种的鸭均可感染本病，但以幼鸭最易感。病鸭和带有衣原体的鹦鹉等鸟类是主要的传染源。本病主要通过空气传播，也可通过皮肤伤口侵入及吸血昆虫传播。

三、症状与病变

病鸭步态不稳、震颤、食欲废绝、腹泻、排绿色水样稀粪、鼻孔和眼流出浆液性或脓性分泌物，眼周围有结痂，病鸭消瘦、肌肉萎缩，最后惊厥死亡。

病变可见气囊增厚、结膜炎、眶下窦炎及眼球炎。胸肌萎缩和全身性多发性浆膜炎，胸腔、腹腔和心包腔中有浆液性或纤维素性渗出物，肝、脾肿大，偶有灰色或黄色小坏死灶，有肝周炎。

四、诊断

根据震颤、眼鼻流出分泌物等典型症状，剖检有结膜炎、鼻炎、眶下窦炎和胸肌萎缩、全身性多发性浆膜炎以及肝、脾等炎性变化可作出初步判断。确诊需做病原的分离鉴定。

五、防治

①防止幼鸭接触到一切可能的传染来源，尤其要远离饲养的鹦鹉及其他观赏鸟类。

②多种抗菌素对衣原体有较好疗效，尤其四环素类药物（四环素、土霉素、金霉素）疗效最好。可在饲料中添加四环素类药物，按 0.2～0.4 克/千克饲料，混饲，连喂 1～3 周。

第七节　鸭棘头虫病

一、病原

是多形棘头虫寄生于鸭科禽类肠道而引起的寄生虫病。绿头野鸭易感性强，幼鸭危害严重，死亡率高于成鸭。棘头虫常以几种淡水虾类为中间宿主，鸭吞食含有感染性幼虫的虾类而发病。感染季节多为 7～8 月。

二、症状

幼鸭严重时表现为贫血、衰竭与死亡。成鸭多无明显症状。

三、病变

小肠内寄生的虫体呈橘红色、纺锤形，长几毫米至 14 毫米，以其吻突牢固地叮附于黏膜上。肠固有黏膜出血与溃疡，浆膜增生小结节。

四、防治

可用硝硫氰醚每千克体重 100～125 毫克/1 次投服，或用四氯化碳每千克体重 0.5～2 毫克/1 次嗉囊投入。

平时应每年干塘，消灭中间宿主，定期驱虫及加强鸭粪处理。

第八节　鸭流感

一、病原

鸭流感是由致病性的 A 型流感病毒引起的野鸭的传染性疾病。

二、症状

患禽流感的鸭，无论是雏鸭、青年鸭均有很高的发病率和死亡率；蛋鸭主要以大幅度减蛋为表现特征。患鸭食欲减退或废绝，仅饮水，拉白色或带淡黄色水样稀粪。

病症主要表现为精神沉郁，腿软无力，不能站立，伏卧地上，缩颈。部分患鸭出现呼吸道症状。死前喙呈紫色，部分患鸭死前有神经症状。患鸭迅速脱水、消瘦，病程短，鸭群感染发病后 2～3 天内出现大批死亡。

产蛋鸭感染后数天内，产蛋量迅速下降，有的鸭群产蛋率由 90% 以上可降至 10% 以下或停止产蛋。发病期常产出仅为正常蛋的 1/4～1/2 重量的小型蛋、畸形蛋。虽然蛋黄小，但肉眼看不出蛋黄和蛋清的变化。

眼观可见全身皮肤充血、出血，喙和头部充血、出血，蹼充血、出血，皮下特别是腹部皮下充血和脂肪有散在性出血点。

三、解剖

肝脏肿大，质地较脆，呈淡土黄色，有出血斑；脾脏肿大出血，表面有灰白色坏死点；胸腺多数萎缩、出血；心冠脂肪出血，心肌有灰白色条状或块状坏死灶；胰腺有出血点或灰白色坏死灶；部分病例腺胃和肌胃交界处出血；肾脏肿大，呈花斑状出血；脑膜充血、出血；胸膜严重充血，并有淡黄色纤维素物附着；气管环出血；产蛋鸭主要病变在卵巢，比较大的卵泡膜严重充血、出血，有的卵泡萎缩，卵泡膜出血呈紫葡萄样；蛋白分泌处有凝固的蛋清；有的病例卵泡破裂于腹腔中。

四、控制措施

免疫是控制本病的有效措施。一旦发生本病，应按照《高致病性禽流感疫情处置技术规范》处置。

野鸭高致病性禽流感的强制免疫方案有以下几种。

1. 种鸭、蛋鸭

首免：2 周龄（14 日龄），0.5 毫升/羽，颈部皮下注射；

二免：6 周龄（42 日龄），1.0 毫升/羽，肌肉注射；

三免：开产前，1.0 毫升/羽，肌肉注射；

四免：以后每隔 6 个月加强免疫 1 次，1.0 毫升/羽，肌肉注射。

2. 商品肉鸭

10～14 日龄，0.5 毫升/羽，颈部皮下注射。对饲养周期超过 8 周的肉鸭，在初免 3 周后，再加强免疫 1 次，1.0 毫升/羽，肌肉注射。

参考文献

［1］农业部人事劳动司农业职业技能培训教材编审委员会．动物疫病防治员．北京：中国农业出版社，2004

［2］农业部人事劳动司农业职业技能培训教材编审委员会．家畜饲养工．北京：中国农业出版社，2007

［3］王振如，郝婧．职业道德．北京：中国人口出版社，2010

［4］王宝维．特禽生产学．北京：中国农业出版社，2004

［5］王金宝，陈国宏．数量遗传与动物育种．南京：东南大学出版社，2004

［6］葛明玉，赵伟刚，李淑芬．山鸡高效养殖技术一本通．北京：化学工业出版社，2010

［7］熊家军．山鸡养殖新技术．武汉：湖北科学技术出版社，2011

［8］谷子林，和英布．特禽标准化生产技术．北京：中国农业大学出版社，2003

［9］"实用养鸽大全"编写组．实用养鸽大全．上海：上海科学技术文献出版社，1990

［10］陶宇航，顾永芬．鹅、鸭、肉鸽及鹌鹑饲养与管理．贵州：贵州科学技术出版社，2000

［11］王祈．山鸡养殖技术．北京：中国三峡出版社，2008

［12］姜家佑．肉鸽科学养殖技术．北京：中国人事出版社，1996

［13］周长海．雉鸡养殖．北京：金盾出版社，2004

［14］丁卫星，刘洪云．鸽病急诊速治手册．北京：中国农业出版社，2001

［15］张曹民，丁卫星，刘洪云．鸽病防治诀窍．上海：上海科学技术文献出版社，2002

［16］丁卫星．专业户肉用鸽养殖手册．北京：中国农业出版社，2003

［17］刘洪云，张苏华，丁卫星．肉鸽科学饲养诀窍．上海：上海科学技术文献出版社，2004

［18］陈益填．肉鸽养殖新技术（修订版）．北京：金盾出版社，2012